职业教育教学改革规划教材

磨工工艺与技能训练

主　编　李德富　王　军
副主编　袁立云　叶广明
参　编　程昌宏　朱爱浒　李　雷　郑齐秀
　　　　朱正元　龚五堂
主　审　汪汝学

机 械 工 业 出 版 社

本书是职业教育教学改革规划教材，是根据教育部最新发布的《中等职业学校金属加工与实训教学大纲》，同时参考《磨工国家职业标准》编写的。本书的主要内容包括：磨削技术基础、外圆柱面磨削、内圆柱面磨削、平面磨削、无心外圆磨削、圆锥面磨削、刀具刃磨、复杂工件的磨削、典型零件工艺分析及磨削。本书着重培养学生的动手能力和创新能力，融理论于生产实际，充分体现了科学性、基础性、直观性和实用性，强调"在做中教、在做中学"，教、学、做一体化的教学要求。

本书可作为职业学校机械加工类专业教材，也可作为企业培训部门、职业技能鉴定培训机构、农民工培训机构的岗位培训教材。

图书在版编目（CIP）数据

磨工工艺与技能训练/李德富，王军主编. —北京：机械工业出版社，2011.5

职业教育教学改革规划教材

ISBN 978-7-111-34091-1

Ⅰ.①磨… Ⅱ.①李…②王… Ⅲ.①磨削－职业教育－教材 Ⅳ.①TG58

中国版本图书馆 CIP 数据核字（2011）第 063502 号

机械工业出版社（北京市百万庄大街 22 号 邮政编码 100037）
策划编辑：王佳玮 责任编辑：王佳玮 王亚明
版式设计：霍永明 责任校对：李 婷
封面设计：鞠 杨 责任印制：李 妍
北京富生印刷厂印刷
2011 年 6 月第 1 版第 1 次印刷
184mm×260mm · 14.25 印张 · 349 千字
0001—3000 册
标准书号：ISBN 978-7-111-34091-1
定价：28.00 元

凡购本书，如有缺页、倒页、脱页，由本社发行部调换

电话服务
社服务中心：(010)88361066
销 售 一 部：(010)68326294
销 售 二 部：(010)88379649
读者购书热线：(010)88379203

网络服务
门户网：http://www.cmpbook.com
教材网：http://www.cmpedu.com
封面无防伪标均为盗版

前　言

本书是根据教育部最新发布的《中等职业学校金属加工与实训教学大纲》，同时参考《磨工国家职业标准》，结合职业学校的教学特点，在广泛吸取一线教师的教学经验，以及毕业生反馈信息的基础上组织编写的。

在本书的编写过程中，我们始终坚持以下几个原则：

1）以学生就业为导向，以企业用人标准为依据。在专业知识的安排上，紧密联系培养目标的特征，坚持够用、实用的原则，摒弃“繁难偏旧”的理论知识，同时进一步加强技能训练的力度，特别是加强基本技能与核心技能的训练。

2）在考虑办学条件的前提下，力求反映机械行业发展的现状和趋势，尽可能多地引入新技术、新工艺、新方法、新材料，使教材富有时代感。同时，采用最新的国家技术标准，使教材更加科学和规范。

3）遵从职业学校学生的认知规律，与现代教学法相适应，力求使教学内容为学生所“乐学”和“能学”。在结构安排和表达方式上，强调由浅入深入循序渐进，强调师生互动和学生自主学习，通过大量生产中的案例和图文并茂的表现形式，使学生能够轻松地学习。

在本课程的教学过程中，应充分利用现代多媒体技术、数字化教学资源作为辅助教学手段，使各种教学要素和教学环节有机结合，创建出符合个性化学习并加强实践能力培养的教学环境，以提高教学的效率和质量、推动教学模式和教学方法的变革。

本书由李德富、王军任主编，袁立云、叶广明任副主编。参加本书编写的有程昌宏、朱爱浒、李雷、郑齐秀、朱正元、龚五堂。本书由汪汝学主审。

在编写过程中，我们参阅了大量文献资料，在此对有关著作者深表感谢。由于编者水平有限，加之时间仓促，书中难免存在不当之处，恳请读者提出宝贵意见。编者电子邮箱：jzli2007 @ 163. com。

编　者

目　录

第一单元　磨削技术基础

项目一　磨工入门知识

一、学习目标

1. 了解磨工工种的加工内容。
2. 熟悉安全操作规程和文明生产的内容。
3. 了解工作位置组织。
4. 了解工人岗位责任制。

二、学习任务

1. 项目任务

本项目的任务是了解磨工的入门知识。要求通过参观与教师的讲解了解磨工场地、磨工工种的加工内容和安全操作规程。

2. 任务流程图

参观磨工场地→参观中了解磨工工种的加工内容→了解安全操作规程→参观工作位置组织→了解文明生产和工人岗位责任制

三、环境设备

学习所需设备清单见表 1-1。

表 1-1　学习所需设备

分类	名称	型号规格	数量
设备	万能外圆磨床	M1432A	1
	内圆磨床	M2110A	1
	卧轴矩台平面磨床	M7130	1
	无心外圆磨床	M1040	1

四、学习过程

1. 磨工工种的加工内容

磨削加工是一种常用的金属加工方法。磨床的磨削工具是高速旋转的砂轮。经过磨削的工件，可获得较高的精度和较低的表面粗糙度值。磨削加工的内容（图 1-1）有曲轴磨削、外圆柱面磨削、螺纹磨削、成形面磨削、花键磨削、齿轮磨削、圆锥面磨削、内圆柱面磨削、无心外圆柱面磨削、刀具刃磨、导轨磨削和平面磨削等。其中，最基本的磨削方式是外圆柱面磨削、内圆柱面磨削和平面磨削三种。

2. 安全操作规程

磨工在操作时应遵守以下安全操作规程。

1）工作时要穿工作服，女工要戴工作帽。

2）夏天不得穿凉鞋进入车间。

3）应根据工件材料和磨削要求，选择适当的砂轮进行磨削。新砂轮要用木棰轻敲以检查是否有裂纹，有裂纹的砂轮不能使用。

4）安装砂轮时，在砂轮与法兰盘之间要垫衬纸。砂轮安装后要作砂轮静平衡的调试。

5）应校核新砂轮的最高线速度是否符合所用机床的使用要求。高速磨床尤应特别注意校核，以防发生砂轮破裂事故。

6）开机前要检查砂轮、卡盘、挡铁、砂轮罩壳等是否紧固；磨床的机械、液压、润滑、冷却、电磁吸盘等系统是否正常，防护装置是否齐全。起动砂轮时，人不应正对砂轮站立。

7）砂轮应经过2min的空运转试验，确定砂轮运转正常后才能开始磨削。

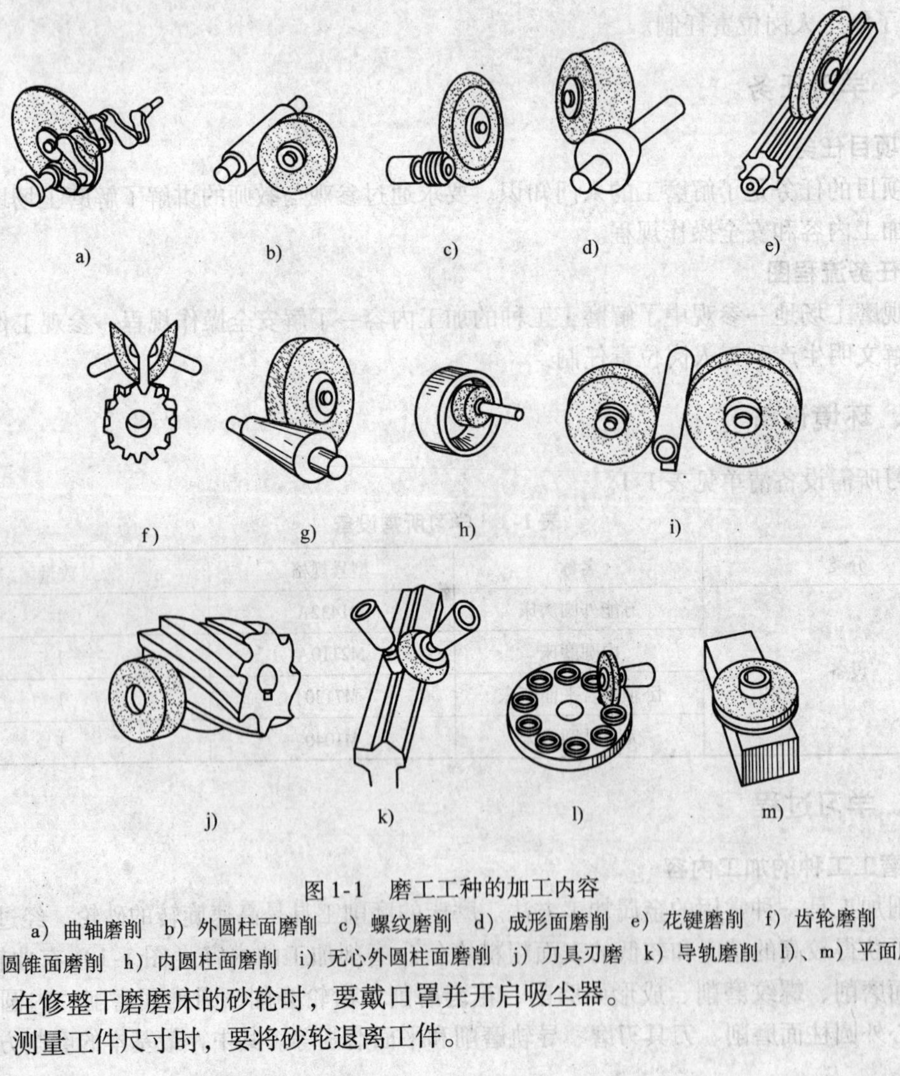

图1-1 磨工工种的加工内容

a）曲轴磨削 b）外圆柱面磨削 c）螺纹磨削 d）成形面磨削 e）花键磨削 f）齿轮磨削 g）圆锥面磨削 h）内圆柱面磨削 i）无心外圆柱面磨削 j）刀具刃磨 k）导轨磨削 l）、m）平面磨削

8）在修整干磨磨床的砂轮时，要戴口罩并开启吸尘器。

9）测量工件尺寸时，要将砂轮退离工件。

10）磨削带有键槽等间断表面时，磨削深度不得过大。

11）外圆磨床纵向挡铁的位置要调整得当，要防止砂轮与顶尖、卡盘、轴肩等部位发生撞击。当所磨凹槽的宽度与砂轮宽度之差小于30mm时，禁止使用自动纵向进给。

12）使用卡盘装夹工件时，要将工件夹紧，以防脱落。卡盘钥匙用后即应取下。

13）使用万能外圆磨床的内圆磨具时，要将内圆磨具的支架紧固，并检查砂轮快速进退机构的联锁是否可靠。

14）不得在头架及工作台上放置工具或量具。

15）在平面磨床上磨削高而窄的工件时，应在工件的两侧放置挡块。

16）禁止用一般砂轮磨削工件较宽的端面。

17）禁止在无心外圆磨床上磨削弯曲、没有校直的工件。

18）使用切削液的磨床，使用结束后应让砂轮空转1~2min以去除切削液。

19）使用油性切削液的磨床，在操作时应关好防护罩并起动吸油雾装置，以防止油雾飞溅。

20）注意安全用电，不要随意打开电器箱。操作时如发现电器故障应请电工维修。

21）注意防火。

22）操作时不得戴手套。

23）操作时必须集中精力，不得擅自离开机床。

3. 工作位置组织

工作位置组织是文明生产的重要组成部分。合理地组织工作位置能为操作者创造出良好的工作环境，以便能有条不紊地操作、获得较高的劳动生产率。

工作位置组织主要包括工件、量具、砂轮、工具、辅具的安放和储存。每种物品都应放在指定的部位，要避免混放现象。通常右手拿的物品应放在靠近右手的部位；左手拿的物品应放在靠近左手的部位；经常使用的工具应放在易取的部位；磨削完毕的工件应放入工位器具中；小型工件应放入盒中，以免失落；测量工具应与切削工具分隔放置。

图1-2所示为典型的工作位置组织示意图。图中表明了磨床、工具箱、测量平板、砂轮储存箱等在工作地的组织安排。

砂轮储存箱的放置部位应合理选择，以免砂轮受潮、受冻和发生撞击。砂轮放置方式应视其形状和大小而定，如图1-3所示。直径较大和较厚的砂轮应采用直立或稍倾斜的摆法，这样能避免砂轮堆压、发生撞击。

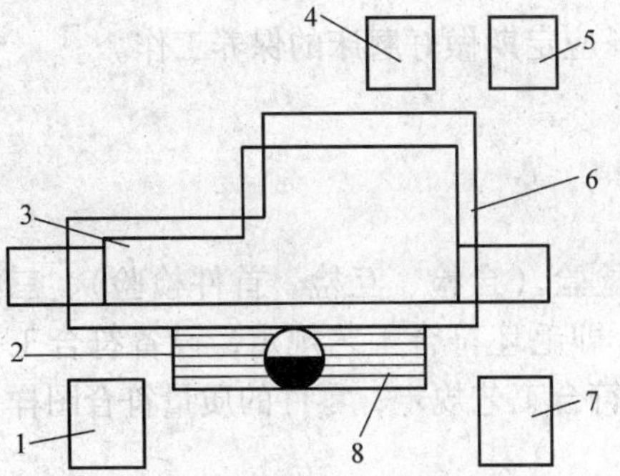

图1-2　典型工作位置组织示意图

1—测量平板　2—操作位置　3—磨床
4—存放大型夹具支架　5—砂轮储存箱
6—磨床基地　7—工具箱　8—踏脚板

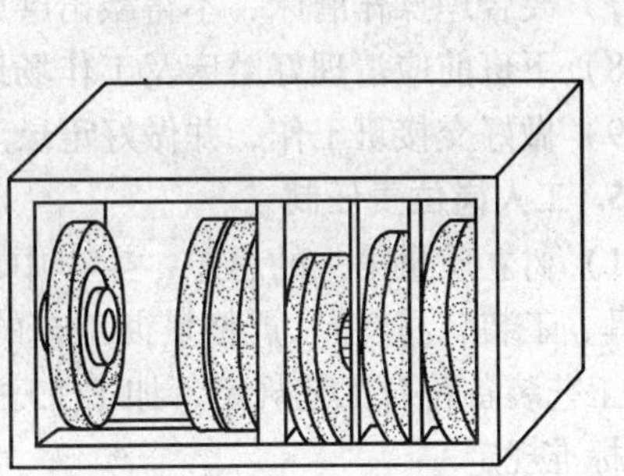

图1-3　砂轮的放置方式

工具箱应放置在靠近操作的部位，各种工具应按照其大小和用途有秩序地放在规定的位置上。工具使用后要放回原处，以便再使用时拿取方便。

图1-4所示为工具箱的定置图。通常在部位8、9、10放置量具；在部位7放置顶尖；在部位4、5、6放置工具和辅具，如内六角扳手、呆扳手、活扳手、铜棒、卡盘钥匙、螺钉旋具、砂轮修整器等；在部位3放置各种夹具；在部位2放置小砂轮；在部位1放置平衡心轴、套筒扳手；在部位14放置棉纱和砂布；在部位13放置图样；在部位12放置碗筷等；在部位11放置长借证、操作证、交班簿等。工具箱内各类工夹量具安置后应填写定置图表。

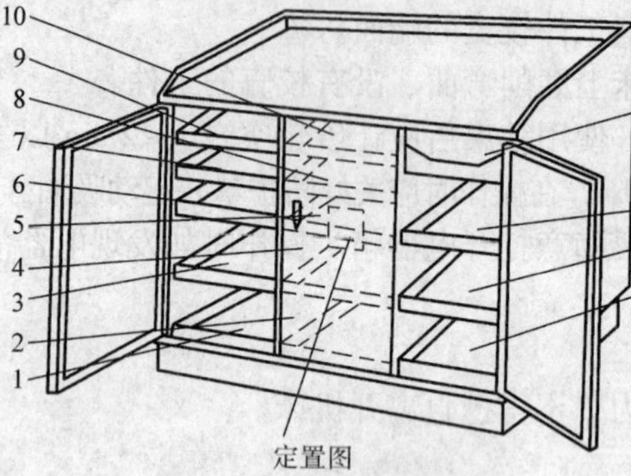

图1-4　工具箱定置图

1—放置平衡心轴、套筒扳手　2—放置小砂轮　3—放置各种夹具　4、5、6—放置工具和辅具　7—放置顶尖　8、9、10—放置量具　11—放置长借证、操作证、交班簿　12—放置碗筷等　13—放置图样　14—放置棉纱和砂布

4. 文明生产

除了组织工作位置外，操作者还应注意养成以下文明生产习惯。

1）操作过程中要保持工作地的整洁。

2）要爱护图样和工艺文件，保持其整洁完好。

3）要爱护量具，做好量具的日常维护保养工作。

4）要正确使用工具、夹具、辅具，并做好日常维护保养工作。

5）磨削完毕的工件要放在工位器具内，以防止碰伤、拉毛工件或使工件生锈。

6）成批生产的工件要作首件检验。

7）要合理操作磨床，不得敲击磨床的零部件；应定期做好磨床的保养工作。

8）下班前应清理好磨床及工作场地。

9）做好交接班工作，并做好记录。

5. 工人岗位责任制

1）树立质量第一的思想，生产中认真贯彻三检验（自检、互检、首件检验）、三校对（量具、工装、材料）；严格贯彻工艺的五项规定，即毛坯符合工艺规定，设备符合工艺规定，工艺装备符合工艺规定，加工工序、加工部位符合工艺规定，零件的质量符合图样、工艺及标准规定。

2）在优质的基础上力争高产，保证完成乃至超额完成生产任务。

3）树立勤俭节约的思想，努力降低材料、工具、动力等项的消耗定额。

4）正确使用劳动防护用品，严格遵守安全操作规程。要以防为主，消除事故隐患。

5）遵守各项规章制度。

6）钻研技术，不断提高操作技术水平。

7）做好机床的日常保养工作，定期进行机床的一级保养。

8）妥善保管好工具、量具，做到账物相符。各种量具须凭合格证使用，并按期检定。

项目二　常用磨床的种类、型号、润滑与保养

一、学习目标

1. 了解常用磨床的种类及其型号的含义。
2. 熟悉磨床的润滑和保养知识。

二、学习任务

1. 项目任务

本项目的任务是了解常用磨床的种类、型号、润滑及保养。要求在现场进行磨床的润滑和保养。

2. 任务流程图

参观及了解常用磨床→了解磨床的型号→了解和操作磨床的润滑和保养

三、环境设备

学习所需设备及工具清单见表1-2。

表1-2　学习所需设备及工具

分类	名称	型号规格	数量
设备	万能外圆磨床	M1432A	1
	内圆磨床	M2110A	1
	卧轴矩台平面磨床	M7130	1
	无心外圆磨床	M1040	1
工具	螺钉旋具		1
	活扳手		1
	呆扳手		1
	内六角扳手		1
	梅花扳手		1
	成套套筒扳手		1
	锁紧扳手		1
	油枪		1

四、学习过程

1. 常用磨床的种类

（1）万能外圆磨床（图1-5）

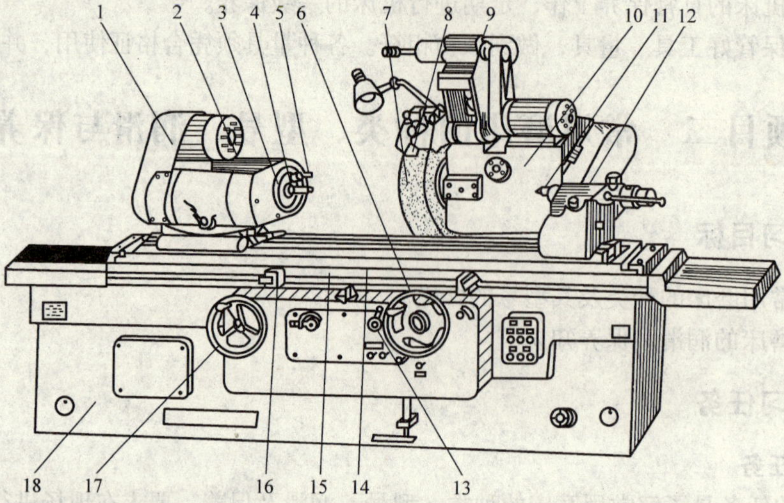

图 1-5 M1432A 型万能外圆磨床

1—传动变速机构 2—头架 3—拨盘 4、11—顶尖 5—拨杆 6—横向进给手轮 7—砂轮 8—切削液喷嘴 9—内圆磨具 10—砂轮架 12—尾座 13—快速手柄 14—上工作台 15—下工作台 16—挡铁 17—工作台手轮 18—床身

（2）卧轴矩台平面磨床（图 1-6）

（3）无心外圆磨床（图 1-7）

（4）内圆磨床（图 1-8）

（5）万能工具磨床（图 1-9）

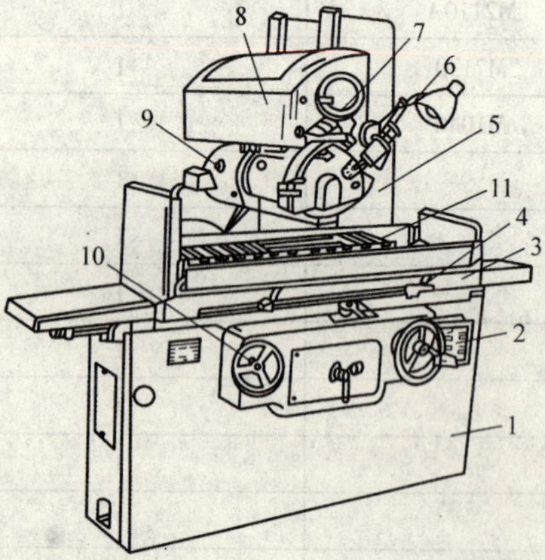

图 1-6 M7120A 型卧轴矩台平面磨床

1—床身 2、7、10—手轮 3—工作台 4—挡块 5—立柱 6—砂轮修整器 8—滑板 9—磨头 11—电磁台面

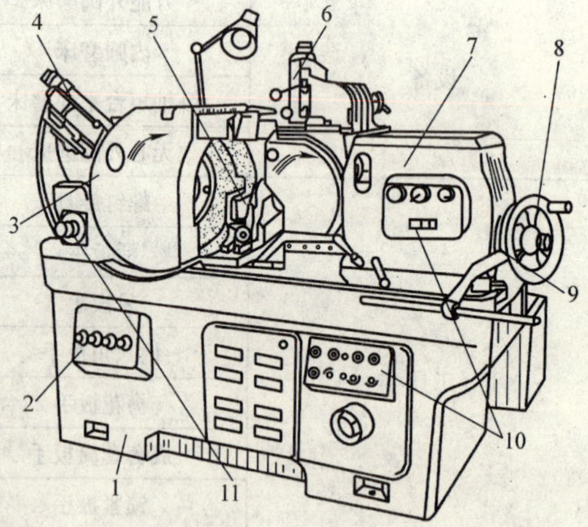

图 1-7 M1040 型无心外圆磨床

1—床身 2—修整器液压传动旋钮 3—磨削轮架 4—磨削轮修整器 5—工件支架 6—导轮修整器 7—导轮架 8—横向进给手轮 9—快速手柄 10—电气开关 11—切削液开关

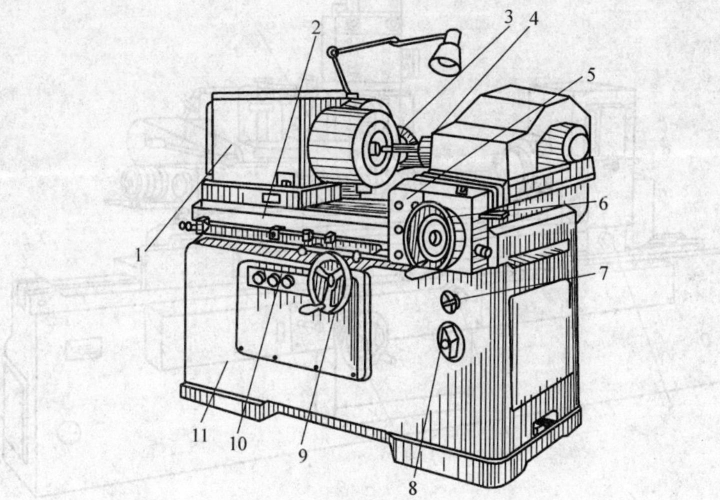

图 1-8　M2110A 型内圆磨床

1—头架　2—工作台　3—砂轮修整器　4—内圆磨具　5—电气开关　6—横向进给手轮
7—工件转速选择开关　8—电源开关　9—工作台纵向进给手轮　10—液压操纵箱　11—床身

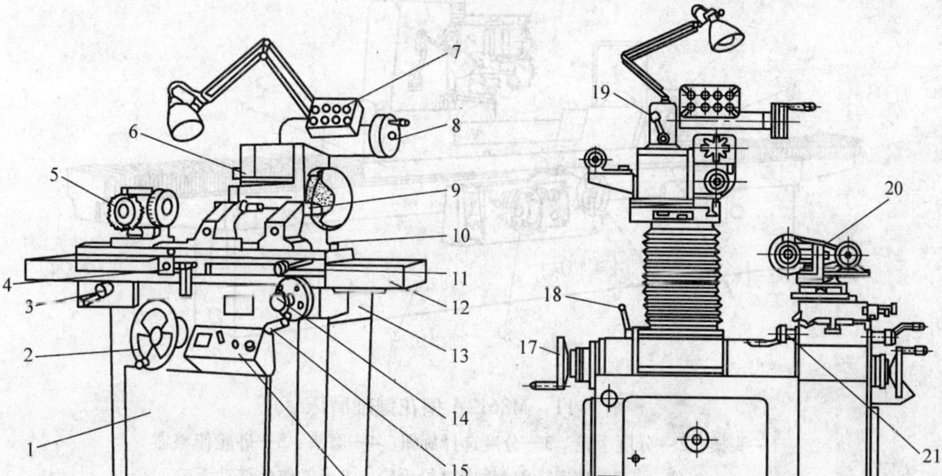

图 1-9　MQ6025A 型万能工具磨床

1—床身　2—横向进给手轮　3—工作台纵向进给手轮　4—限位挡铁　5—万能夹头　6—砂轮架
7—电器操作板　8—砂轮架垂向进给手轮　9—左、右顶尖座　10—工作台定位手柄
11—调整角度手柄　12—工作台　13—横向滑板　14—结合子　15—工作台纵向进给手轮
16—电器控制面板　17—横向进给手轮　18—砂轮架自动升降锁紧手柄
19—砂轮架操纵臂锁紧手柄　20—主轴锁紧插销　21—工作台纵向进给手轮

（6）螺纹磨床（图 1-10）

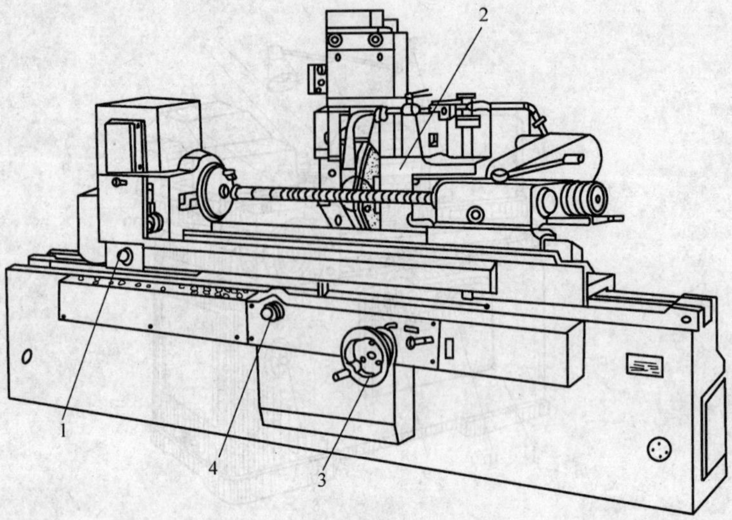

图 1-10　S7332 型螺纹磨床

1—消除间隙捏手　2—砂轮架　3—横向进给手轮　4—对线手轮

（7）花键轴磨床（图 1-11）

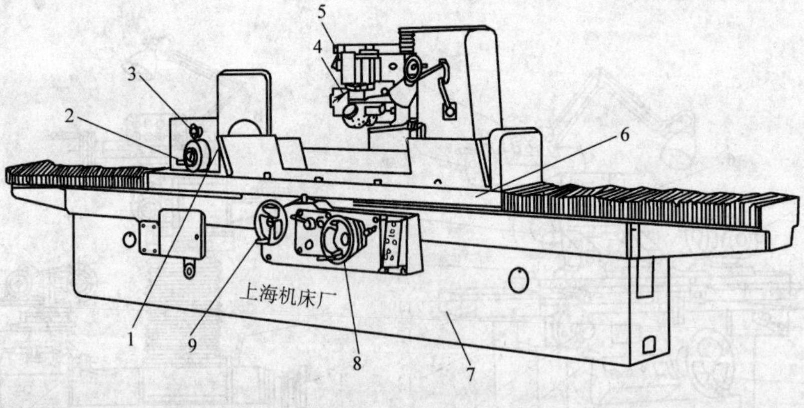

图 1-11　M8612A 型花键轴磨床

1—头架　2—分度手轮　3—分度选择旋钮　4—磨头　5—砂轮修整器

6—工作台　7—床身　8—垂向进给手轮　9—工作台移动手轮

2. 磨床的型号

磨床品种共分三大类。一般磨床为第一类，用字母 M 表示；超精机、抛光机、砂带抛光及磨削机床等为第二类，用 2M 表示；球轴承套圈沟磨床、滚子轴承套圈滚道磨床、叶片磨削机床等为第三类，用 3M 表示。齿轮加工机床类和螺纹加工机床类分别用 Y 和 S 表示。第一类磨床按加工方式不同分以下几组。

0——仪表磨床；

1——外圆磨床（如 M1432A、MBS1332A、MM1420 等）；

2——内圆磨床（如 M2110A、MGD2110 等）；

3——砂轮机；

4——坐标磨床；

5——导轨磨床；

6——刀具刃磨床（如 MQ6025A、M6110 等）；

7——平面及端面磨床（如 M7120A、MG7130 等）；

8——曲轴、凸轮轴、花键轴及轧辊磨床（如 M8240A、M8312、M8612A、MG8425 等）；

9——工具磨床（如 MK9017、MG9019 等）。

型号还指明了机床的主参数，一般以机床上加工的最大工件尺寸或工作台面宽度（或直径）的 1/10 表示。如曲轴磨床以最大回转直径的 1/10 表示其主参数；无心外圆磨床以最大磨削直径表示其主参数（如 M1080 表示最大磨削直径为 ϕ80mm 的无心外圆磨床）。

磨床的通用特性代号位于型号中第二位（表 1-3），如型号 MB1432A 中的 B 表示半自动。

表 1-3　机床的通用特性代号（GB/T 15375—2008）

通用特性	高精度	精密	自动	半自动	数控	加工中心（自动换刀）	仿形	轻型	加重型	柔性加工单元	数显	高速
代号	G	M	Z	B	K	H	F	Q	C	R	X	S
读音	高	密	自	半	控	换	仿	轻	重	柔	显	速

机床的重大改进顺序号用 A、B、C 等表示，加于型号的末尾。

目前，我国工厂中使用的一部分磨床型号是用三位数表示。例如 M131W 表示最大磨削直径为 ϕ315mm 的万能外圆磨床，M120W 表示最大磨削直径为 ϕ200mm 的万能外圆磨床。

下面以立轴圆台平面磨床的型号为例，说明磨床型号的表示方法。

M 7 4 7 5 B

- B —— 第二次重大改进
- 75 —— 工作台面直径750mm
- M74 —— 立轴圆台平面磨床

3. 磨床的润滑和保养

（1）磨床的润滑　磨床润滑的目的是减少磨床摩擦面和机构传动副的磨损，使传动平稳，并提高机构工作的灵敏度和可靠度。

1）润滑的基本要求。润滑的基本要求是“五定”，即定点、定质、定量、定期和定人。

①定点。确定机床的润滑部位、润滑点（用图形表示），明确规定的加油方法。操作人员应熟悉各供油部位。

② 定质。正确确定各润滑部位、润滑点加什么牌号的润滑剂，按规定加注。

③ 定量。确定机床各润滑部位的加油量，做到计划用油、合理用油、节约用油。

④ 定期。确定各润滑部位的加油间隔期，同时应根据机床实际运行及油质情况，合理地调整加（换）油周期，以保持正常润滑。

⑤ 定人。确定润滑责任人：一般润滑部位和润滑点由操作者进行润滑，二级保养或大修机床则由专人负责。

以万能外圆磨床为例，尾座套筒注油孔，每班注入一次全损耗系统用油；内圆磨具滚动轴承，每 500h 更换一次锂基润滑脂；砂轮架油池，每三个月更换一次精密轴承油；床身油池则半年更换一次液压油。

2）润滑剂。磨床上常用的润滑剂有润滑油和润滑脂两大类。

① 润滑油。润滑油一般用全损耗系统用油。其主要特性指标是“运动粘度”（简称“粘度”）。它表示油液在外力作用下流动时，在其内部产生的摩擦力的性质，单位为 mm^2/s。运动粘度大，表示油的流动性差，油分子之间的摩擦阻力大；运动粘度小，则表示油的流动性好，油分子之间的摩擦阻力小。运动粘度随温度的升高而变小，温度降低则变大。因此，使用时应注意季节的变化。

运动粘度小的润滑油适用于运动速度高、摩擦表面间隙小的配合面。而运动速度低、摩擦表面间隙大的配合面，则应用运动粘度大的润滑油。

② 润滑脂（俗称黄油）。润滑脂是用基础油（矿物油或合成油）、稠化剂及改善性能的添加剂制成的一种半固体润滑剂，通常呈油膏状。润滑脂粘附力强，除能有效地润滑外，还能起密封、缓蚀作用。在磨床上，润滑脂常用于砂轮主轴和滚动轴承的润滑。

磨床常用润滑剂见表1-4。

表1-4 磨床常用润滑剂

种类	牌号名称	适用范围
润滑油	N2 轴承油	砂轮主轴
	N5 轴承油	砂轮主轴
	L-AN10 全损耗系统用油	砂轮主轴、一般滑动摩擦面
	L-AN32 全损耗系统用油	普通磨床导轨、一般滑动摩擦面
	L-AN46 全损耗系统用油	普通磨床导轨、一般滑动摩擦面
	L-AN68 全损耗系统用油	精密磨床导轨
润滑脂	3号锂基润滑脂	内圆磨具主轴
	3号钙基润滑脂	高精度滚动轴承

3）润滑方式。常用的润滑方式有下列几种。

① 滴油润滑。滴油润滑包括手工润滑和油杯润滑两种。手工润滑是用油壶或油枪向油孔、油嘴中加油，油杯润滑是依靠油杯里油的自重向润滑部位滴油。油杯润滑主要用于润滑低速运动、轻负荷的摩擦表面。

② 油毡（垫）、油绳润滑。油毡（垫）、油绳润滑是将油毡（垫）或泡沫塑料、油绳等浸入润滑油中，采用毛细管的虹吸作用进行供油，主要用于润滑低、中速运动的摩擦部位。由于油毡（垫）等可起过滤作用，故能使润滑油保持清洁，且供油连续均匀。

③ 油池润滑。油池润滑是依靠淹没在油池中的旋转零件，将润滑油带到需润滑的部位进行润滑的润滑方式。这种润滑方式适用于封闭箱内（如磨床的头架变速箱）、转速较低的摩擦副中等部位。

④ 飞溅润滑。飞溅润滑是利用高速旋转零件或附加的甩油盘、甩油片，将油池中的润滑油溅散成飞沫向摩擦副供油，主要用于封闭式齿轮副及轴承等处的润滑。

4）润滑注意事项。

① 严格执行润滑“五定”，做好润滑记录。

② 润滑剂应纯净清洁，不得混入杂质和水分，以免堵塞油路，引起锈蚀。

③ 夏天时应采用运动粘度较大的润滑油，冬天则应采用运动粘度较小的润滑油。

④ 油孔、油槽应密封良好，油池在换油时应清洗干净。

（2）磨床的一级保养

1）磨床一级保养的意义。为了保持磨床的正常运转和精度、延长磨床的使用寿命，必须注意对磨床进行维护保养工作。

磨床运转500h后需进行一级保养。一级保养工作以操作人员进行为主，维修人员配合进行。

2）常用工具。

① 螺钉旋具。螺钉旋具用来旋紧或松开头部带沟槽的螺钉。常用的螺钉旋具有以下两种。

a. 一字槽螺钉旋具。如图1-12a所示，它由旋柄、旋杆和工作部分等组成。其规格用旋杆的长度来表示，有100mm、150mm、200mm、300mm和400mm等几种。使用时，可根据螺钉沟槽的宽度来选用。

b. 十字槽螺钉旋具。如图1-12b所示，十字槽螺钉旋具用来旋紧或松开头部带十字槽的螺钉。

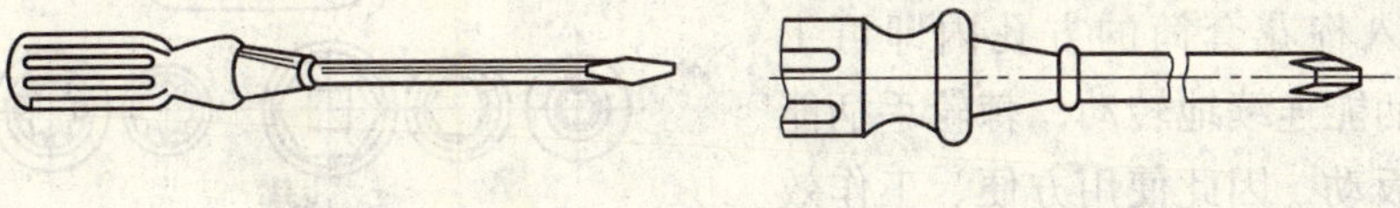

a)　　b)

图1-12　螺钉旋具

a）一字槽螺钉旋具　b）十字槽螺钉旋具

② 扳手。扳手用来旋紧或松开六角形、正方形螺钉和各种螺母。常用的扳手有以下几种。

a. 活扳手。如图1-13所示，它由扳手体、固定钳口、活动钳口和蜗杆组成，常用规格有100mm、150mm、200mm、250mm、300mm、350mm和400mm等几种。使用时可根据需要来选择，并要注意钳口受力的方向和钳口的开度（图1-14），否则扳手容易损坏。

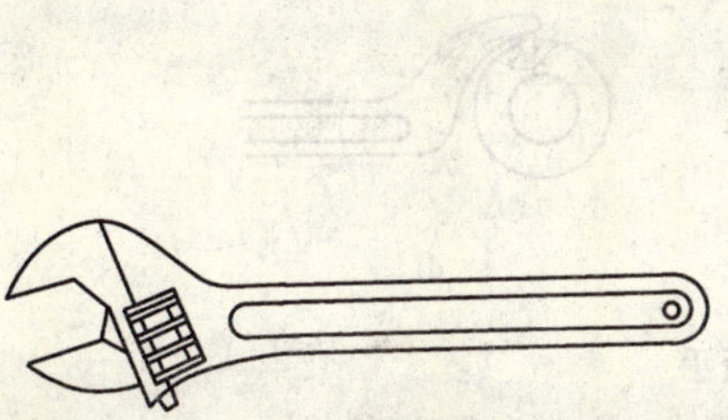

图1-13　活扳手

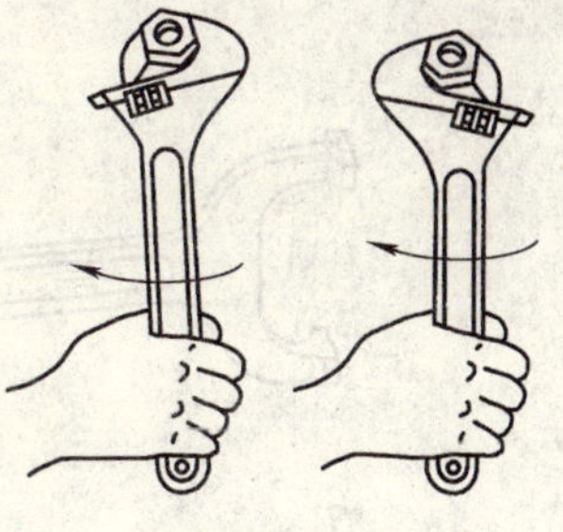

a)　　b)

图1-14　活扳手的使用

a）正确　b）不正确

b. 呆扳手。如图1-15所示，呆扳手分单头扳手和双头扳手两种。它们的开口尺寸与螺母或螺钉头对边间距尺寸相对应，并根据标准尺寸做成一套。

c. 内六角扳手。如图 1-16 所示，内六角扳手用于旋紧内六角螺钉，其规格用六边形对边间距的尺寸表示，可旋紧 M3 ~ M24 的内六角螺钉。

d. 梅花扳手。如图 1-17 所示，梅花扳手有正方形、六角形、十二角形等几种。梅花扳手应用较广泛，因为它最少只要转过 30°就可调换方向再扳，所以能在扳动范围狭窄的地方使用。梅花扳手受力面积大，因此扳动效果比较好。

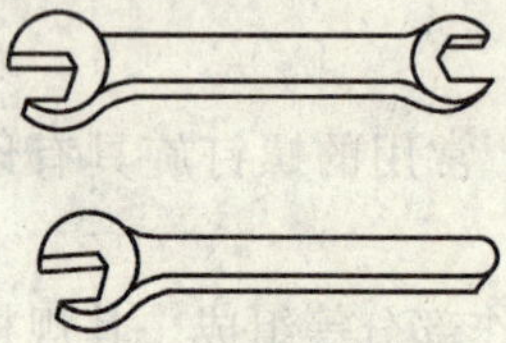

图 1-15　呆扳手

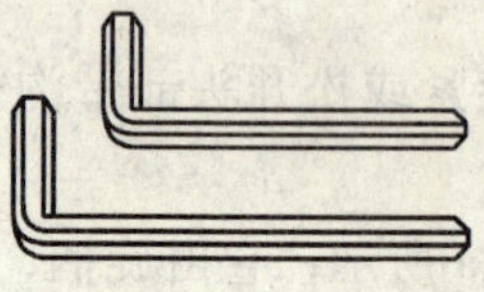

图 1-16　内六角扳手

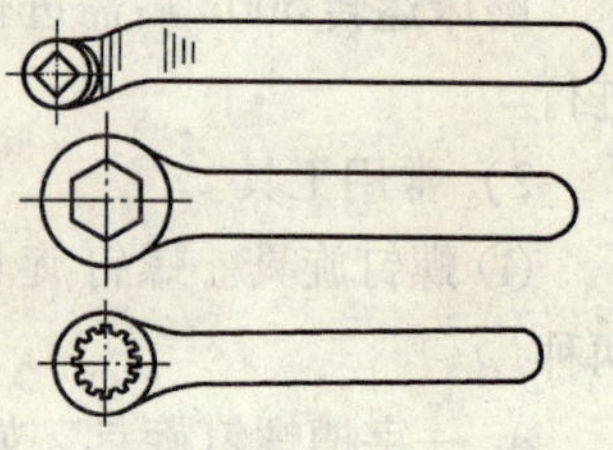

图 1-17　梅花扳手

e. 成套套筒扳手。如图 1-18 所示，它由梅花套筒和扳手柄组成，梅花套筒根据尺寸大小做成一套。使用时，只要将扳手柄方榫插入梅花套筒的方孔内即可工作；弓形手柄能连续地转动，棘轮手柄能不断地往复扳动，因此使用方便、工作效率高。

f. 锁紧扳手。如图 1-19 所示，锁紧扳手形式多样，可用来装拆圆螺母。

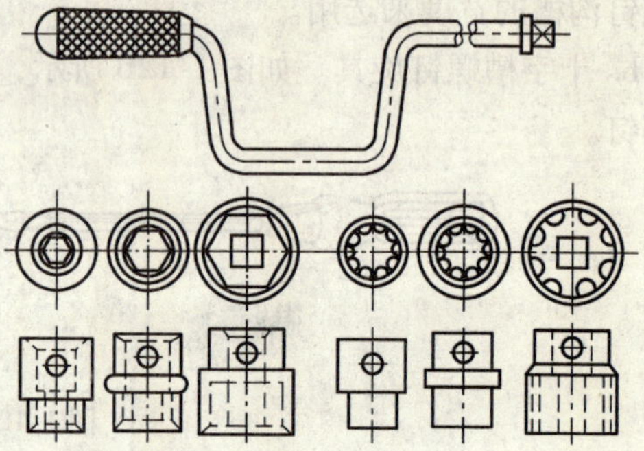

图 1-18　成套套筒扳手

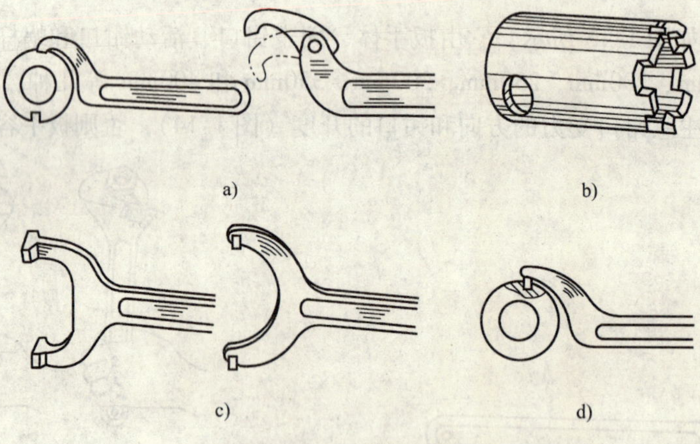

图 1-19　锁紧扳手

a）钩头式　b）冕形式　c）U 形式　d）锁头式

3）磨床一级保养的内容及要求。

下面以万能外圆磨床为例介绍磨床的一级保养。

① 外部保养。

a. 清洗机床外表面，使机床外表面保持清洁、无锈蚀、无油痕。

b. 拆卸有关防护盖板、挡板进行清洗。清洗后要做到各有关部位清洁、安装牢固。

c. 检查补齐手柄、螺钉、螺母。

② 砂轮架及头架、尾座的保养。

a. 拆洗砂轮架传动带罩壳及砂轮防护罩壳。

b. 检查电动机及紧固用的螺钉螺母是否松动。

c. 检查、调整砂轮架传动带，使之松紧适中（图1-20）。

d. 拆洗头架罩壳，调整传动带松紧程度，使之传动稳定。

e. 拆洗尾座套筒，保持套筒和尾座壳体内的清洁及良好润滑（图1-21）。

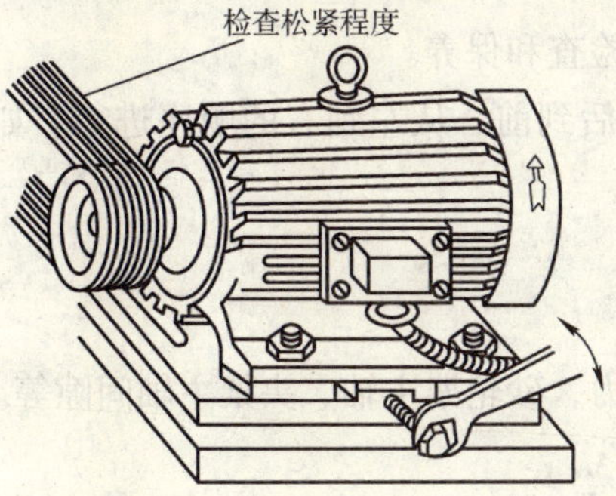

图1-20　调整砂轮架传动带松紧程度

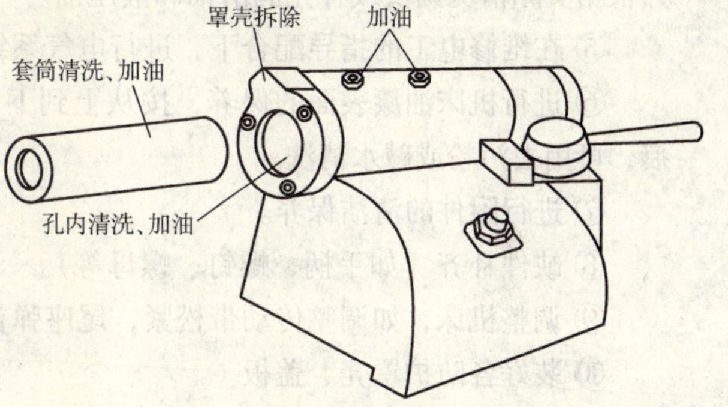

图1-21　尾座的保养

③ 液压、润滑系统的保养。

a. 检查液压系统压力情况，保持液压部件运行正常。

b. 清洗液压泵过滤器。

c. 检查砂轮架主轴润滑油的油质及油量。

d. 清洗导轨，检查油质，保持油孔、油路的畅通；检查油管安装得是否牢固、是否有断裂泄漏现象。

e. 清洗油窗，使油窗清洁明亮。

④ 冷却系统的保养。

a. 清洗切削液箱，调换切削液。

b. 检查切削液泵，清除嵌入泵内的棉纱等杂质（图1-22），保持电动机运转正常。切削液泵应放在散热器挡条上，以防止切削液泵跌落散热器内、损坏电动机。

c. 清洗过滤器，拆洗切削液管，做到管路畅通，构件安装牢固、排列整齐。

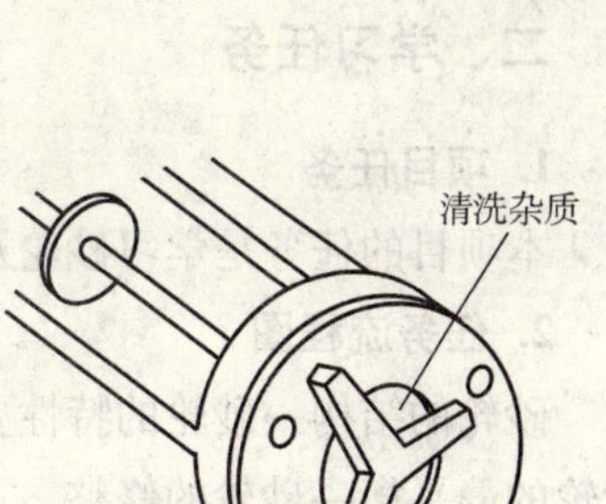

图1-22　切削液泵的保养

⑤ 电气系统的保养。

a. 清扫电气箱，保持箱内清洁、干燥。

b. 清理电线及蛇皮管，对裸露的电线及损坏的蛇皮管进行修复。

c. 检查各电气装置，使其固定整齐、工作正常。

d. 检查各发光装置，如照明灯、工作状态指示灯等，使其工作正常、发光明亮。

⑥机床附件的保养。清洗附件，如平衡架，开式、闭式中心架，砂轮修整器等，使其清洁、整齐、无锈迹。

4）一级保养的操作步骤。

① 切断电源，使砂轮架退至较后的位置，使头架、尾座至工作台两端。

② 清扫机床切屑比较多的部位，如水槽、切削液箱、防护罩壳等。

③ 用柴油清洗头架主轴、尾座套筒、液压泵过滤器等。

④ 在维修人员的指导配合下，检查砂轮架及床身油池内的油质情况、油路工作情况等，并根据实际情况调换或补充润滑油和液压油。

⑤ 在维修电工的指导配合下，进行电气系统的检查和保养。

⑥ 进行机床油漆表面的保养，按从上到下、从后到前、从左到右的顺序进行。如有油痕，可用去污粉或碱水清洗。

⑦ 进行附件的清洁保养。

⑧ 缺件补齐（如手柄、螺钉、螺母等）。

⑨ 调整机床，如调整传动带松紧，尾座弹簧压力，砂轮架主轴、头架主轴间隙等。

⑩ 装好各防护罩壳、盖板。

按一级保养要求全面检查，发现问题应及时纠正。

项目三　砂轮的安装、平衡及修整

一、学习目标

1. 了解砂轮的结构、特性要素、代号及砂轮特性选择的一般原则。

2. 掌握砂轮安装、砂轮静平衡和砂轮修整的方法。

二、学习任务

1. 项目任务

本项目的任务是学习砂轮及砂轮的安装、静平衡与修整。

2. 任务流程图

砂轮的结构→砂轮的特性要素→砂轮的代号→砂轮特性选择的一般原则→砂轮的安装→砂轮的静平衡→砂轮的修整

三、环境设备

学习所需装备及工具清单见表1-5。

表1-5 学习所需装备及工具

分类	名称	数量
装备	平行砂轮	1
	法兰盘	1
	衬垫	1
	圆棒导柱式平衡架	1
	框式水平仪或条形水平仪	1
	平衡心轴	1
	平衡块	1
	金刚石刀	1
工具	螺钉旋具	1
	活扳手	1
	内六角扳手	1

四、学习过程

1. 砂轮的结构

砂轮是由磨料和结合剂以适当的比例混合，经压制、干燥、烧结、整形、静平衡、硬度测定、最高工作速度试验等一系列工序制成的。

砂轮的结构如图1-23所示，其由磨料、结合剂和气孔三个要素组成。

磨料相当于切削刀具的切削刃，起切削作用；结合剂使各磨粒位置固定，起支持磨粒的作用；气孔则有助于排屑和散热。

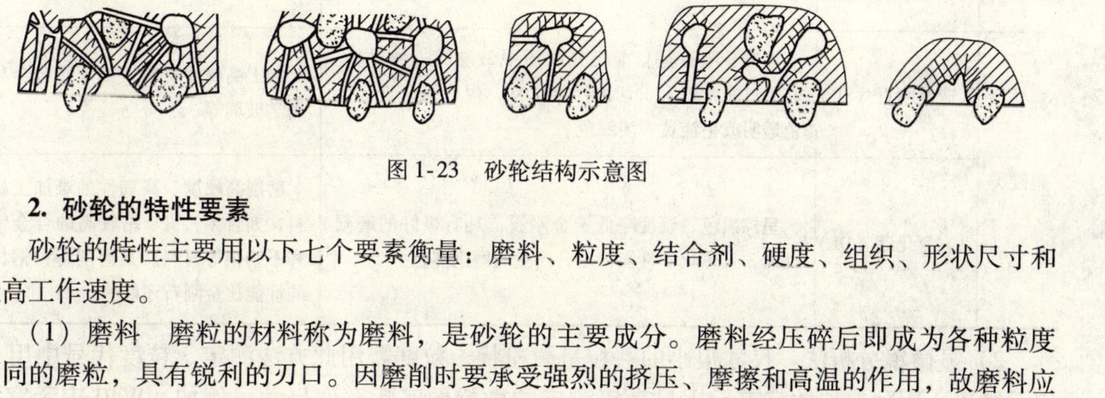

图1-23 砂轮结构示意图

2. 砂轮的特性要素

砂轮的特性主要用以下七个要素衡量：磨料、粒度、结合剂、硬度、组织、形状尺寸和最高工作速度。

（1）磨料 磨粒的材料称为磨料，是砂轮的主要成分。磨料经压碎后即成为各种粒度不同的磨粒，具有锐利的刃口。因磨削时要承受强烈的挤压、摩擦和高温的作用，故磨料应具有极高的硬度和适当的韧性，并应具有一定的强度、耐热性及化学稳定性。

磨料分天然磨料和人造磨料两大类。天然磨料含杂质多且价格昂贵，很少被采用。目前，用于制造砂轮的磨料主要为人造磨料。人造磨料分刚玉类、碳化物类和超硬类三大类（表1-6）。

（2）粒度 粒度是表示磨粒尺寸大小的参数。粒度有两种测定方法：筛网法和显微镜分析法。

1）筛网法。筛网法用于测定尺寸大于50μm的磨粒，用筛网筛分的方法测定。粒度代号表示磨粒所能通过的筛网在每英寸（1in = 25.4mm）长度上含有的网眼数，又称英制法。

用这种方法测定的粒度代号越大，磨粒越细。

表1-6 磨料的种类、特点及应用

磨料种类		特 点	应 用
刚玉类	棕刚玉（A）	含杂质多，呈棕褐色；硬度高，韧性较好，能承受较大的磨削压力；价格便宜，应用较广泛	磨削碳素钢、合金钢和青铜等材料
	白刚玉（WA）	氧化铝的质量分数极高，呈白色，较棕刚玉硬而脆，磨粒相当锋利，不易磨钝，且磨钝的磨粒也容易破裂而形成新的锋利刃口，因此具有良好的磨削性能和自锐性	精磨各种淬硬钢、高速工具钢及容易变形的工件等
	铬刚玉（PA）	它是在氧化铝中渗入氧化铬（Cr_2O_3）后所得的磨料，呈玫瑰红色，磨削性能略高于白刚玉，在相同条件下，用铬刚玉磨出的工件表面粗糙度值更小	精磨各种淬硬钢件和表面粗糙度值要求较小的工件
	微晶刚玉（MA）	颜色、化学成分与棕刚玉相似，但具有更好的自锐性和韧性	磨削不锈钢、轴承钢、特种球墨铸铁等材料，也适于作高精度磨削
	单晶刚玉（SA）	具有更高的硬度、耐磨性和韧性	磨削韧性好的不锈钢、高钒高速工具钢和其他难加工材料，在高精度磨削中也有应用
碳化物类	绿碳化硅（GC）	碳化硅的质量分数极高，呈绿色，且有美丽的金属光泽，硬而脆，刃口锋利	磨削高硬度材料，如硬质合金、玻璃等
	黑碳化硅（C）	含杂质较多，呈黑色，有金属光泽	磨削抗拉强度较低的材料，如铸铁、黄铜、青铜及其他非金属材料等
超硬类	人造金刚石（SD）	人造金刚石是目前已知物质中最硬的一种材料。其刃口非常锋利，切削性能优良，但价格昂贵，无色透明或呈淡黄、淡绿色	加工高硬度材料，如硬质合金和光学玻璃等
	立方氮化硼（DL）	呈棕黑色，硬度略低于金刚石，具有极好的磨削性能，且热化学性能稳定，产生的磨削热也少	磨削高硬度、高韧性的难加工材料，如含钼、钒、钴较高的合金钢和不锈钢等材料。其磨削特种钢材的性能比金刚石还好些

2）显微镜分析法。尺寸很小的磨粒呈微粉状，粒度需用此方法测定。粒度代号中用W表示微粉，用阿拉伯数字表示用显微镜测定的微粉的实际宽度尺寸。例如，W40表示宽度尺寸为40～28μm的微粉状磨粒。

砂轮的粒度对工件表面粗糙度和磨削效率有很大的影响，故磨削时要选择合理的砂轮粒度。

（3）结合剂　结合剂是将磨粒粘固成砂轮的材料。结合剂的种类和性质会影响砂轮的硬度和强度。结合剂的种类、成分及特点见表1-7。

（4）硬度　砂轮的硬度是指结合剂粘结磨粒的牢固程度，也表示磨粒在磨削力的作用下，从砂轮表面上脱落的难易程度。磨粒不易脱落的砂轮称为硬砂轮，反之称为软砂轮。

注意不要把砂轮的硬度与磨粒的硬度混同起来。砂轮的硬度影响砂轮的自锐性。

（5）组织　砂轮的组织是表示砂轮内部结构松紧程度的参数，与磨料、结合剂、气孔三者的体积比例有关。

砂轮的组织号是以磨粒占砂轮体积的百分比来划分的，共分 15 个组织号。组织号以 0 号为基准（磨粒率为 62%），其后磨粒率每减少 2%，组织号增加一号，以此类推（表 1-8）。

表 1-7　结合剂的种类、成分及特点

类别	成分	特　点
陶瓷结合剂（V）	天然花岗石和粘土配制而成	① 力学性能和化学性能稳定，耐热、耐腐蚀，极适用于各种加注切削液的磨削 ② 砂轮的多孔性好，有利于散热和容纳磨屑，不易堵塞 ③ 呈脆性，不能承受大的冲击力和侧面压力；易产生裂纹，不能制造薄片砂轮；砂轮的最高工作速度为 35m/s ④ 冰冻会使砂轮产生裂纹 ⑤ 磨削热较大
树脂结合剂（B）	用石碳酸与甲醛合成	① 有很高的强度，可用于制造薄片砂轮和最高工作速度大于 50m/s 的高速磨削砂轮 ② 砂轮具有较好的自锐性，磨削效率高 ③ 砂轮具有一定的弹性，可避免烧伤工件表面，同时还具有一定的抛光作用 ④ 耐热温度为 200℃左右，当磨削温度增高时会快速损耗砂轮，使砂轮失去正常的外形 ⑤ 化学性能不稳定，易受碱、油和水的侵蚀，在潮湿的环境中存放会降低砂轮的强度，故一般树脂砂轮的存放期不超过一年
橡胶结合剂（R）	以天然或人造橡胶为主要原料制成	① 耐热温度低于 150℃，耐湿性也较差，易老化，存放期为二年 ② 有较好的弹性，可制成薄片砂轮 ③ 不易烧伤工件，且有良好的抛光作用 ④ 砂轮的气孔小

表 1-8　砂轮组织号（GB/T 2484—2006）

组织号	0	1	2	3	4	5	6	7	8	9	10	11	12	13	14
磨粒率（%）	62	60	58	56	54	52	50	48	46	44	42	40	38	36	34

由表 1-8 可知，0 ~ 4 号组织较紧密，5 ~ 8 号组织松紧程度适中，9 ~ 14 号组织较疏松。

一般外圆柱面、内圆柱面、平面、无心磨削及刃磨刀具都采用组织松紧程度适中的砂轮。

（6）形状尺寸　国家标准 GB/T 4127—2006《固结磨具　尺寸》和 GB/T 2484—2006《固结磨具　一般要求》，对砂轮的形状尺寸都已标准化。操作时可按机床规格及加工要求选择。表 1-9 为常用砂轮形状的型号、名称、示意图及特征值的标记，可供磨削时参考。

表 1-9 常用砂轮形状的型号、名称示意图及特征值的标记（摘自 GB/T 2484—2006）

型号	名称	示意图	特征值的标记
1	平形砂轮	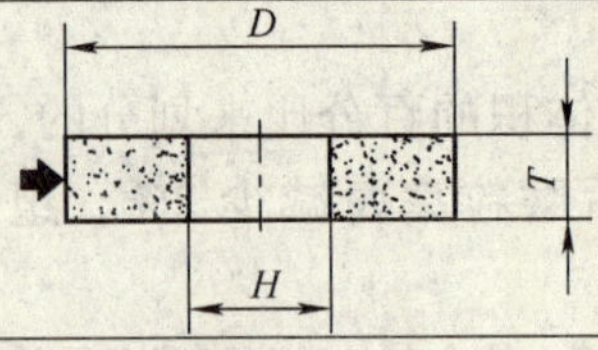	平形砂轮 1 型 - 圆周型面 - $D\times T\times H$
2	筒形砂轮	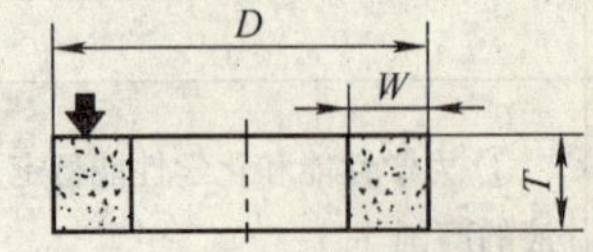	粘结或夹紧用筒形砂轮 2 型 - $D\times T\times W$
3	单斜边砂轮	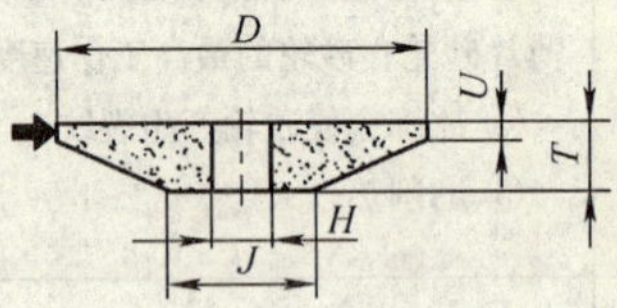	单斜边砂轮 3 型 - $D/J\times T\times H$
4	双斜边砂轮	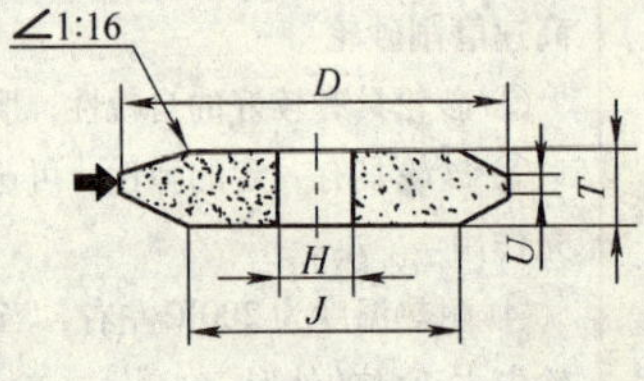	双斜边砂轮 4 型 - $D\times T\times H$
5	单面凹砂轮	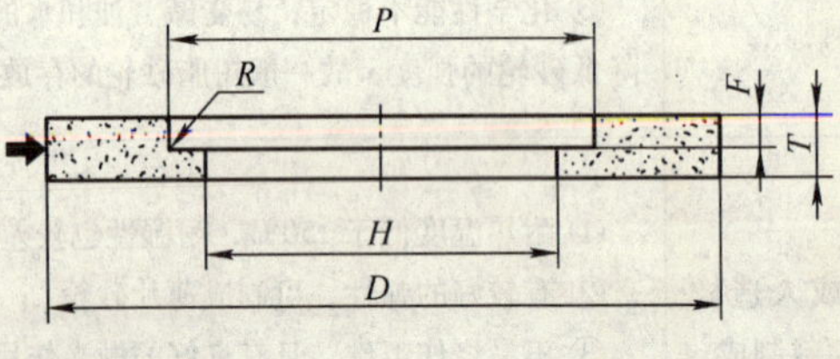	单面凹砂轮 5 型 - 圆周型面 - $D\times T\times H-P\times F$
6	杯形砂轮	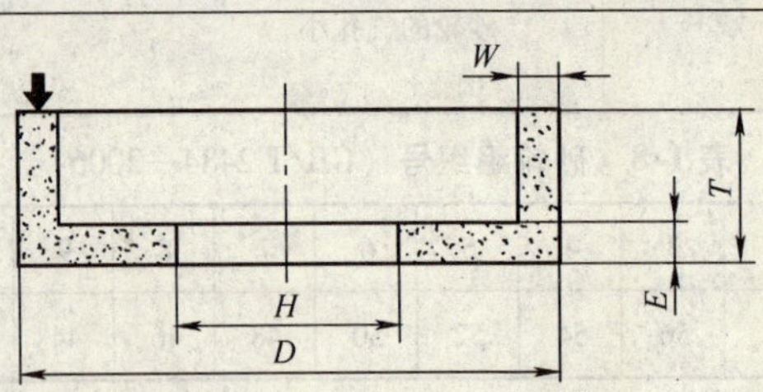	杯形砂轮 6 型 - $D\times T\times H-W\times E$
7	双面凹一号砂轮	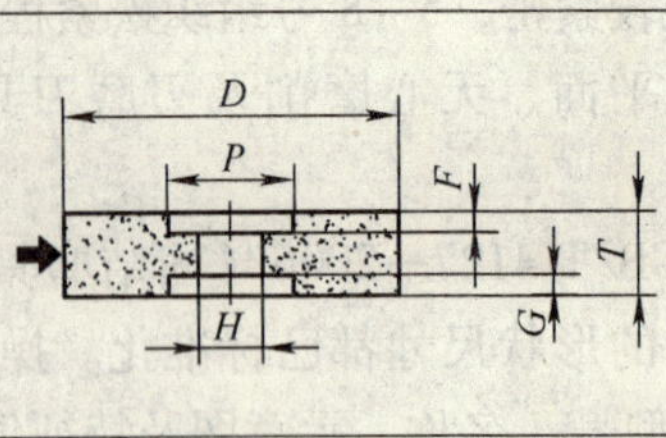	双面凹一号砂轮 7 型 - 圆周型面 - $D\times T\times H-P\times F/G$

（续）

型号	名称	示意图	特征值的标记
8	双面凹二号砂轮	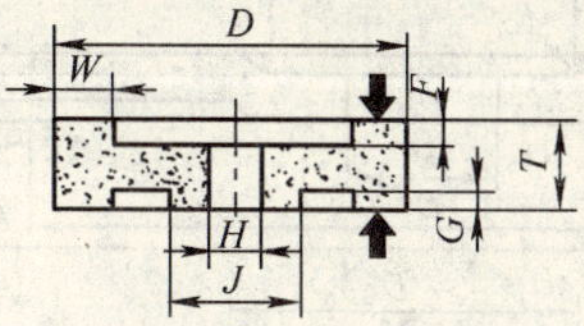	双面凹二号砂轮 8 型 $-D\times T\times H-W\times J\times F/G$
11	碗形砂轮	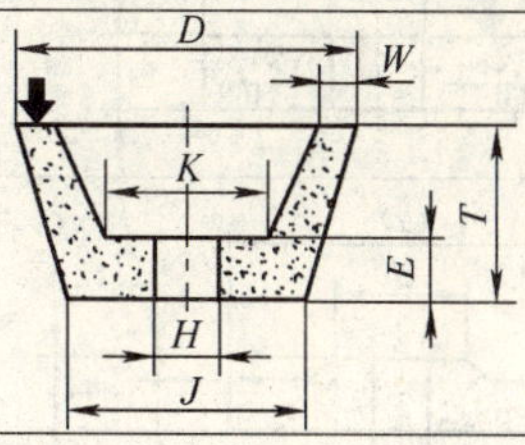	碗形砂轮 11 型 $-D/J\times T\times H-W\times E$
12a	碟形砂轮	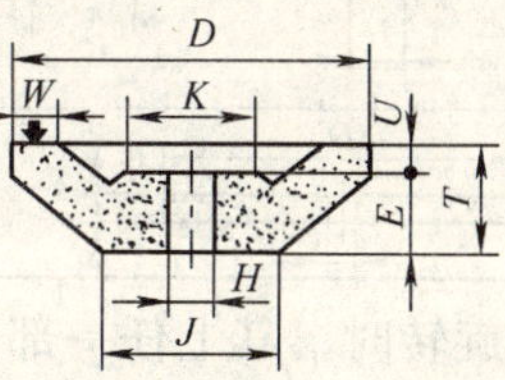	碟形砂轮 12a 型 $-D/J\times T\times H$
12b	碟形砂轮	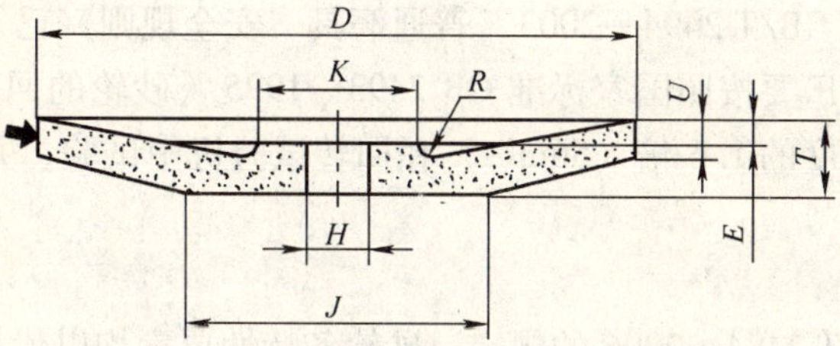	碟形砂轮 12b 型 $-D/J\times T\times H-U$
23	单面凹锥砂轮	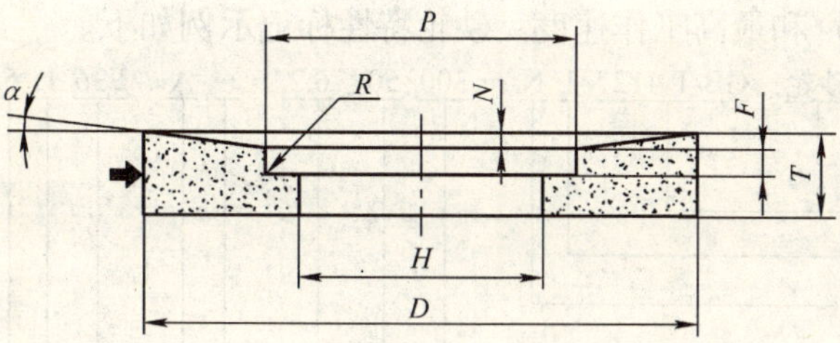	单面凹锥砂轮 23 型 $-D\times T/N\times H-P\times F$
26	双面凹锥砂轮	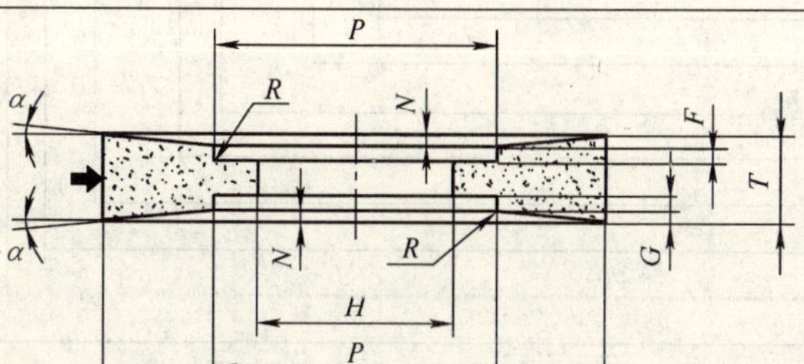	双面凹锥砂轮 26 型 $-D\times T/N\times H-P\times F/G$

（续）

型号	名称	示意图	特征值的标记
27	钹形砂轮	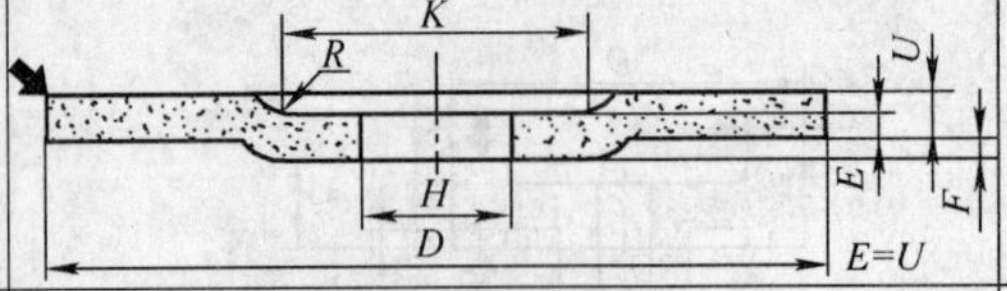	钹形砂轮 27 型 - $D \times U \times H$
36	螺栓紧固 平形砂轮	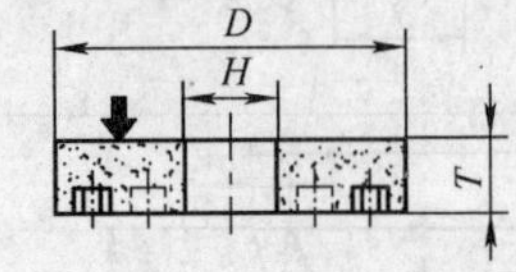	螺栓紧固平形砂轮 36 型 - $D \times T \times H$ - 嵌装螺母
38	单面凸砂轮	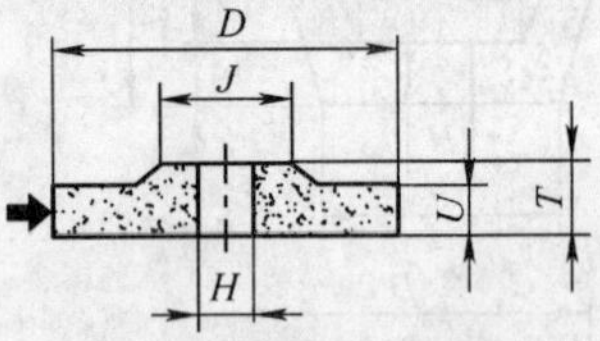	单面凸砂轮 38 型 - 圆周型面 - $D/J \times T/U \times H$
41	平行切割砂轮	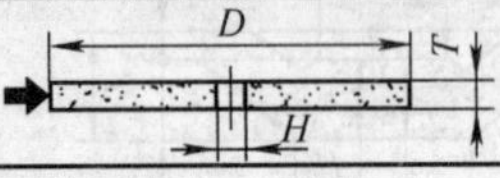	平行切割砂轮 41 型 - $D \times T \times H$

（7）最高工作速度　砂轮高速旋转时，其上任一部分都受到很大的离心力作用。如果没有足够的回转强度，砂轮就会爆裂而引起严重事故。因此，必须将砂轮的最高工作速度标注在砂轮上。国家标准 GB/T 2494—2003《普通磨具　安全规则》已对磨具的最高工作速度作出了规定。砂轮制造厂要按照国家标准 GB 2493—1995《砂轮的回转试验方法》的规定，对新砂轮以最高工作速度的 1.6 倍（56m/s）在回转试验机中试验，并在达到最高工作速度时维持 0.5min。

3. 砂轮的代号

根据国家标准 GB/T 2484—2006 的规定，砂轮各特性要素均以代号形式表示，书写顺序为：磨料牌号（可选项）、磨料种类、粒度、硬度等级、组织、结合剂种类、生产厂自定的结合剂牌号（可选项）和最高工作速度。砂轮特性标记示例如下。

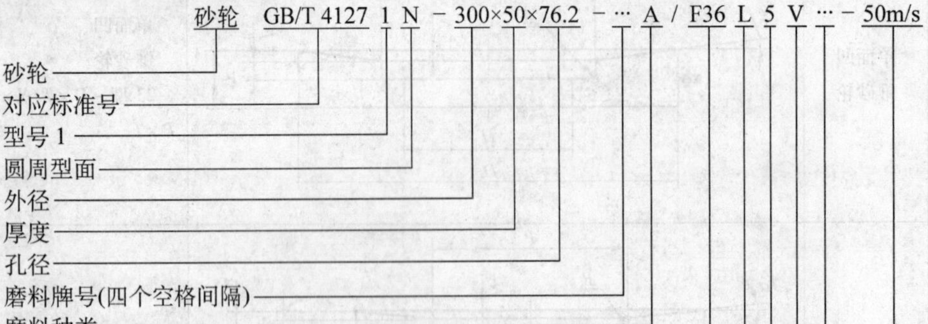

4. 砂轮特性选择的一般原则

（1）磨料的选择　磨料应按工件材料及其热处理方法来选择。通常要使磨料的硬度大于工件材料的硬度，即磨料应具有良好的磨削性能。

一般选择原则如下。

1）工件材料为碳素结构钢或优质碳素结构钢时，选用棕刚玉。

2）工件材料为淬火钢、低合金钢或合金结构钢、高速工具钢、铬轴承钢时，选用白刚玉。

3）工件材料为硬质合金时，可选用人造金刚石或绿碳化硅。

4）工件材料为铸铁、黄铜时，可选用黑碳化硅。

5）刃磨高速工具钢及模具制造，可选用立方氮化硼。

表1-10可供选择时参考。

表1-10　磨料选择

磨料名称	代号	特　点	适用范围
棕刚玉	A	有足够的硬度、韧性，价格便宜	磨削碳素钢等，特别适合磨削未淬硬钢、调质钢，以及粗磨
白刚玉	WA	比棕刚玉硬而脆，自锐性好，磨削力较小，磨削热较少，价格比棕刚玉高	磨削淬硬钢、高速工具钢、高碳钢、螺纹、齿轮、薄壁薄片零件，以及刃磨刀具等
铬刚玉	PA	硬度与白刚玉相似，韧性较好	磨削合金钢、高速工具钢、锰钢等高强度材料，以及用于表面粗糙度要求低的工序的磨削，也适于成形磨削和刃磨刀具等
单晶刚玉	SA	硬度和韧性都比白刚玉高	磨削不锈钢和高钒高速工具钢等硬度高、韧性大的材料
微晶刚玉	MA	硬度高、韧性和自锐性好	磨削不锈钢、轴承钢和特种球墨铸铁等
黑碳化硅	C	硬度比白刚玉高但脆性大	磨削铸铁、黄铜、软青铜以及橡胶、塑料等非金属材料
绿碳化硅	GC	硬度和黑碳化硅相近，但脆性更大	磨削硬质合金、光学玻璃等
人造金刚石	SD	硬度最高，磨削性能好，价格昂贵	磨削硬质合金、光学玻璃等高硬度材料
立方氮化硼	DL	性能与金刚石相近，磨削难磨削钢材时性能比金刚石好	磨削钛合金、高速工具钢等高硬度材料

（2）粒度的选择　粒度应按工件表面粗糙度和加工精度来选择（表1-11）。

表1-11　粒度的选择

粒度代号	适用范围	工件表面粗糙度 $Ra/\mu m$
F40～F60	一般磨削	2.5～1.25
F60～F80	半精磨或精磨	0.63～0.20
F100～F240	精密磨削	0.16～0.10
F240～F600	超精密磨削	0.08～0.012
F800～F1000	超精密、镜面磨削	0.04～0.008

（3）砂轮硬度的选择　砂轮硬度是衡量砂轮自锐性的重要指标之一。磨削硬材料时，磨粒容易变钝，应选用硬度较小的砂轮；反之宜选用硬度较大的砂轮。磨削软而韧的材料时，砂轮容易堵塞，应选用较软的砂轮。

5. 砂轮的安装

（1）砂轮安装的基本要求　砂轮一般用法兰盘安装。如图 1-24 所示，法兰盘主要由法兰盘底座 1、端盖 2、衬垫 3、内六角螺钉 4 等组成。砂轮安装的基本要求如下。

1）砂轮的安装基面无明显缺陷。

2）砂轮的轴线相对于法兰盘轴线不能有明显歪斜或偏心。

3）一般应取厚纸垫为衬垫，以保证在压紧法兰盘时压力能均匀地分布在整个砂轮端面上。

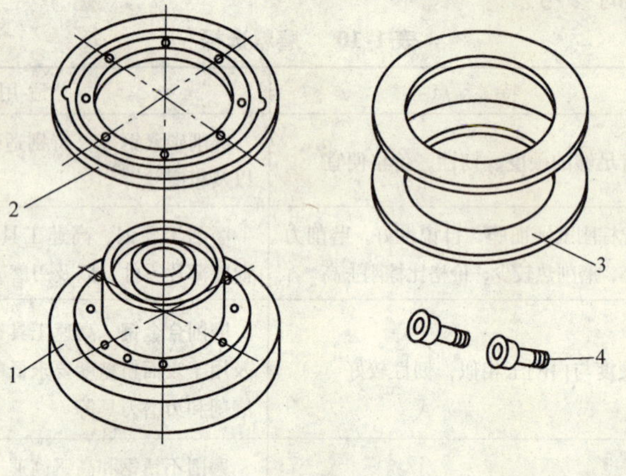

图 1-24　砂轮法兰盘

1—法兰盘底座　2—端盖　3—衬垫　4—内六角螺钉

（2）砂轮的安装步骤及注意事项

1）安装步骤。

① 清理并擦净法兰盘，在法兰盘底座上放一片衬垫（图 1-25），并将法兰盘垂直放置。

② 按图 1-26 所示装入砂轮，并检查砂轮内孔与法兰盘底座定心轴径之间的配合间隙是否适当。

③ 当砂轮内孔与法兰盘底座定心轴径之间的配合间隙较大时，在法兰盘底座的定心轴径处粘一层胶带，以减小配合间隙，如图 1-27 所示。

④ 放入衬垫和法兰盘（图 1-28）。

⑤ 对准法兰盘螺孔位置，放入螺钉。

⑥用内六角扳手拧紧八只内六角螺钉。

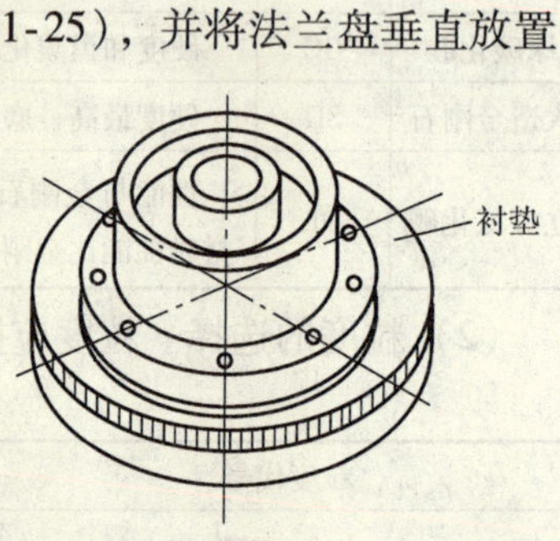

图 1-25　将法兰盘垂直放置

2）注意事项。

① 安装前分别测量砂轮孔径和法兰盘定心轴径尺寸。法兰盘定心轴径尺寸要与砂轮孔径尺寸相对应且应有适当间隙，一般为 0. 1 ~0. 2mm。

② 法兰盘的端面应平整。

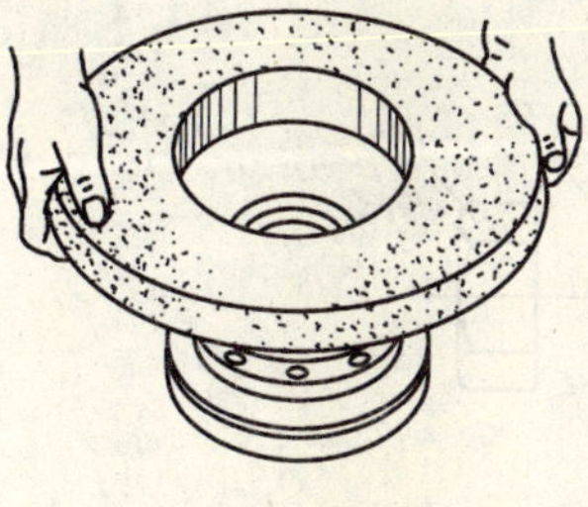

图 1-26　装入砂轮

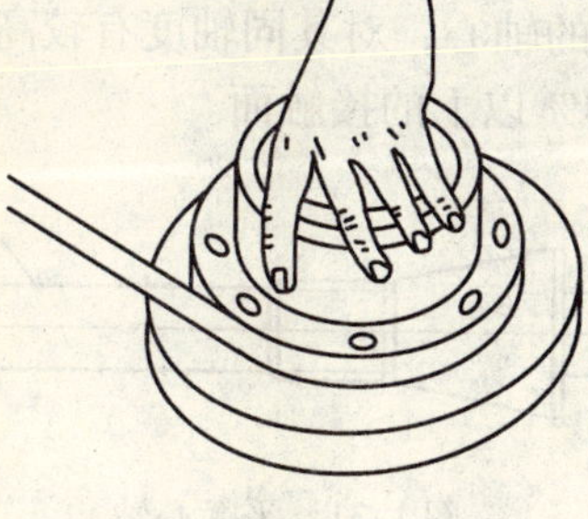

图 1-27　减小配合间隙

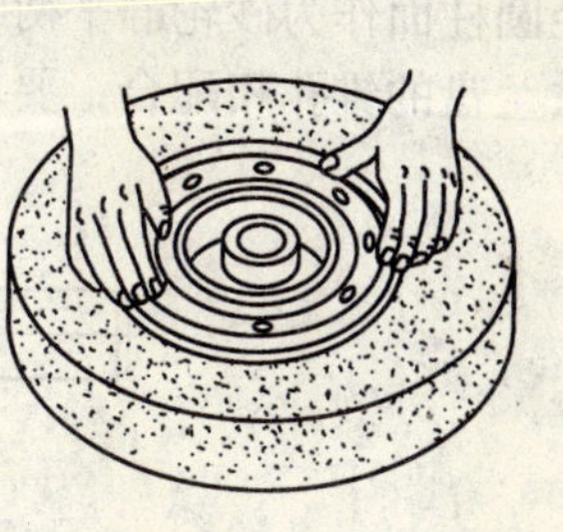

图 1-28　放入衬垫和法兰盘

③ 衬垫破损时，需重新制作。

④ 安装时不得敲击砂轮。

⑤ 为了使螺钉夹紧均匀，可按对角顺序逐步拧紧，用力应适当，不可用加力杆增力。

6. 砂轮的静平衡

（1）砂轮不平衡的原因　引起砂轮不平衡的原因主要有以下两方面。

1）砂轮的制造误差。如砂轮组织不均匀，砂轮内、外径轴线不同轴和端面歪斜等原因可致砂轮不平衡。按国家标准 GB/T 2492—2003《普通磨具　交付砂轮允许的不平衡量　测量》的规定，砂轮制造厂应对新砂轮作静平衡检验。

2）砂轮安装在法兰盘上时产生的不平衡量。

（2）静平衡使用的工具　手工操作的静平衡，须使用平衡架、水平仪、平衡心轴和平衡块等工具。

1）平衡架。常用的平衡架有圆棒导柱式和圆盘式两种。图 1-29 所示为圆棒导柱式平衡架，其主要由支架 2 和导柱 1 组成。导柱为静平衡时，心轴滚动的导轨面，导柱表面素线的直线度和两导柱的平行度都应有较高的精度。

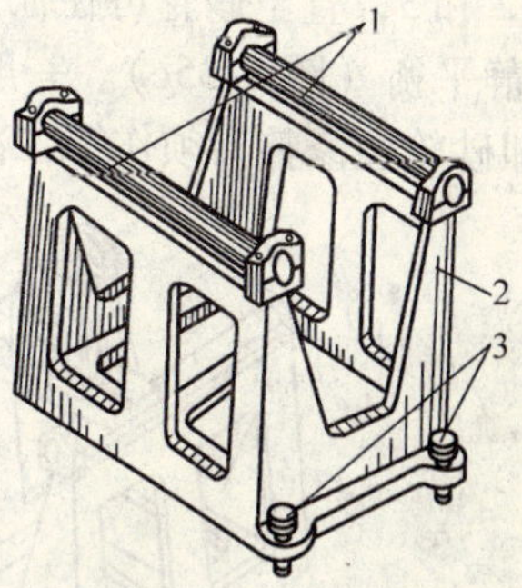

图 1-29　圆棒导柱式平衡架

1—导柱　2—支架　3—螺钉

2）水平仪。常用的水平仪有框式水平仪（图 1-30a）和条形水平仪（图 1-30b）两种。水平仪由框架 1 和水准器 2 组成。水准器的外表用硬玻璃制成，在其内部盛有液体，留有一个气泡。当测量面倾斜时，气泡偏向高的一侧。常用水平仪的读数精度为 0.02mm/1000mm，即相当于倾斜 4″。水平仪用于调整平衡架导柱面的水平位置。

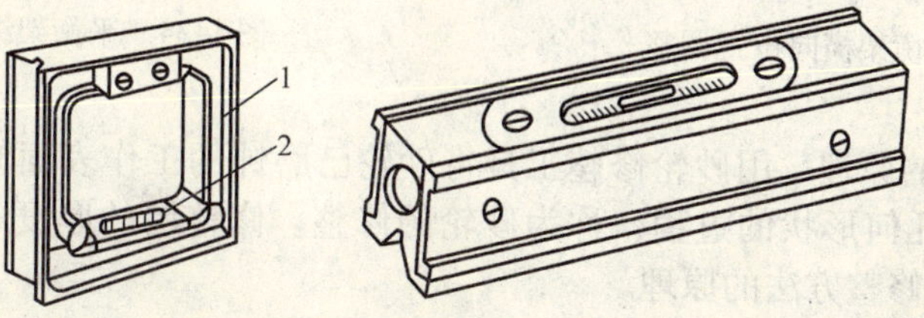

图 1-30　水平仪

a）框式水平仪　b）条形水平仪

1—框架　2—水准器

3）平衡心轴。平衡心轴（图1-31）由心轴1、垫圈2和螺母3组成。心轴两端的等直径圆柱面作为砂轮静平衡时滚动的轴心，对其同轴度有较高的要求。心轴的外圆锥面与砂轮法兰盘的锥孔相配合，要求有80%以上的接触面。

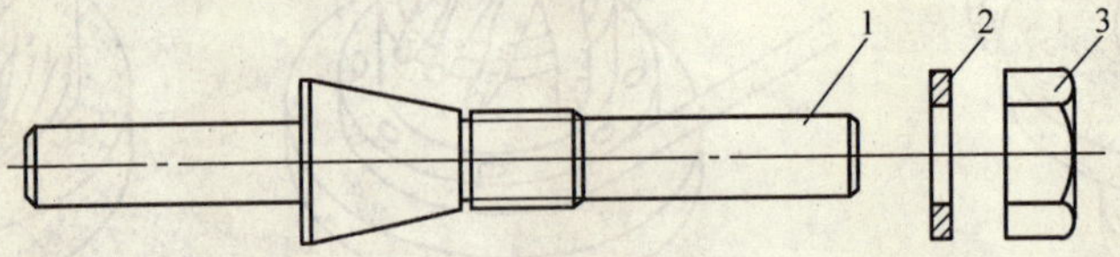

图1-31 平衡心轴
1—心轴 2—垫圈 3—螺母

4）平衡块。大小不同的砂轮有不同的平衡块。如图1-32所示，平衡块被安装在法兰盘的环形槽内，按平衡需要可安装若干个平衡块。不断调整平衡块在圆周上的位置，即可使砂轮达到平衡的目的。砂轮平衡后需将平衡块上的螺钉拧紧，以防平衡块发生移动。

（3）静平衡的方法及要求 静平衡操作前，先用水平仪将平衡架导柱面调整至水平。图1-33所示为平衡架横向位置调整，图1-34所示为平衡架纵向位置调整。调整时，使水平仪气泡的偏移量在一格以内。将平衡心轴连同砂轮放在平衡架的圆柱形导轨上，使其作缓慢滚动。若砂轮不平衡，则砂轮会来回摆动（图1-35a），直至停止摆动，其不平衡量必然在砂轮下方。在砂轮另一侧作一记号*A*，在相应部位装上第一块平衡块1（图1-35a、b），并在对称两侧装上另外两块平衡块2和3，直至砂轮可在任何位置都能静止，则表示砂轮达到了静平衡（图1-35c）。一般，新安装的砂轮须作两次静平衡（即砂轮经修整后须作第二次静平衡）。

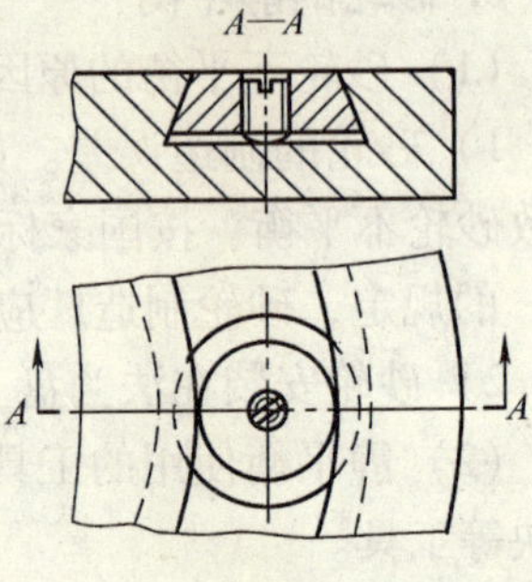

图1-32 平衡块

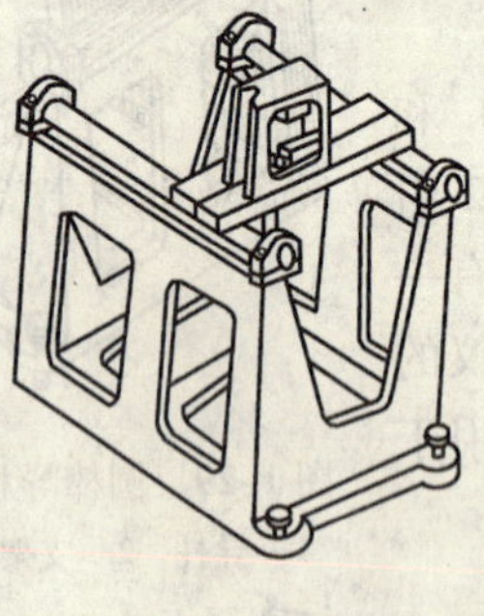

图1-33 平衡架横向位置调整

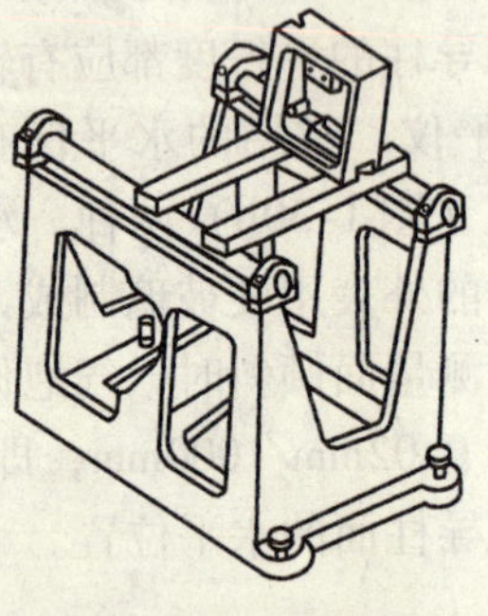

图1-34 平衡架纵向位置调整

7. 砂轮的修整

（1）砂轮修整的原理 用砂轮修整工具将砂轮已磨钝的工作表面修去，以恢复砂轮的切削性能和正确的几何形状的过程，称为砂轮的修整。修整层的厚度一般为0.1mm左右。图1-36所示为各种修整方法的原理。

图1-36a所示为用尖锐的高强度金刚石颗粒作为刀头车削砂轮表面，修去砂轮磨钝层的修整方法。

图1-36b所示为用高硬度材料制成的滚轮与砂轮相滚压，修去砂轮磨钝层的修整方法。修整时，滚轮轴线相对砂轮轴线倾斜5°左右，滚轮由砂轮带动高速旋转。

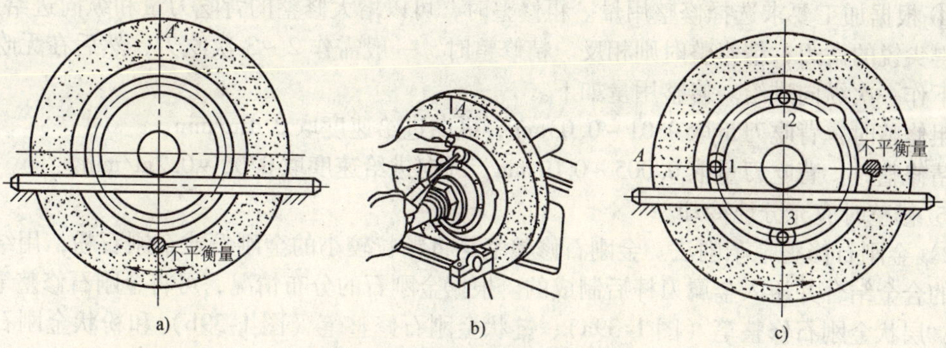

图 1-35　砂轮静平衡的方法

a）找到砂轮不平衡量的位置　b）装平衡块　c）砂轮达到静平衡

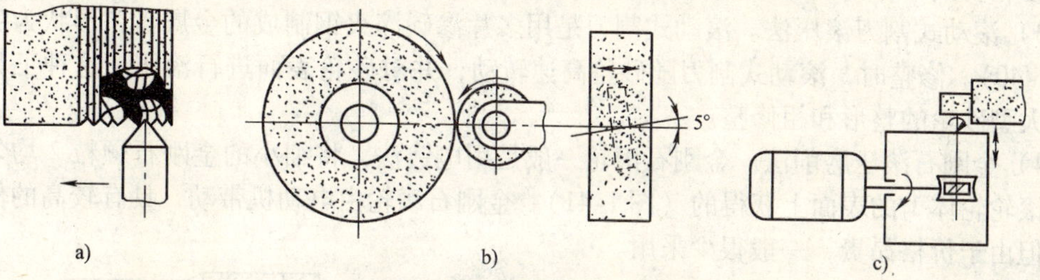

图 1-36　砂轮修整的原理

a）车削法　b）滚压法　c）磨削法

图 1-36c 所示的滚轮由一台电动机带动，磨削砂轮表面，以修去砂轮的磨钝层。

（2）砂轮修整的方法

1）金刚石刀车削法。金刚石刀是将大颗粒的金刚石镶焊在特制的刀杆上后获得的刀具，金刚石的尖端研成 70°~80°的尖角（图 1-37）。修整时，砂轮磨粒碰到金刚石坚硬的尖角，就会碎裂形成微刃。金刚石越尖，与砂轮的接触面就越小，引起的弹性变形也就越小，从而可获得精细平整的表面。此法为目前广泛应用的一种。

用金刚石刀修整砂轮时应注意如下几点。

① 应根据砂轮直径选择金刚石颗粒的大小。一般情况下，砂轮直径为 ϕ100mm 以下时，可选 0.25 克拉的金刚石；砂轮直径为 ϕ（300~400）mm 时，应选用 0.5~1 克拉的金刚石。

② 金刚石的价格昂贵，使用时应检查其焊接得是否牢固，以免失落。在用金刚石修整时，要不间断地加注切削液，以免金刚石发生碎裂。

③ 金刚石刀的安装角度一般取 10°~15°；安装高度要低于砂轮中心 1~2mm；装夹要牢固，以防止金刚石刀振动或扎入砂轮（见图 1-38）。

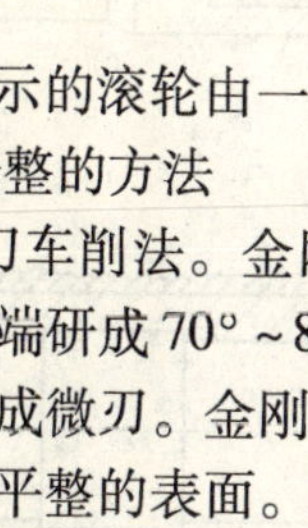

图 1-37　金刚石刀

1—金刚石　2—焊料　3—刀杆

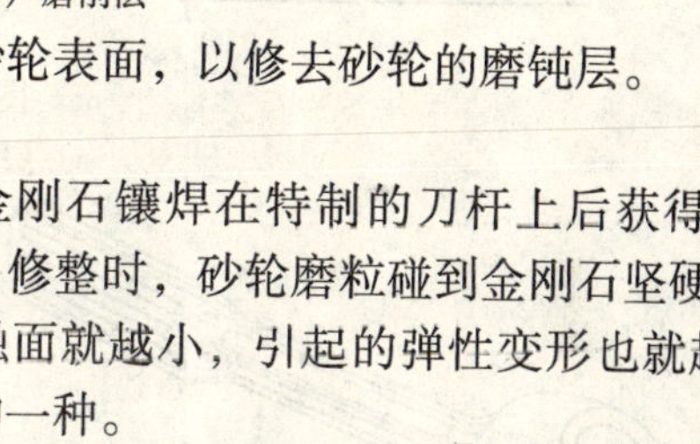

图 1-38　金刚石刀的安装

④ 根据加工要求选择修整用量。粗修整时，可以增大修整的背吃刀量和纵向进给速度，以获得尖锐的微刃；精修整时则相反。精修整时，一般需作 2 ~3 次吃刀，然后在无吃刀的情况下作一次纵向进给。修整用量如下。

粗修整时：背吃刀量取 0.01 ~0.03mm，纵向进给速度取 0.4m/min。

精修整时：背吃刀量取 0.005 ~0.01mm，纵向进给速度取 0.05 ~0.2m/min。

⑤ 修整时应充分地冷却。

2）金刚石修整笔车削法。金刚石修整笔是将颗粒较小的金刚石或金刚石粉，用结合力很强的合金结合并压入金属刀杆后制成的。根据金刚石的分布情况，可将金刚石修整笔分为三种：层状金刚石修整笔（图 1-39a）、链状金刚石修整笔（图 1-39b）和粉状金刚石修整笔（图 1-39c）。金刚石修整笔的使用方法与金刚石刀相同，可在某些工序中代替金刚石刀修整砂轮。其中，粉状金刚石修整笔主要用于修整粒度小的砂轮。

3）滚动式割刀滚压法。滚动式割刀是用多片渗碳淬火钢制成的金属盘，形状为尖角形（图 1-40）。修整时，滚动式割刀随砂轮高速转动，并对砂轮表面进行滚压。这种工具只适用于大型砂轮的整形和粗修整。

4）金刚石滚压磨削法。金刚石滚轮一般是用电镀法，将细小的金刚石颗粒 2 均匀地粘固在滚轮轮体 1 的表面上获得的（图 1-41）。金刚石滚轮由电动机带动，具有较高的修整精度，但由于价格昂贵，一般很少采用。

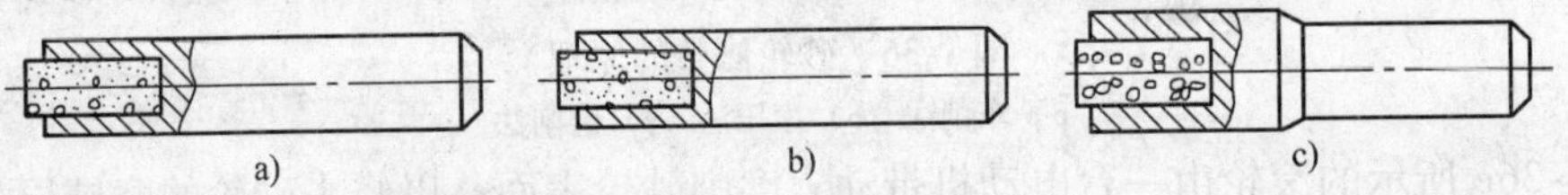

图 1-39 金刚石笔

a）层状 b）链状 c）粉状

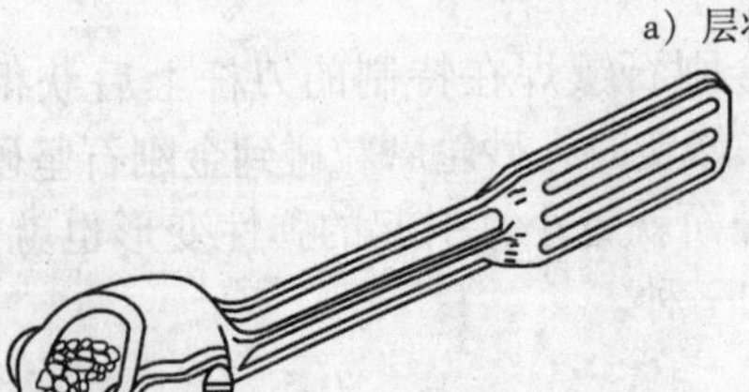

图 1-40 滚动式割刀

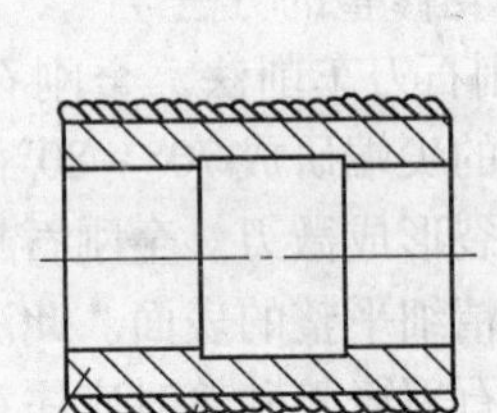

图 1-41 金刚石滚轮

1—轮体 2—金刚石颗粒

项目四 磨削用量及其选择

一、学习目标

1. 熟悉磨削用量的基本概念。
2. 了解外圆柱面磨削的磨削用量及其选择。

二、学习任务

1. 项目任务

本项目的任务是学习磨削用量的基本概念和外圆柱面磨削的磨削用量。

2. 任务流程图

磨削用量的基本概念→外圆柱面磨削的磨削用量

三、学习过程

1. 磨削用量的基本概念

（1）磨削加工的相对运动　在磨削过程中，为了磨除工件表面多余的金属，必须使工件和磨具作相对运动。图 1-42 所示为外圆柱面、内圆柱面和平面磨削运动。

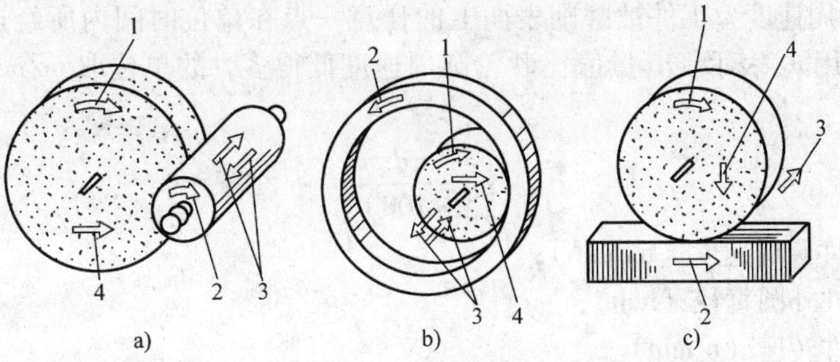

图 1-42　磨削运动

a）外圆柱面磨削　b）内圆柱面磨削　c）平面磨削

1—主运动　2、3、4—进给运动

1）磨削运动的分类。

① 主运动。主运动指直接磨除工件表面金属，使之成为切屑，形成工件新表面（已加工表面）的运动。主运动一般为一个，图 1-42 中的 1 即砂轮的旋转运动为主运动，其运动速度较高，消耗的功率较大。

② 进给运动。进给运动指使新的金属层不断投入磨削的运动。图 1-42 中的 2、3、4 均为进给运动。视磨削方式的不同，进给运动的运动方向有所区别。

2）不同磨削方式的进给运动。

① 外圆柱面磨削（图 1-42a）的进给运动为工件的圆周进给运动 2、工件的纵向进给运动 4 和砂轮的横向进给运动 3。

② 内圆柱面磨削（图 1-42b）的进给运动与外圆柱面磨削相同。

③ 平面磨削（图 1-42c）的进给运动为工件的纵向（往复）进给运动 2、砂轮或工件的横向进给运动 3 和砂轮的垂向进给运动 4。

（2）磨削用量　磨削用量是磨削过程中磨削速度和进给量的总称。以外圆柱面磨削为例，其磨削用量包括砂轮圆周速度、工件圆周速度、工件纵向进给量和砂轮横向进给量四个参数，如图 1-43 所示。

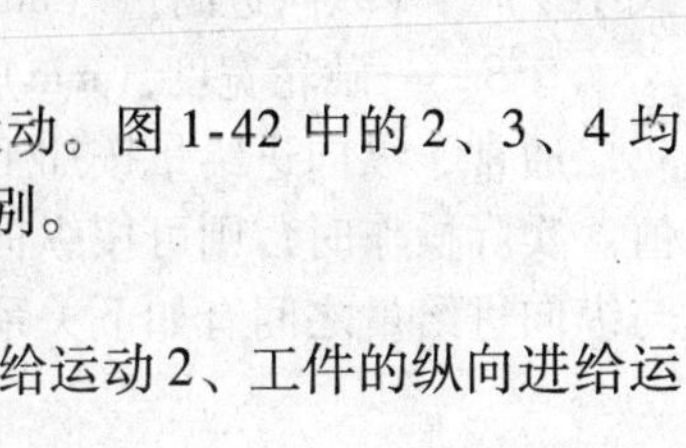

图 1-43　外圆柱面磨削的磨削用量

2. 外圆柱面磨削的磨削用量

（1）砂轮圆周速度　砂轮外圆柱面上任意一点在单位时间内所经过的路程，称为砂轮圆周速度，用 v_s 表示，其单位为 m/s。砂轮圆周速度可按下列公式进行计算。

$$v_s = \frac{\pi D_s n}{1000 \times 60}$$

式中 v_s——砂轮圆周速度（m/s）；

D_s——砂轮直径（mm）；

n——砂轮转速（r/min）。

砂轮圆周速度又称磨削速度，通常较规范的砂轮圆周速度为35m/s。不同磨削方式的砂轮圆周速度通常为19～35m/s。

砂轮圆周速度对磨削质量和生产率有直接的影响。当砂轮直径减小到一定值时，砂轮圆周速度相应降低，砂轮的磨削性能明显变差，此时应更换砂轮或提高砂轮转速。

（2）工件圆周速度　工件被磨削表面上的任意一点在单位时间内所经过的路程，称为工件圆周速度，用 v_w 表示。其量值比砂轮圆周速度低得多，故单位取 m/min。其计算公式如下。

$$v_w = \frac{\pi d_w n}{1000}$$

式中 v_w——工件圆周速度（m/min）；

d_w——工件外圆直径（mm）；

n——工件转速（r/min）。

工件圆周速度一般为10～30m/min，实际生产中按加工精度选择工件圆周速度。加工精度较高的工件通常取低值；反之，取高值。

（3）纵向进给量　工件每转一周相对砂轮纵向移动的距离（图1-44）称为纵向进给量，用 f 表示，单位为 mm/r。纵向进给量受砂轮宽度的影响，计算公式如下。

$$f = (0.2 \sim 0.8)B$$

式中 f——纵向进给量（mm/r）；

B——砂轮宽度（mm）。

通常，纵向进给量按加工精度和粗、精磨的要求选定，粗磨时取较大值，精磨时取较小值。实际操作时，则可按纵向进给量来相应调节磨床工作台的速度。工作台的速度（$v_{纵}$）与纵向进给量之间有如下关系。

$$v_{纵} = \frac{fn}{1000}$$

式中 $v_{纵}$——工作台速度（m/min）；

n——工件转速（r/min）。

（4）横向进给量　工作台每次行程终了时，砂轮横向移动的距离称横向进给量（又称背吃刀量），用 a_p 表示，单位为 mm。横向进给量可按下式计算（图1-44）。

$$a_p = \frac{d_1 - d_2}{2}$$

式中 a_p——横向进给量（mm）；

d_1——吃刀前工件直径（mm）；

d_2——吃刀后工件直径（mm）。

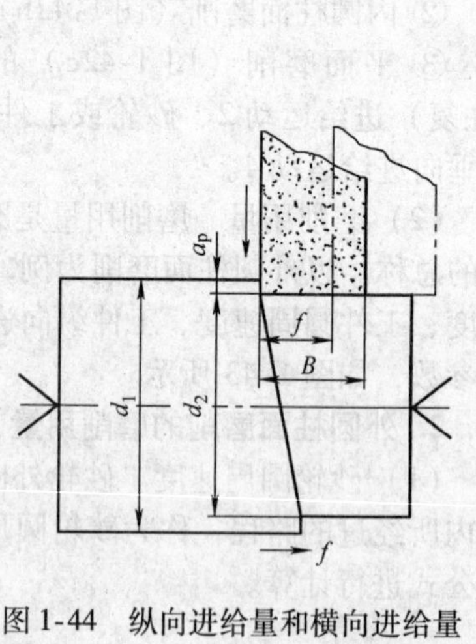

图1-44　纵向进给量和横向进给量

磨削外圆柱面时横向进给量较小，一般为0.005～0.05mm：精磨时取较小值，粗磨时则取较大值。

项目五　切削液的使用

一、学习目标

1. 了解切削液的作用。
2. 了解切削液的种类及应用。
3. 熟悉切削液的使用。

二、学习任务

1. 项目任务

本项目的任务是学习切削液及其使用。

2. 任务流程图

切削液的作用→切削液的种类及应用→切削液的使用

三、学习过程

1. 切削液的作用

切削液主要用来降低磨削热和减少摩擦。合理地使用切削液，有利于降低磨削热、减小工件表面粗糙度、提高砂轮的寿命。切削液主要有以下作用。

（1）冷却作用　通过切削液的热传导作用，能有效地改善散热条件。切削液可以带走绝大部分磨削热，从而可以降低磨削区域的温度，防止烧伤工件和产生工件热变形。切削液冷却作用的大小与其种类、形态、用量和使用方法有关。

（2）润滑作用　切削液能渗入磨粒与工件的接触面之间，并粘附在金属表面形成润滑膜，从而可以减少磨粒与工件间的摩擦、提高砂轮寿命、减小工件表面粗糙度。

（3）清洗作用　切削液可将磨屑和脱落的磨粒冲洗掉，从而可以防止工件磨削表面被划伤。

（4）缓蚀作用　在切削液中加入皂类和各种缓蚀剂，可以起到缓蚀作用，以免工件和机床被氧化锈蚀。

2. 切削液的种类及应用

切削液的化学成分纯度要高，化学性质要稳定，不易变质，不应含有毒性物质。切削液的 pH 值应呈中性，以免刺激人的皮肤，腐蚀工件、砂轮、机床。切削液应具有较好的冷却润滑作用，还应有一定的透明度。

切削液分水溶性和油性两大类。常用的水溶性切削液有乳化液和合成液，常用的油性切削液有全损耗系统用油和煤油。各种切削液的特点比较见表 1-12。

表 1-12　各种切削液的特点比较

性能	油性	水溶性	合成液
润滑性	最好	比油性差	比油性差
冷却性	差	较好	好

（续）

性能	油性	水溶性	合成液
稳定性	好	差	好
清洗性	差（轻质好）	较差	好
缓蚀性	好	差	较好
磨削用量	大	大	较大
砂轮寿命	好	好	中
磨削阻力	最小	小	小
表面粗糙度	最小	小	小
表面层变质	少	多	少
放火性	差	好	好
发泡性	较小	小	大
使用期	长	短	较长

（1）乳化液　乳化液俗称肥皂水，由乳化油加水稀释而成。乳化油有多种配方，常见的配方见表1-13。

使用时，取2%～5%的乳化油和95%～98%的水配制即可。低温季节，可先用少量温水将乳化油溶解，然后再加入冷水调匀。根据不同的工件材料和加工要求，可适当调配其浓度。例如磨削不锈钢工件时，可采用较高浓度；磨削铝制工件时，如浓度过高，则会产生腐蚀作用；精磨时，乳化液的浓度比粗磨时高，有利于改善工件的表面粗糙度。

（2）合成液　合成液是一种新型的切削液，由添加剂、缓蚀剂、低泡油性剂和清洗剂配制而成。使用合成液磨削的工件表面粗糙度值可达 Ra 0.025μm，砂轮的寿命可提高1.5倍，使用期在一个月左右。

（3）极压全损耗系统用油　极压全损耗系统用油为油性切削液，用于螺纹磨床、齿轮磨床等。极压全损耗系统用油的配方见表1-14。

3. 切削液的使用

1）应直接将切削液浇注在砂轮与工件接触的部位。

2）切削液的流量应充足，一般取10～30L/min，并应均匀喷射到砂轮的整个宽度上。

3）切削液应有一定的压力。

4）切削液应保持清洁，应尽量减少切削液中杂质的含量，应定期更换切削液。

表1-13　乳化油的常见配方

配方类别	成分	质量分数（%）
配方Ⅰ	石油硫化钠（乳化剂）	12
	石油硫酸钡（缓蚀剂）	1
	环烷酸钠（乳化剂、缓蚀剂）	16
	L－AN10全损耗系统用油	71
配方Ⅱ	石油硫酸钡（缓蚀剂）	10
	磺酸油（乳化剂）	10
	三乙醇胺（乳化清洗剂）	10
	油酸（乳化清洗剂）	2.40
	氢氧化钾（乳化清洗剂）	0.60
	水	3
	L－AN15全损耗系统用油	64

表 1-14　极压全损耗系统用油配方

成分	质量分数（%）
石油硫酸钡	2
氯化石蜡（极压剂）	10
环烷酸铅（极压剂）	6
L－AN15 全损耗系统用油	72
L－AN32 全损耗系统用油	10

复习思考题

1. 万能外圆磨床由哪几个主要部分组成？各部分有什么作用？
2. 说明下列磨床型号的含义。
   MG1432A，MBS1332A，M1080，M2110A，M6025A，M7475B，MM7120A，M7120D
3. 砂轮由哪三要素构成？
4. 试述磨料、结合剂的种类、代号及其特点。
5. 如何选择磨料？
6. 如何选择砂轮硬度？
7. 什么是砂轮硬度？什么是砂轮组织？
8. 如何选择砂轮粒度？
9. 什么是砂轮最高工作速度？
10. 简述砂轮的选择原则。
11. 说明下列砂轮牌号的含义。
    砂轮 1－400×50×203－A/F80L5B－35m/s
    砂轮 5－400×150×203－WA/F120KV－35m/s
12. 引起砂轮不平衡的原因是什么？试述砂轮静平衡的目的和方法。
13. 试述砂轮磨钝的原因和修整的方法。
14. 磨削用量包括哪几个基本参数？如何计算砂轮圆周速度、工件圆周速度？
15. 试述切削液的作用、种类、特点及选用。

第二单元　外圆柱面磨削

项目一　外圆磨床的操作与调整

一、学习目标

1. 了解外圆磨床各主要部件的名称和作用。
2. 掌握外圆磨床的操作方法。
3. 掌握外圆磨床的调整方法。

二、学习任务

1. 项目任务

本项目的任务是学习外圆磨床的操作与调整。

2. 任务流程图

外圆磨床各主要部件的名称和作用→外圆磨床的操作→外圆磨床的调整

三、环境设备

学习所需设备及工具清单见表 2-1。

表 2-1　学习所需设备及工具

分类	名称	型号规格	数量
设备	万能外圆磨床	M1432A 型	1
工具	活扳手或呆扳手		1

四、学习过程

外圆柱面磨削是磨工最基本的工作内容之一，常用来磨削轴、套筒及其他类型的外圆柱面、台阶的端面。工件经磨削后尺寸公差等级可达 IT7 ~ IT6 级，表面粗糙度值可达 *Ra*0.8 ~ 0.2μm。

1. 外圆磨床各主要部件的名称和作用

M1432A 型万能外圆磨床主要由床身、工作台、头架、尾座、砂轮架横向进给手轮和内圆磨具等组成，如图 2-1 所示。

（1）头架　头架 2 内有主轴和变速机构。在主轴的前端可安装顶尖 4，用于支承工件。调节传动变速机构 1，可以使拨盘 3 获得几种不同的转速。拨盘通过拨杆带动工件作圆周运动。

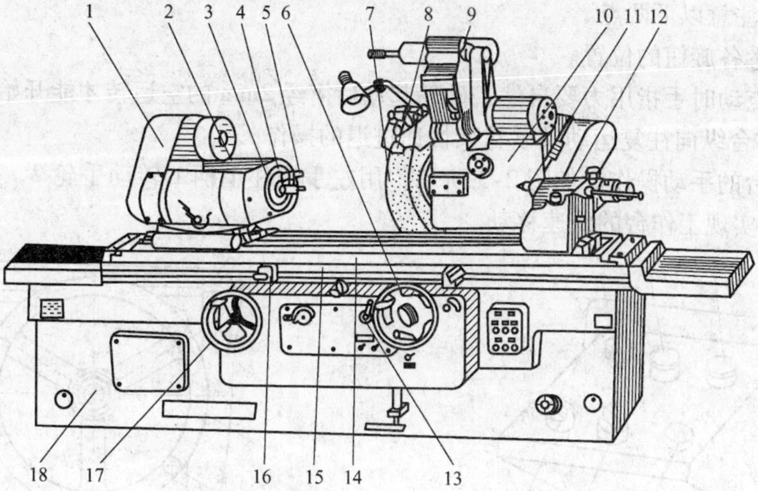

图2-1 M1432A型万能外圆磨床

1—传动变速机构 2—头架 3—拨盘 4、11—顶尖 5—拨杆 6—砂轮架横向进给手轮 7—砂轮 8—切削液喷嘴 9—内圆磨具 10—砂轮架 12—尾座 13—快速手柄 14—上工作台 15—下工作台 16—挡铁 17—工作台手轮 18—床身

（2）尾座 尾座顶尖11用以支承工件的另一端。尾座12的后端装有弹簧，可调节顶尖11对工件的预紧力。

（3）工作台 工作台分上、下两层。上工作台14可相对下工作台15回转一定的角度，以便磨削圆锥面；下工作台在液压传动下可沿床身作纵向运动。工作台的行程位置由挡铁16控制。

（4）砂轮架和横向进给手轮 砂轮架10安装在床身的横向导轨上。操作砂轮架横向进给手轮6，可以实现砂轮架的横向进给运动，以控制工件的磨削尺寸。砂轮架还可以由快速手柄13控制，实现行程为50mm的快速进退运动。砂轮7安装在砂轮架的主轴端部，由电动机带动作高速旋转运动。砂轮上方的切削液喷嘴8用来浇注切削液。

（5）内圆磨具 内圆磨具9用于磨削工件的内圆柱面，在其主轴端部可安装内圆砂轮。内圆砂轮装在可回转的支架上，使用时可向下翻转至工作位置。

（6）床身 床身18是一个箱形铸件，其纵向导轨上安装有工作台，横向导轨上安装有砂轮架。床身上还安装有横向进给机构和纵向进给机构等部件。

2. 外圆磨床的操作

（1）电气按钮的操作 如图2-2所示，2为砂轮起动按钮，3为砂轮停止按钮。操作时，先用右手两手指交替按动按钮2、3，使砂轮点动，然后使砂轮逐步进入高速旋转。操作时，人不要站在砂轮正前方。

5为头架双速电动机的开停、快慢选择旋钮。它可与头架带轮调速组合，使头架主轴获得六级转速。

4为冷却泵电动机开停联动选择旋钮。当旋钮处在停止位置时，只有头架转动后，冷却泵才能开动；当旋钮处在开动位置时，则冷却泵的开动与头架是否转动无关。

6为液压泵起动按钮。

1为总停按钮，可在紧急情况下使用。

操作时应注意以下两点。

1）要熟悉各旋钮的位置。

2）砂轮点动时手指用力要自然，砂轮起动后需经2min的空运转才能开始磨削。

（2）工作台纵向往复运动及砂轮架快速进退的操作

1）工作台的手动操作。如图2-3所示，用左手握住手柄1转动手轮2，操作时手臂用力要均匀，可实现工作台的低速移动。

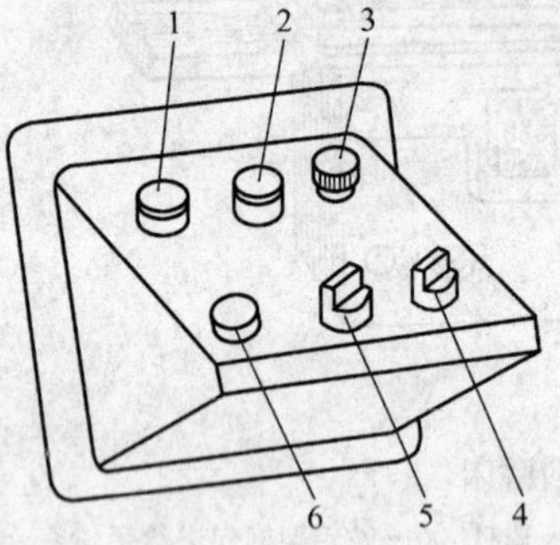

图2-2　电气按钮

1—总停按钮　2—砂轮起动按钮　3—砂轮停止按钮　4—冷却泵电动机开停联动选择旋钮　5—头架双速电动机的开停、快慢选择旋钮　6—液压泵起动按钮

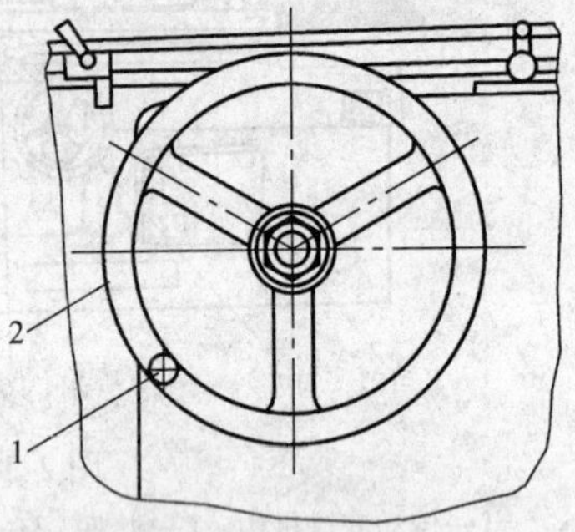

图2-3　工作台的手动操作

1—手柄　2—手轮

2）工作台的液压传动操作。图2-4所示为液压传动的操作箱和放气阀旋钮。

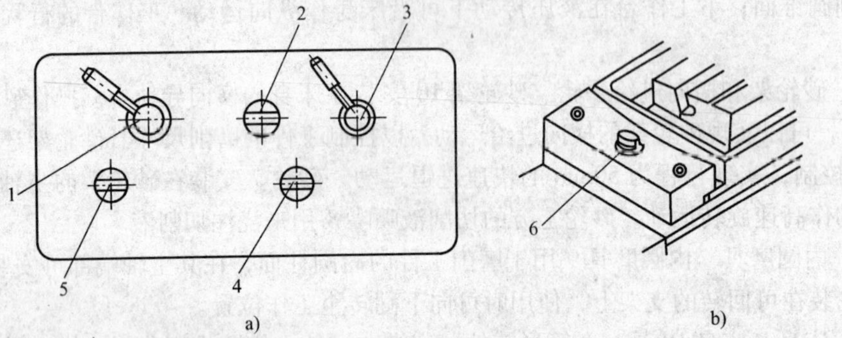

图2-4　液压传动的操作箱和放气阀旋钮

a）液压传动的操作箱　b）放气阀旋钮

1—开停阀手柄　2—调速阀旋钮　3—砂轮架快速进退手柄　4、5—停留阀旋钮　6—放气阀旋钮

工作台液压传动的操作步骤如下。

① 调节并紧固挡铁。

② 按图2-2中液压泵起动按钮6，起动液压泵。

③ 顺时针方向转动开停阀手柄1至起动位置（图2-4a）。

④ 顺时针方向转动调速阀旋钮2，使工作台至最高运动速度（图2-4a）。

⑤ 开启放气阀旋钮6，排除工作缸内的空气（图2-4b）。

⑥ 待工作台纵向往复2~3次后，关闭放气阀。

⑦ 重新调节调速阀旋钮2，使工作台至所需运动速度。

⑧ 微调挡铁。

⑨ 调节停留阀旋钮4、5（图2-4a），使工作台右停或左停，并调节工作台的停留时间。

⑩ 逆时针方向转动开停阀手柄1至停止位置（图2-4a），工作台停止运动。

操作时应注意：手动操作时，手臂动作要自然；操作时要仔细调整并紧固挡铁，防止发生砂轮与头架、尾座等部件撞击的事故；熟悉各手柄、旋钮的位置。

3）砂轮架的液压快速进退操作。起动液压泵后，顺时针方向转动手柄3（图2-4a），砂轮架快速后退；逆时针方向转动手柄3，砂轮架快速前进。砂轮架快速进退的行程为50mm。

砂轮架快速前进时，要注意安全，防止砂轮与机床部件或工件发生撞击。

（3）砂轮架横向进给及液压尾座的操作

1）砂轮架横向进给。如图2-5所示，拉出捏手2即可操作砂轮架横向细进给。用双手顺时针方向周期性转动手轮1，则砂轮向工件切入；单手逆时针转动手轮一周，则砂轮退刀。手轮刻度的一格代表进给量为0.0025mm。

2）砂轮架横向位置的调整。如图2-5所示，推进捏手2即可操作砂轮架的横向粗进给。可按工件直径的大小调整砂轮架的横向位置。手轮每转一周，砂轮架横向移动2mm。

3）横向进给手轮刻度的调整。如图2-6所示，拉出旋钮2后，可调整手轮1的刻度值。调整时，转动旋钮2，使刻度盘3转至挡铁4与定位块5相碰为止，或将旋钮2逆时针转动一定的格数，以控制工件直径。

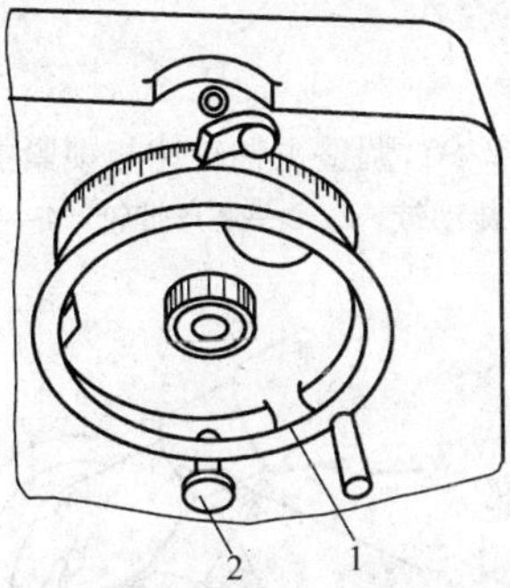

图2-5　砂轮架横向进给

1—手轮　2—捏手

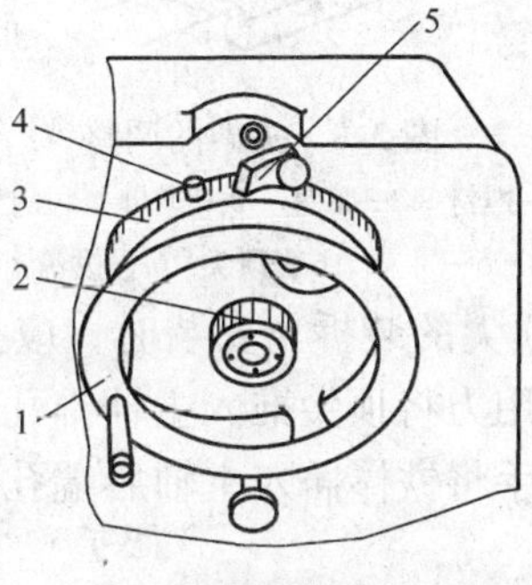

图2-6　横向进给手轮刻度的调整

1—手轮　2—旋钮　3—刻度盘　4—挡铁　5—定位块

操作时应注意以下两点。

① 注意操作顺序，并熟悉手柄位置。只有在砂轮架快速进退手柄处于快进位置时，才可作砂轮架横向进给的操作。

② 横向进给量可按磨削要求确定。

4）液压尾座的操作。起动液压泵后，可脚踏操纵板1（图2-7），使尾座套筒退回；脚离开操纵板，则尾座套筒伸出，顶尖顶住工件。

操作时要习惯在砂轮架快速退出后，头架主轴停止旋转时，操作液压尾座装卸工件。

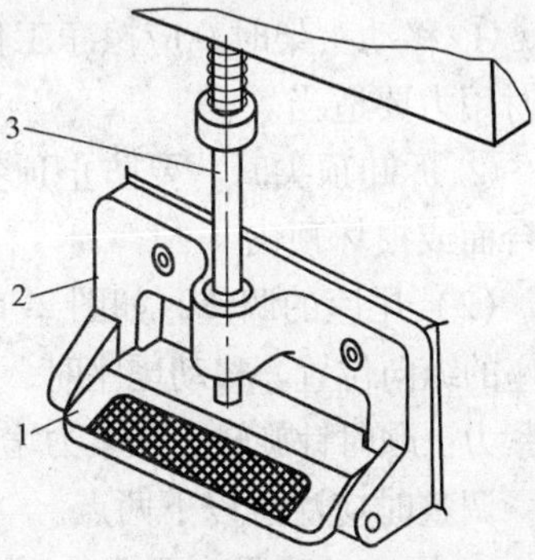

图2-7　脚踏操纵板

1—操纵板　2—支架　3—杠杆

3. 外圆磨床的调整

（1）头架的调整

1）调整零位和纵向位置。如图2-8所示，一般情况下，头架应调整至零位，使两个挡销4接触，并将螺母3紧固。按加工需要，旋松螺母3后，可使头架逆时针回转0°~90°之间的任意角度。头架底座2由螺钉1固定在工作台的左端。旋松螺钉1后可移动头架，可调整头架相对于尾座的纵向位置。

2）调整主轴转速。如图2-9所示，拆卸罩壳后，更换传动带1在三级塔形带轮2、3中的位置，可获得三级转速。

3）锁紧主轴。用两顶尖装夹工件时，主轴必须固定不动，可通过旋紧螺钉4实现（图2-9）。

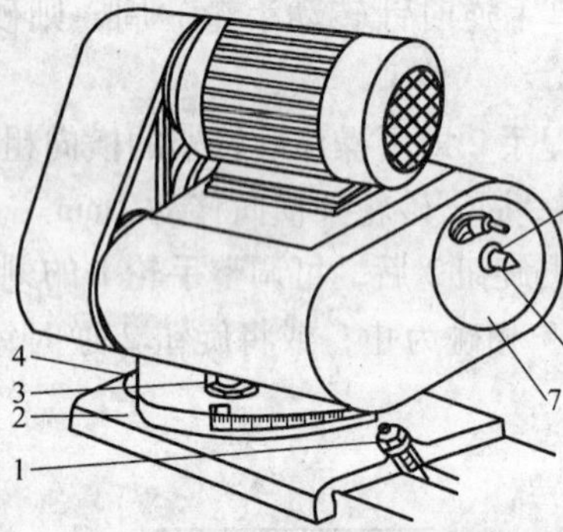

图2-8 头架的调整

1—螺钉 2—底座 3—螺母 4—挡销 5—主轴 6—顶尖 7—拨盘

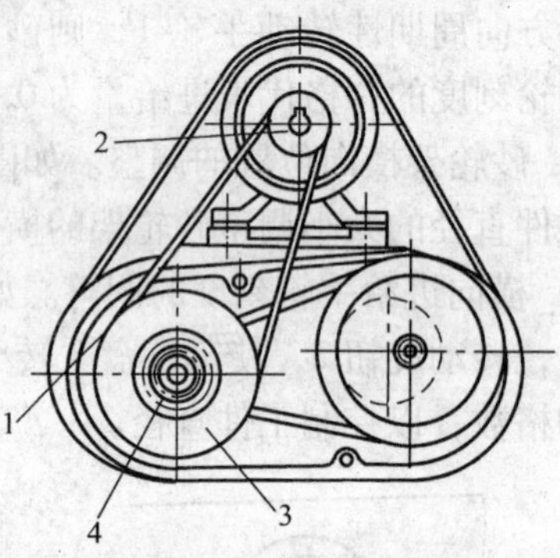

图2-9 调整主轴转速与锁紧主轴

1—传动带 2、3—塔形带轮 4—螺钉

4）顶尖的装拆。安装时，应擦净主轴锥孔和顶尖表面，然后用力将顶尖推入主轴锥孔中。拆卸时，一手握住顶尖，一手将铁棒插入主轴后端孔中，用力冲击顶尖尾部即可卸下。

5）调整拨盘。如图2-10所示，旋松螺钉1后，即可调整拨杆2的圆周位置。调整完毕后应锁紧螺钉1。

调整时应注意以下两点。

① 移动头架时，应擦净工作台台面并涂润滑油，且移动时用力要适当。

② 拆卸顶尖时，要防止顶尖从手中脱落后，损伤工作台台面或损坏顶尖。

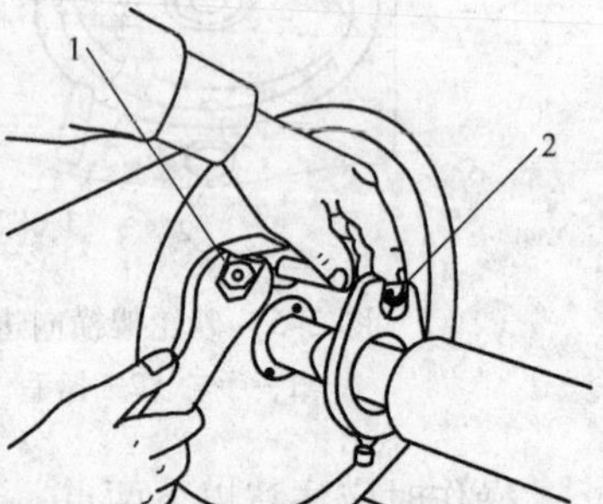

图2-10 调整拨盘

1—螺钉 2—拨杆

（2）尾座的调整 如图2-11所示，旋松螺钉3可调整尾座的纵向位置。移动尾座时，应擦净工作台台面并涂润滑油。旋转捏手2，可微调顶尖4的顶紧力：顺时针旋转，顶紧力增大；逆时针旋转，则顶紧力减小。扳动手柄1可将套筒退回。

调整时应注意以下两点。

① 尾座的顶紧力要调整适当。检验时，可用手转动装夹在两顶尖间的轴，手感松紧适宜则表示顶紧力适当（即感觉顶尖顶着工件，但顶紧力不大）。

② 当顶紧力相差较大时，需重新移动尾座位置，然后再作微调。

(3) 工作台及挡铁的调整

1）工作台的调整。上工作台可相对下工作台回转。如图2-12所示，转动螺杆1可调整工作台的零位，调整后锁紧螺钉2。

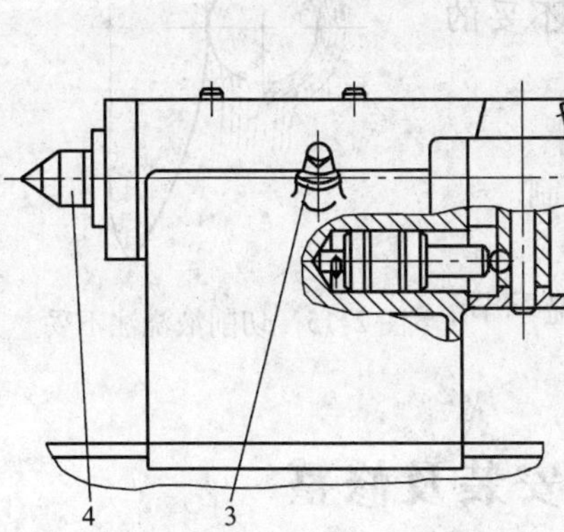

图2-11　尾座的调整

1—手柄　2—捏手　3—螺钉　4—顶尖

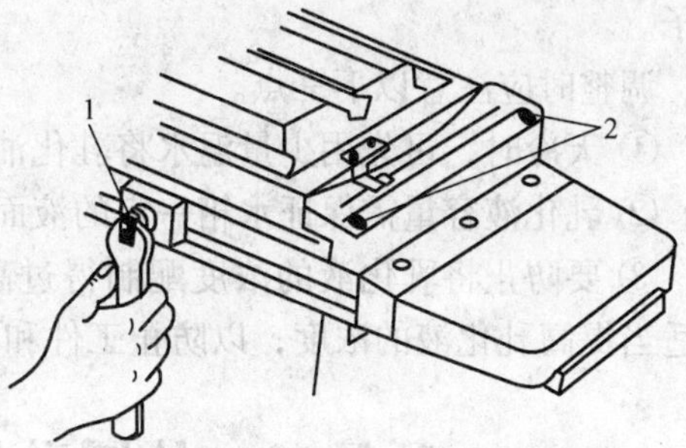

图2-12　工作台的调整

1—螺杆　2—螺钉

2）挡铁的调整。在下工作台前侧的T形槽内装有两块行程挡铁，调整挡铁的位置可控制工作台的行程。如图2-13所示，1为紧固扳手，螺钉2可微调工作台行程，调整后用螺母3锁紧。

调整时应注意以下两点。

① 注意工作台调节螺杆的旋转方向。M1432A型万能外圆磨床的调节螺杆顺时针方向转动时，上工作台也顺时针转动。

② 挡铁调整结束后要锁紧紧固扳手。

(4) 切削液系统的调整　图2-14所示为切削液系统，它主要由管道1、沉淀盒2、泵3、切削液箱4、喷嘴5组成。要定期更换切削液和清理切削液箱，要防止棉纱等杂物堵塞管道。

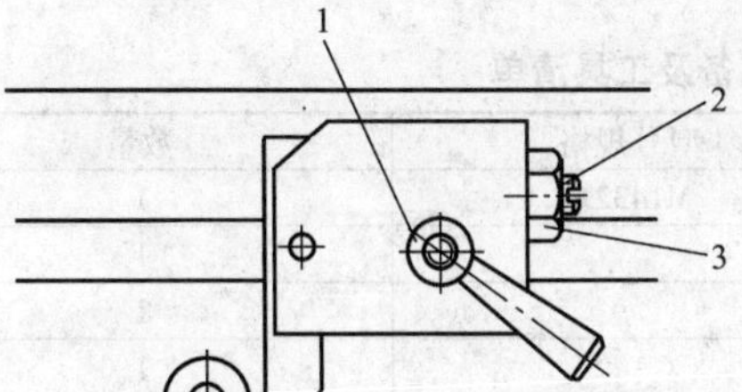

图2-13　挡铁的调整

1—紧固扳手　2—螺钉　3—螺母

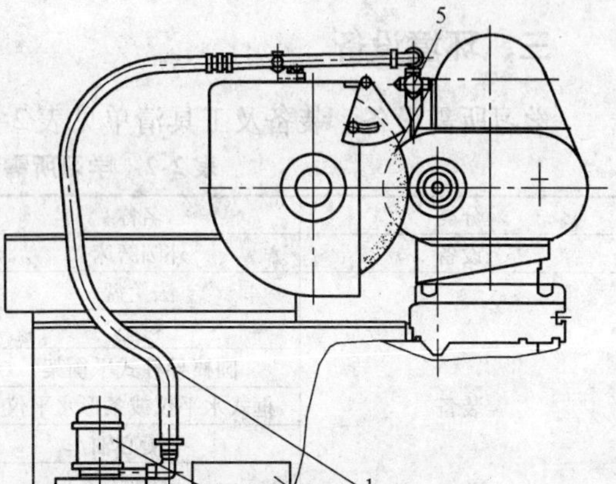

图2-14　切削液系统

1—管道　2—沉淀盒　3—泵　4—切削液箱　5—喷嘴

常用的切削液为乳化液。乳化液乳化油的体积分数为5%，其余为水。

调整切削液喷嘴的位置和开口量，使切削液直接浇注在砂轮和工件接触的部位。切削液应充分并均匀地喷射到整个磨削宽度上，以防止工件表面烧伤和变形。图2-15所示为浇注不妥的例子。

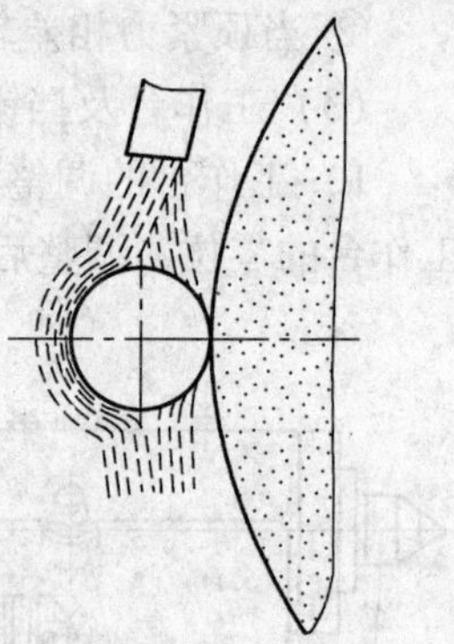
图2-15 切削液浇注不妥

调整时应注意以下三点。

① 天冷时，可先用少量温水将乳化油溶解，然后再配制。

② 乳化液容量需保证水箱一定的液面高度。

③ 要防止将乳化液的浓度配制得过高或过低。在高温季节，可适当提高乳化液的浓度，以防止工件和机床生锈。

项目二 外圆砂轮的选择、安装及修整

一、学习目标

1. 了解外圆砂轮的选择原则。
2. 掌握外圆砂轮的安装。
3. 掌握外圆砂轮的修整。

二、学习任务

1. 项目任务

本项目的任务是学习外圆砂轮的选择、安装及修整。

2. 任务流程图

外圆砂轮的选择原则→外圆砂轮的安装→外圆砂轮的修整

三、环境设备

学习所需设备、装备及工具清单见表2-2。

表2-2 学习所需设备、装备及工具清单

分类	名称	型号规格	数量
设备	外圆磨床	M1432A	1
装备	法兰盘		1
	衬垫		1
	圆棒导柱式平衡架		1
	框式水平仪或条形水平仪		1
	平衡心轴		1
	平衡块		1
	金刚石刀		1
工具	螺钉旋具		1
	活扳手		1
	内六角扳手		1

四、学习过程

1. 外圆砂轮的选择原则

（1）合理选择外圆砂轮的原则

1）应具有较好的磨削性能，在磨削时有合适的自锐性，有较长的寿命。

2）磨削时产生的磨削力较小。

3）磨削时产生的磨削热较少。

4）加工精度较高。

5）磨削后工件的表面粗糙度值较低。

6）有利于降低生产成本。

（2）外圆砂轮主要特性的选择　外圆砂轮一般为中等组织的平形砂轮，砂轮尺寸按机床规格选用。外圆砂轮主要特性的选择可参考表2-3。

表2-3　外圆砂轮主要特性的选择

加工材料	磨削要求	外圆砂轮的主要特性			
		磨料	粒度	硬度	结合剂
未淬火的碳素结构钢及合金钢	粗磨	A	F36 ~ F46	M ~ N	V
	精磨	A	F46 ~ F60	M ~ Q	V
软青铜	粗磨	C	F24 ~ F36	K	V
	精磨	C	F46 ~ F60	K ~ M	V
不锈钢	粗磨	SA	F36	M	V
	精磨	SA	F60	L	V
铸铁	粗磨	C	F24 ~ F36	K ~ L	V
	精磨	C	F60	K	V
纯铜	粗磨	C	F36 ~ F46	K ~ L	B
	精磨	WA	F60	K	V
硬青铜	粗磨	WA	F24 ~ F36	L ~ M	V
	精磨	PA	F46 ~ F60	L ~ P	V
经调质的合金钢	粗磨	WA	F46 ~ F60	L ~ M	V
	精磨	PA	F60 ~ F80	M ~ P	V
经淬火的碳素结构钢及合金钢	粗磨	WA	F46 ~ F60	K ~ M	V
	精磨	PA	F60 ~ F100	L ~ N	V
氮化钢（38CrMoAlA）	粗磨	PA	F46 ~ F60	K ~ N	V
	精磨	SA	F60 ~ F80	L ~ M	V
高速工具钢	粗磨	WA	F36 ~ F40	K ~ L	V
	精磨	PA	F60	K ~ L	V
硬质合金	粗磨	GC	F46	K	V
	精磨	SD	F100	K	B

2. 外圆砂轮的安装

砂轮的安装是一项很重要的工作。一般陶瓷砂轮呈脆性，如安装不当或砂轮失去平衡，会影响加工质量和机床精度，严重的可使砂轮破裂而造成事故。

安装前，首先要仔细检查砂轮是否有裂纹。方法是用木棰轻敲听其声音：没有裂纹的砂轮声音清脆，有裂纹的砂轮声音嘶哑。有裂纹的砂轮应禁止使用。

平形砂轮一般用法兰盘安装（图 2-16）。它由法兰盘底座 2、端盖 1、内六角螺钉 4 和衬垫 3 组成。

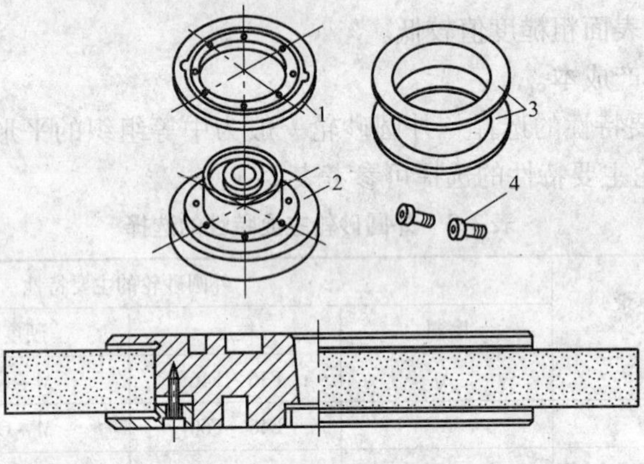

图 2-16　平形砂轮的安装

1—端盖　2—法兰盘底座　3—衬垫　4—内六角螺钉

砂轮的孔径与法兰盘底座定心轴颈应有 0.1 ~ 0.5mm 的间隙，不可将砂轮用力压入法兰盘底座定心轴颈。如果配合间隙过大，可在法兰盘底座定心轴颈处加一层纸片（图 2-17a），以减小砂轮安装的偏心。

法兰盘的支承面要平整且外径尺寸应相等。安装时，在法兰盘底座与砂轮之间应垫上 1 ~ 2mm 厚的塑性衬垫（如厚纸板）。紧固螺钉时用力要均匀，以使砂轮受力也均匀（图 2-17c）。

砂轮安装在法兰盘上后，应作初步静平衡，再将砂轮装于磨床主轴端部。安装时，要使法兰盘的锥孔与主轴锥面接触良好，并注意主轴端螺纹的旋向（一般，主轴端螺纹为左旋）。由于锥面具有一定的自锁性，拆卸时可使用专用拆卸工具将法兰盘拉出（图 2-17d）。

3. 外圆砂轮的修整

砂轮修整包括端面修整和圆周面修整两部分。

（1）端面修整　修整砂轮端面时，将砂轮架逆时针方向旋转 1° ~ 2°，将砂轮修成内凹形（图 2-18a），修整后将砂轮架转至零度；也可将砂轮端面修成环形内凹面（图 2-18b），修整时不需转动砂轮架。

（2）圆周面的修整　图 2-18c 所示为砂轮圆周面的修整。修整时，砂轮横向不要退出过多，以免砂轮架导轮的误差（$\Delta\alpha$），使砂轮在工作时与工件成单面接触（图 2-18d），从而影响工件的表面粗糙度。

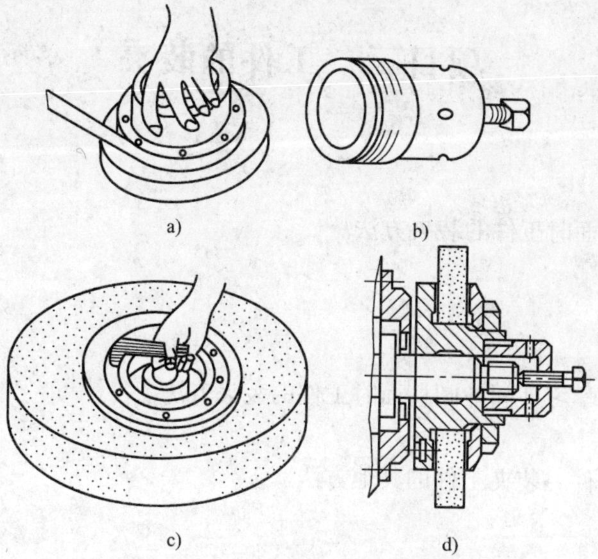

图 2-17　砂轮的安装与拆卸

a）减小配合间隙　b）拔头　c）紧固螺钉　d）拆卸工具及拆卸方法

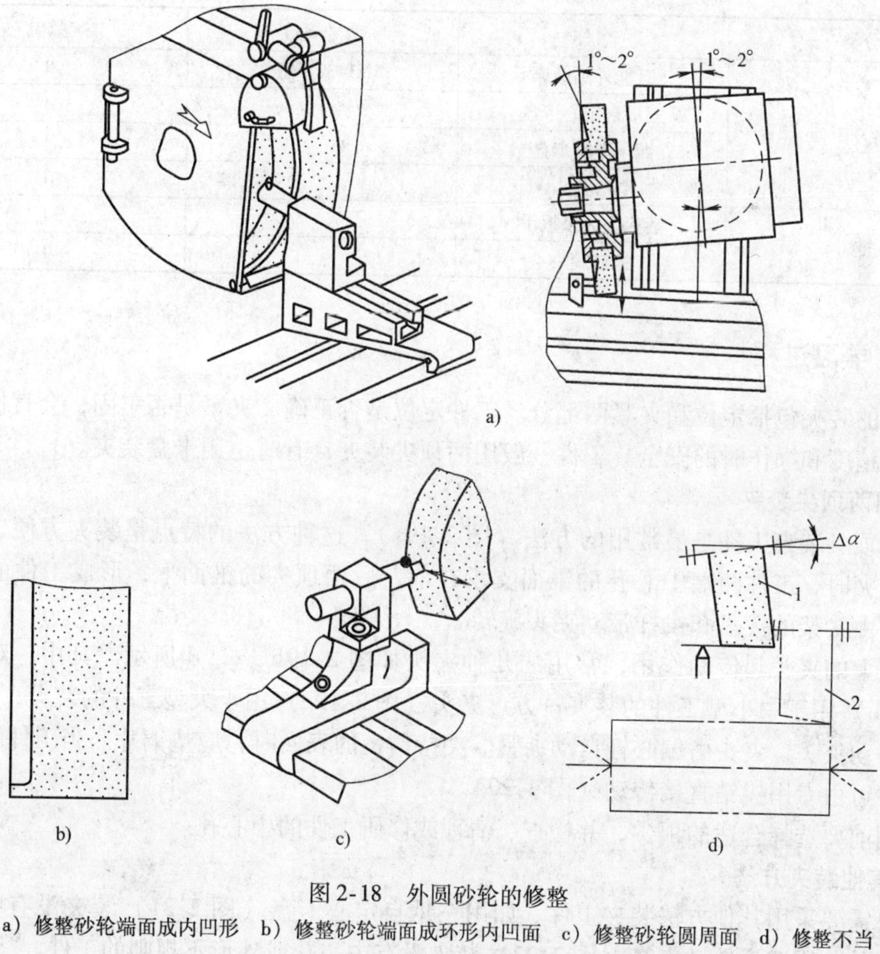

图 2-18　外圆砂轮的修整

a）修整砂轮端面成内凹形　b）修整砂轮端面成环形内凹面　c）修整砂轮圆周面　d）修整不当

1—修整位置　2—工作位置

项目三 工件的装夹

一、学习目标

掌握磨削外圆柱面时工件的装夹方法。

二、学习任务

1. 项目任务

本项目的任务是学习磨削外圆柱面时工件的装夹方法。

2. 任务流程图

用两顶尖装夹工件→装夹工件的其他方法

三、环境设备

学习所需设备及附件、工具清单见表2-4。

表2-4 学习所需设备及附件、工具

分类	名称	型号规格	数量
设备及附件	万能外圆磨床	M1432A型	1
	三爪自定心卡盘		1
	四爪单动卡盘		1
	鸡心夹头		1
工具	活扳手或呆扳手		1
	螺钉旋具		1

四、学习过程

工件的装夹包括定位和夹紧两部分。工件定位是否正确、夹紧是否牢固，会直接影响工件的加工精度和操作时的安全。工件一般用两顶尖装夹，有时也用卡盘装夹。

1. 用两顶尖装夹

用两顶尖装夹工件是最常用的方法（图2-19a）。这种方法的特点是装夹方便、定位精度高。装夹时，工件两端中心孔的锥面支承在前、后两顶尖的锥面上，形成工件的旋转轴线。工件由头架的拨盘和拨杆带动夹头旋转。

工件上的夹头起传动作用，常用的几种夹头如图2-19b、c、d所示。其中，鸡心夹头（图2-19b）用于中小型工件的装夹；方形夹头（图2-19c）用于大型工件的装夹；图2-19d所示为自动夹头，夹头由偏心杆自动夹紧。夹持精密的表面时，应垫铜片。当工件端面有槽时，工件可由专用拨销直接传动（图2-20）。

磨削前要选择合适的顶尖，并检查、清理或修研工件的中心孔。

2. 其他装夹方法

有时需要采用其他方法装夹工件。如用三爪自定心卡盘（图2-21）装夹没有中心孔的圆柱形工件，用四爪单动卡盘（图2-22）装夹没有中心孔或外形不规则的工件。

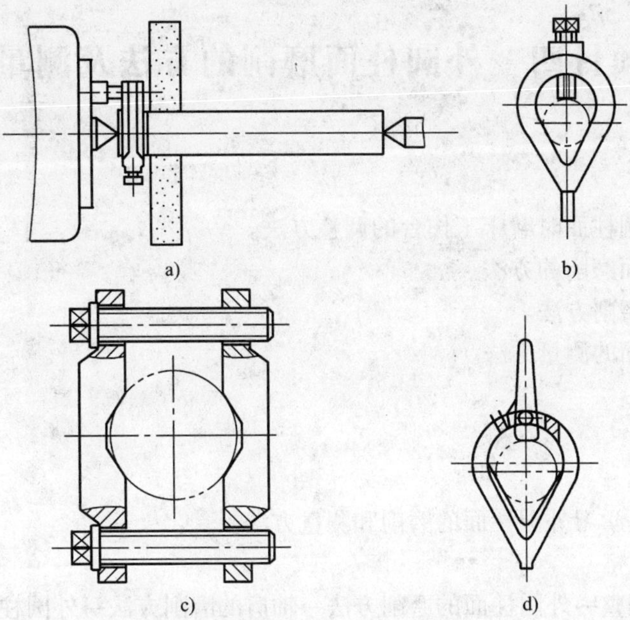

图 2-19　工件的装夹

a）用两顶尖装夹　b）鸡心夹头　c）方形夹头　d）自动夹头

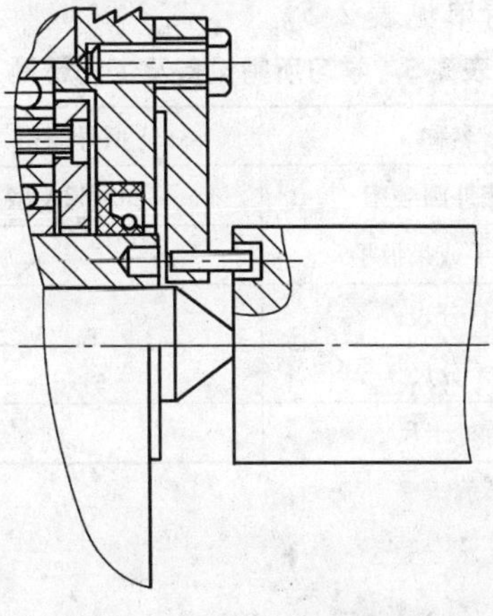

图 2-20　工件由拨销直接传动

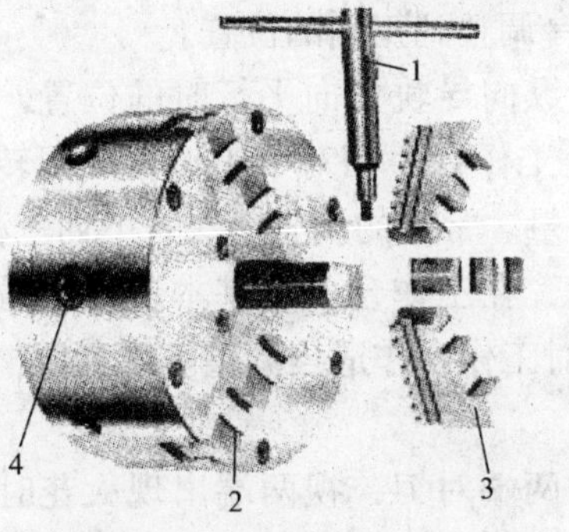

图 2-21　三爪自定心卡盘

1—卡盘扳手　2—正卡爪　3—反卡爪　4—卡盘扳手方孔

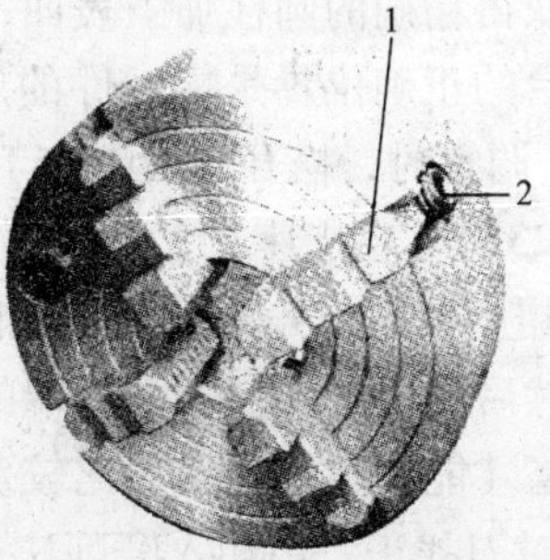

图 2-22　四爪单动卡盘

1—卡爪　2—夹紧螺杆

项目四　外圆柱面磨削的方法及测量

一、学习目标

1. 掌握磨削外圆柱面时磨床工作台的调整方法。
2. 掌握外圆柱面磨削的方法。
3. 掌握轴肩的磨削方法。
4. 掌握外圆柱面的测量方法。

二、学习任务

1. 项目任务

本项目的任务是学习外圆柱面的磨削和测量方法。

2. 任务流程图

磨床工作台的调整→外圆柱面的磨削方法→轴肩的磨削方法→外圆柱面的测量

三、环境设备

学习所需设备及工、量具清单见表2-5。

表2-5　学习所需设备及工、量具

分类	名称	型号规格	数量
设备	万能外圆磨床	M1432A 型	1
工、量具	活扳手或呆扳手		1
	百分表		1
	千分尺		1
	游标卡尺		1

四、学习过程

1. 磨床工作台的调整

为了获得精确的圆柱加工表面，必须把磨床工作台调整到正确的位置。

工作台的正确位置是指工件的旋转中心与工作台纵向导轨方向平行时的位置，如图2-23a所示。调整时，松开压板螺钉1，转动螺杆2使上工作台3相对下工作台4回转一个角度（图2-23b）。在支座6上安装百分表，可控制调整量。常见的调整方法有下列三种。

（1）粗磨找正　先测量工件磨削余量和原有锥度，在工作台位置基本正确的情况下粗磨工件，然后测出工件全长上两端的直径差值，即可对工作台作适当调整。这种调整方法需要经验丰富才能调整正确，且比较费时。

（2）对刀找正　用切入磨削法分别在工件全长的两端对刀，视两端出现火花时横向进给手轮刻度的读数值，判断工作台的偏斜情况。这种方法适用于较长的工件，调整简便但不精确。

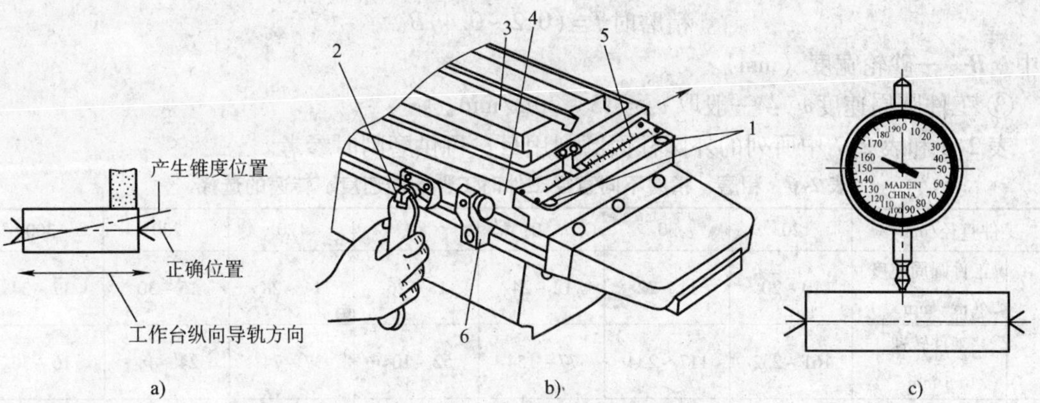

图 2-23　磨床工作台的调整

a）工作台的正确位置　b）调整方法　c）用百分表及样棒调整工作台

1—螺钉　2—螺杆　3—上工作台　4—下工作台　5—刻度板　6—支座

（3）用百分表和样棒找正　如图 2-23c 所示，将标准的样棒安装在两顶尖之间，移动工作台，根据百分表的读数进行调整。这种方法调整精确，但样棒长度应与工件长度相等。

2. 外圆柱面的磨削方法

常用的外圆柱面磨削方法有纵向磨削法、切入磨削法、分段磨削法和深度磨削法四种。磨削时，可根据工件形状、尺寸、磨削余量和加工要求选择合适的方法。

（1）纵向磨削法　应用纵向磨削法时，工作台行程（双行程或单行程）终了后，砂轮作周期性横向进给。每次磨削时背吃刀量较小，磨削余量在多次往复行程中被磨去（图 2-24a）。砂轮超越工件两端的长度一般取（1/3～1/2）B（B 为砂轮宽度）。

磨削台肩旁外圆柱面时，要调整好挡铁位置，并控制好工作台的停留时间，防止出现凸缘（图 2-24b）。

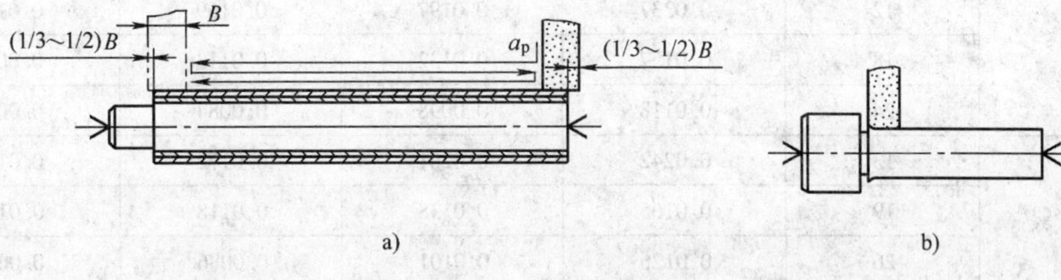

图 2-24　纵向磨削法

1）纵向磨削法的特点如下。

① 在砂轮整个宽度上，磨粒的工作情况不同。砂轮的两个尖角磨削量较大，而砂轮宽度方向上的其他磨粒则主要起减小表面粗糙度数值的作用。纵向磨削法产生的磨削力和磨削热较小。

② 由于背吃刀量较小，工作台往复时间长，故生产效率较低。

2）纵向磨削法的磨削用量。

① 背吃刀量 a_p：粗磨时 $a_p = 0.01 \sim 0.04\text{mm}$；

　　精磨时 $a_p \leqslant 0.01\text{mm}$。

② 纵向进给量 f（mm/r）：粗磨时 $f = (0.4 \sim 0.8)B$；

精磨时 $f=(0.2\sim0.4)B$。

式中 B——砂轮宽度（mm）。

③ 工件圆周速度 v_w：一般取 $v_w=13\sim20\text{m/min}$。

表 2-6 和表 2-7 中所列的外圆柱面磨削用量，可供磨削时参考。

表 2-6 粗磨、精磨不同直径工件时工件圆周速度、转速的选择

工件直径/mm		20	30	50	80	120	200	300
粗磨	工件圆周速度/$(\text{m}\cdot\text{min}^{-1})$	10 ~ 20	11 ~ 22	12 ~ 24	13 ~ 26	14 ~ 28	15 ~ 30	17 ~ 34
	工件转速/$(\text{r}\cdot\text{min}^{-1})$	161 ~ 232	117 ~ 234	77 ~ 154	52 ~ 104	37 ~ 74	24 ~ 48	16 ~ 36
精磨	工件圆周速度/$(\text{m}\cdot\text{min}^{-1})$	20 ~ 30	22 ~ 35	25 ~ 40	30 ~ 60	35 ~ 60	40 ~ 70	50 ~ 80
	工件转速/$(\text{r}\cdot\text{min}^{-1})$	320 ~ 478	243 ~ 382	159 ~ 254	120 ~ 200	93 ~ 159	64 ~ 112	53 ~ 85

表 2-7 磨削不同直径工件时圆周速度、纵向进给量的选择 （单位：mm）

工件直径/mm	工件圆周速度/$(\text{m}\cdot\text{min}^{-1})$	纵向进给量（以砂轮宽度 B 计）			
		0.5B	0.6B	0.7B	0.8B
20	10	0.0216	0.0180	0.0154	0.0135
	15	0.0144	0.0120	0.0103	0.0090
	20	0.0180	0.0090	0.0077	0.0068
30	11	0.0222	0.0185	0.0153	0.0139
	16	0.0152	0.0127	0.0109	0.0096
	22	0.0111	0.0092	0.0079	0.0070
50	12	0.0237	0.0197	0.0169	0.0148
	18	0.0157	0.0132	0.0113	0.0099
	24	0.0118	0.0098	0.0084	0.0074
80	13	0.0242	0.0201	0.0172	0.0151
	19	0.0165	0.0138	0.0118	0.0103
	26	0.0126	0.0101	0.0086	0.0076
120	14	0.0264	0.0220	0.0189	0.0165
	21	0.0176	0.0147	0.0126	0.0110
	28	0.0132	0.0110	0.0095	0.0083
200	15	0.0287	0.0239	0.0205	0.0180
	22	0.0196	0.0164	0.0140	0.0122
	30	0.0144	0.0120	0.0103	0.0090
300	17	0.0287	0.0239	0.0205	0.0179
	25	0.0195	0.0162	0.0139	0.0121
	34	0.0143	0.0119	0.0102	0.0089

（2）切入磨削法　切入磨削法又称横向磨削法。如图2-25所示，当砂轮宽度大于工件长度时，砂轮可连续横向切入磨削，直至磨去全部加工余量。粗磨时可用较高切入速度，但砂轮压力不宜过高；精磨时切入速度要低。用此法磨削时无纵向进给运动。

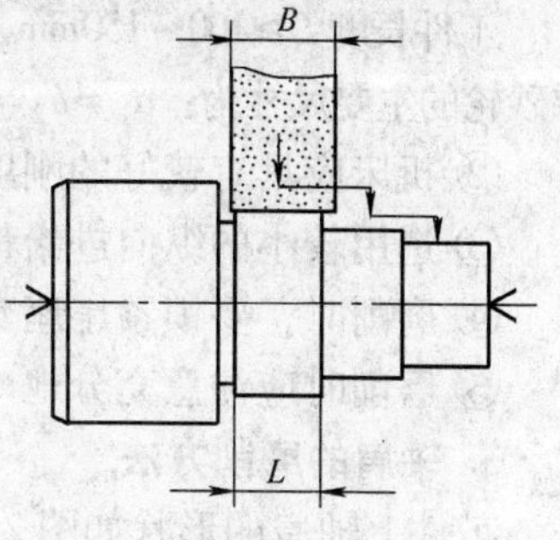

图2-25　切入磨削法

切入磨削法的特点如下。

① 砂轮宽度上磨粒的工作情况相同，磨削作用良好；由于砂轮可连续作横向进给，故生产效率较高。

② 磨削时会产生较大的磨削力和磨削热，工件易产生变形，严重时会发生烧伤现象。

③ 由于无纵向进给运动，砂轮表面的形态（修整痕迹）会被复制到工件表面上，从而会影响工件的表面粗糙度。

④ 因受到砂轮宽度的限制，故此法只适用于磨削长度较短的外圆柱面。

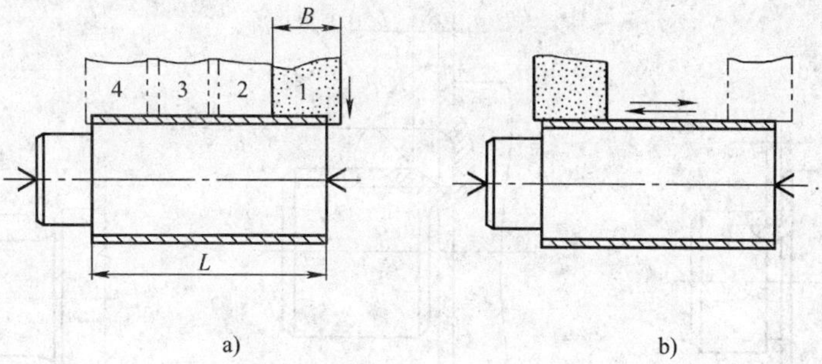

图2-26　分段磨削法

a）分段切入　b）纵向精磨

（3）分段磨削法　分段磨削法又称综合磨削法或混合磨削法，它是切入磨削法和纵向磨削法的综合。磨削时，先用切入磨削法将工件分段进行粗磨（图2-26a），留精磨余量0.03~0.04mm，然后用纵向磨削法精磨工件至尺寸要求（图2-26b）。这种方法具有切入磨削法生产效率高的优点，又有纵向磨削法加工精度高的优点。分段时，相邻两段间应有5~15mm的重叠。

这种磨削方法适用于磨削加工余量大且刚性较好的工件，不适合磨削长度过长的工件，通常将工件分为2~3段最为合适。

（4）深度磨削法（又称深切缓进磨削法）　这是一种高效率的磨削方法，可在一次纵向进给中磨削掉工件的全部磨削余量。

利用该法磨削时应注意以下事项。

① 磨削的负荷集中在砂轮尖角处，此处受力状况最差。为此，可将砂轮修成阶梯形（图2-27）。这样可使砂轮台阶的前导部分起主要磨削作用，台阶后部起精磨作用。阶梯砂轮的阶梯数及台阶深度，依磨削余量和工件长度而定。

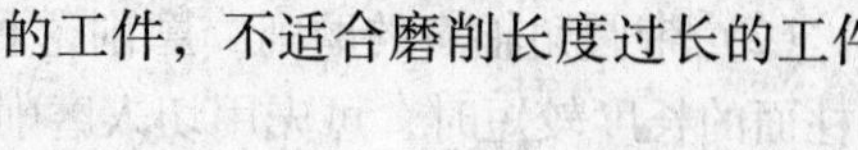

图2-27　深度磨削法

a）双阶梯砂轮　b）五阶梯砂轮

工件长度$L \geqslant 80 \sim 100$mm、磨削余量为0.3~

0.4mm 时，可采用双阶梯砂轮（图 2-27a）。双阶梯砂轮的主要尺寸为：$a=0.05\text{mm}$，$K=(0.3\sim0.4)B$（B 为砂轮宽度）。

工件长度 $L\geqslant100\sim150\text{mm}$、磨削余量大于 0.5mm 时，则采用五阶梯砂轮（图 2-27b）。五阶梯砂轮的主要尺寸为：$a_1=a_2=a_3=a_4=0.05\text{mm}$，$K_1=K_2=K_3=K_4=0.15B$（$B$ 为砂轮宽度）。

② 机床应具有较好的刚度和较大的功率。

③ 选用较小的纵向进给量。

④ 磨削时，要锁紧尾座套筒，以防止工件脱落。

⑤ 磨削时应注意充分地冷却。

3. 轴肩的磨削方法

工件上轴肩的形状如图 2-28 所示。其中，图 2-28a、图 2-28b 所示为带退刀槽的轴肩，一般用于端面对外圆柱面轴线有垂直度要求的工件；图 2-28c 所示为带圆角的轴肩，常用于强度要求较高的零件。

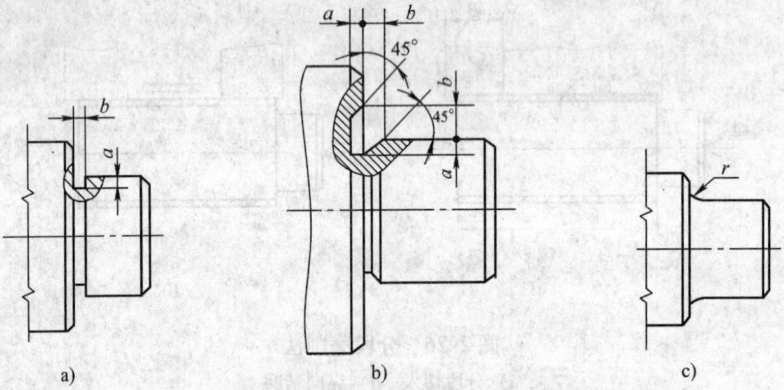

图 2-28 轴肩的形状

a)、b) 带退刀槽的轴肩 c) 带圆角的轴肩

（1）带退刀槽轴肩的磨削 磨削时，将砂轮退离外圆柱面 0.1mm 左右，用工作台纵向进给手轮控制工作台的纵向进给（图 2-29）。磨削时，应均匀地间断进给，进给量要小，可通过观察火花来控制进给量。

（2）带圆角轴肩的磨削 磨削这种形状的轴肩时，应将砂轮一侧尖角修成圆弧面。外圆柱面的长度较短时，可先用切入磨削法磨削，留 0.03～0.05mm 加工余量。接着把砂轮靠向端面，用切入磨削法磨削轴肩和外圆柱面，将外圆柱面磨至尺寸（图 2-30）。上述操作可使圆角光滑连接。

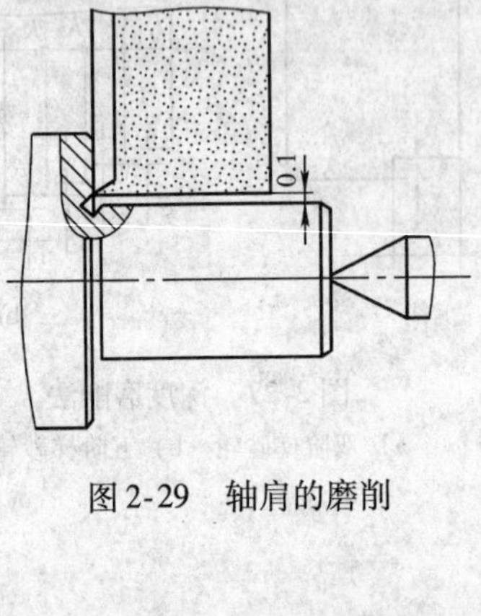

图 2-29 轴肩的磨削

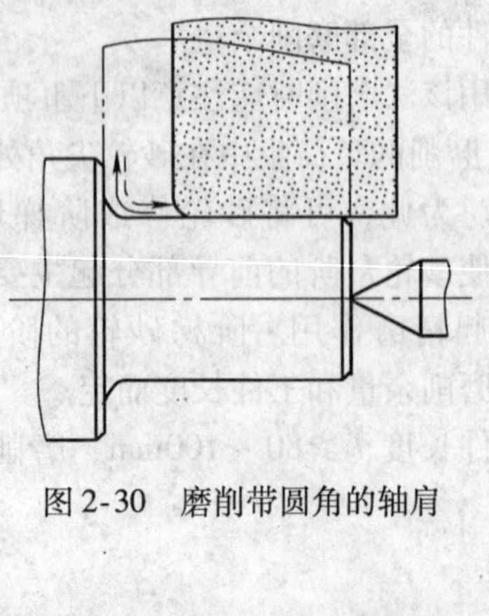

图 2-30 磨削带圆角的轴肩

4. 外圆柱面的测量

（1）外径的测量

1）用外径千分尺测量外径。外径千分尺是常用的测量工具。它的测量精度为0.01mm，常用的规格有0～25mm、25～50mm、50～75mm、75～100mm。

① 外径千分尺的结构。如图2-31所示，外径千分尺主要由尺架1、测微螺杆3、微分筒6组成。

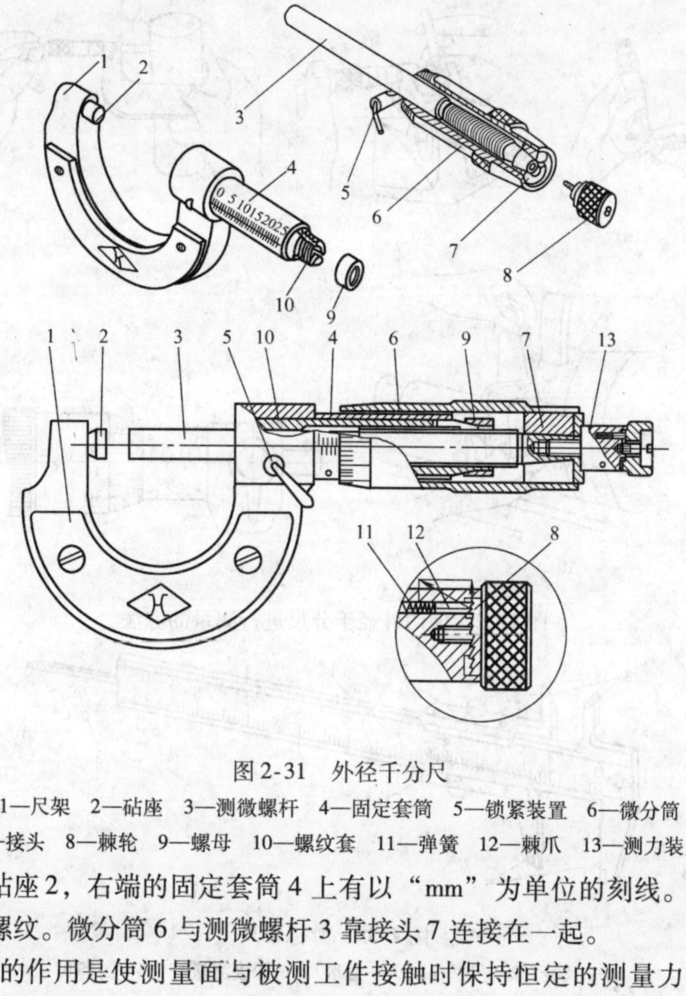

图2-31　外径千分尺

1—尺架　2—砧座　3—测微螺杆　4—固定套筒　5—锁紧装置　6—微分筒　7—接头　8—棘轮　9—螺母　10—螺纹套　11—弹簧　12—棘爪　13—测力装置

尺架左端有砧座2，右端的固定套筒4上有以“mm”为单位的刻线。测微螺杆3的中部为精度很高的螺纹。微分筒6与测微螺杆3靠接头7连接在一起。

测力装置13的作用是使测量面与被测工件接触时保持恒定的测量力，以使测量结果准确。

② 外径千分尺的工作原理及读数方法。外径千分尺测微螺杆3上螺纹的螺距为0.5mm，微分筒上刻有50格刻线。当微分筒转过一格时，测微螺杆的移动量为0.5mm/50＝0.01mm。

图2-32所示为使用外径千分尺进行测量的方法。图2-32a所示为单手测量小零件的方法；大批量测量时，可将外径千分尺固定在支架上（图2-32b）；大型零件则用双手测量（图2-32c）；在机床上测量的方法如图2-32d所示。

外径千分尺的读数由两部分组成。读数时，先读出固定套筒上露出的刻线数（图2-32e中为5.5mm），然后读出微分筒的刻线数（图2-32e中为0.38mm），最后将两部分尺寸相加，即为工件的实际尺寸（图2-32e中为5.5mm＋0.38mm＝5.88mm）。

2）用游标卡尺测量外径。游标卡尺的游标读数值有0.1mm、0.05mm和0.02mm三种。

① 游标卡尺的结构。游标卡尺由尺身1和游标尺6等组成（图2-33）。刀口内量爪3用于测量内径和槽宽，外量爪4用于测量外径和长度。

② 游标卡尺的刻线原理和读数方法。

a. 游标读数值为0.1mm的游标卡尺，尺身上每小格的分度值为1mm，游标尺上每小格的分度值为0.9mm，则尺身与游标尺的一格差0.1mm，即其游标读数值为0.1mm。

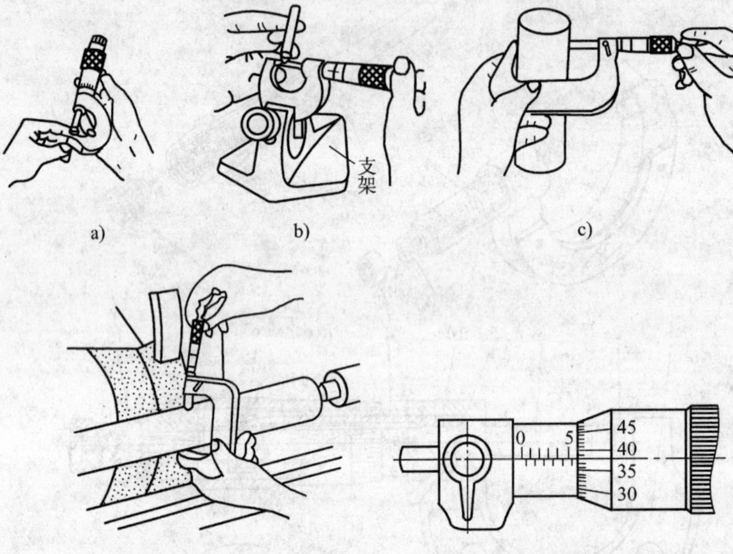

图2-32 使用外径千分尺进行测量的方法

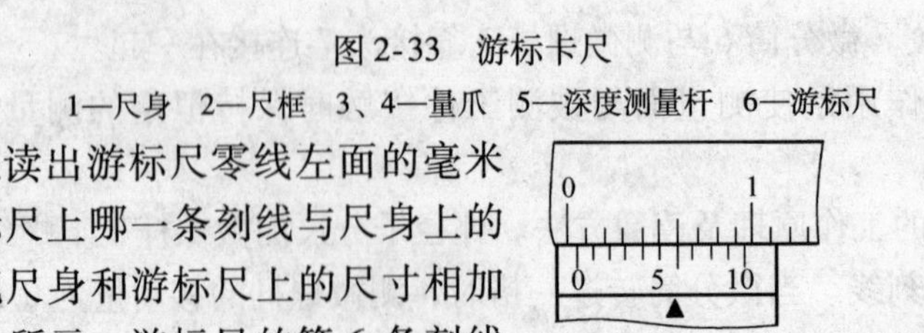

图2-33 游标卡尺

1—尺身 2—尺框 3、4—量爪 5—深度测量杆 6—游标尺

读数时，首先读出游标尺零线左面的毫米整数，其次看游标尺上哪一条刻线与尺身上的刻线对齐，最后把尺身和游标尺上的尺寸相加即可。如图2-34a所示，游标尺的第6条刻线对准尺身上的刻线，故读数为0.6mm；图2-34b所示的读数为10.5mm。

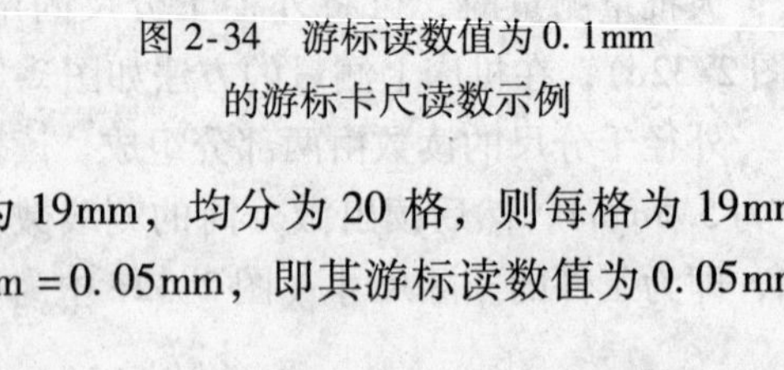

图2-34 游标读数值为0.1mm的游标卡尺读数示例

b. 游标读数值为0.05mm的游标卡尺，尺身上每小格的分度值为1mm；游标尺刻线总长为19mm，均分为20格，则每格为19mm/20=0.95mm。尺身与游标尺每格差1mm－0.95mm=0.05mm，即其游标读数值为0.05mm。

根据这个原理，如果游标尺的第 9 条刻线跟尺身刻线对齐（图 2-35），则其读数为 0.45mm。

c. 游标读数值为 0.02mm 的游标卡尺，尺身上每小格的分度值为 1mm，游标尺刻线总长为 49mm，均分为 50 格，则每格为 49mm/50 = 0.98mm。尺身与游标尺每格差 1mm − 0.98mm = 0.02mm，即其游标读数值为 0.02mm。根据这个原理，如果游标尺的第 11 条刻线跟尺身刻线对齐（图 2-36），则读数为 0.22mm。

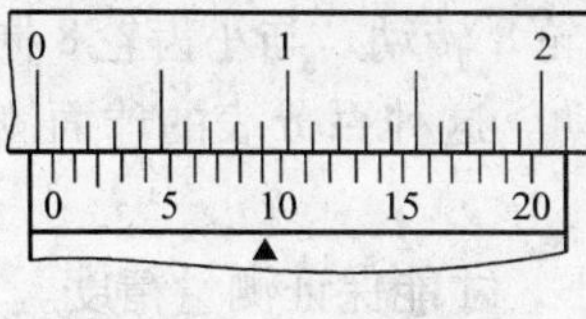

图 2-35　游标读数值为 0.05mm 的游标卡尺读数示例

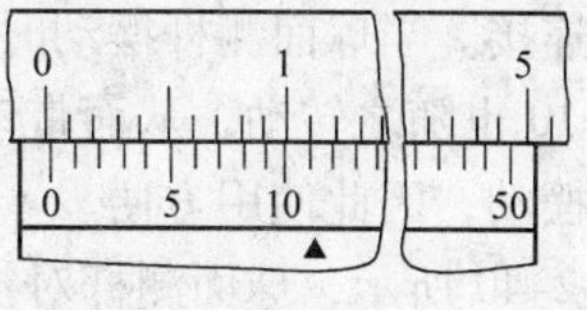

图 2-36　游标读数值为 0.02mm 的游标卡尺读数示例

3）用卡规测量外径。在大批量生产中，为了方便快捷，一般使用卡规测量外径。

卡规有两个测量面。尺寸大的一端为通规，它的尺寸等于被测外圆柱面的最大极限尺寸；尺寸小的一端为止规，它的尺寸等于被测外圆柱面的最小极限尺寸（见图 2-37）。

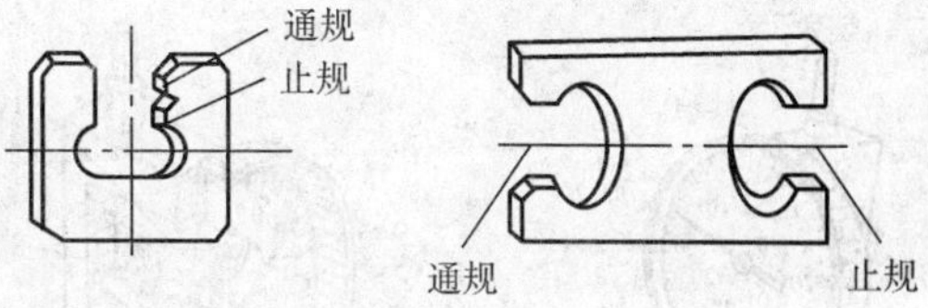

图 2-37　卡规

用卡规检验工件时，如果通规能通过，而止规不能通过，则该工件的外径合格。

（2）径向圆跳动误差的测量　图 2-38a 所示为用百分表测量外圆柱面的径向圆跳动误差。测量时，百分表测杆应与被测表面要素垂直。

1）百分表的结构原理。百分表是一种指示式量表，它的测量精度为 0.01mm。百分表分钟面式和杠杆式两种。

① 钟面式百分表。钟面式百分表的结构原理是将测杆 1 的直线运动，经齿条及齿轮 2、3、4 的传动，转变为指针 5 的转动。

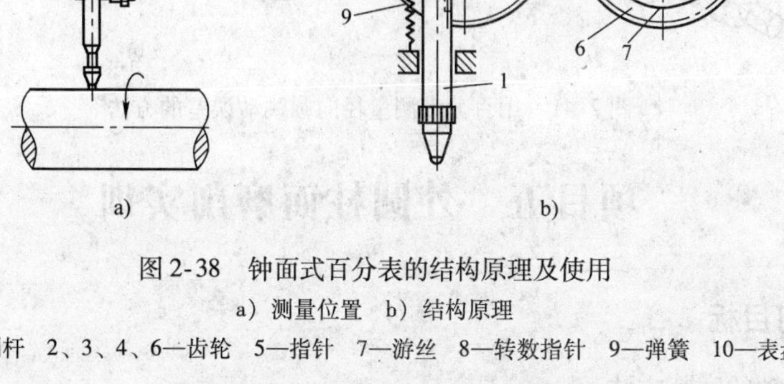

图 2-38　钟面式百分表的结构原理及使用

a）测量位置　b）结构原理

1—测杆　2、3、4、6—齿轮　5—指针　7—游丝　8—转数指针　9—弹簧　10—表盘如图2-38b 所示，测杆1 上齿条的齿距为0.625mm，小齿轮2 的齿数为16，大齿轮3 的齿数为100，中心齿轮4 的齿数为10。测杆移动1mm，小齿轮2 转动1mm/0.625mm = 1.6 齿（为1/10 转），同轴大齿轮3 也转动1/10 转，这样中心齿轮4 带动指针5 转动一转。钟面式百分表表盘有100 格刻线。指针转动一格，则测杆移动的距离为1mm/100 = 0.01mm。

② 杠杆式百分表。杠杆式百分表的结构形状如图2-39 所示。球面测杆1 与扇形齿轮2 靠摩擦力连接。当球面测杆摆动时，扇形齿轮2 带动小齿轮8 转动。与小齿轮8 同轴安装的端面齿轮10 也随之转动，从而带动小齿轮9 和指针6 转动。这种百分表的球面测杆可以向上或向下摆动，因此使用方便。

如图2-40 所示，球面测杆对被测表面的倾斜角 α 较小，才能保证测量精度。

2）径向圆跳动误差的测量。图2-41a 所示为用杠杆式百分表在机床上测量径向圆跳动误差的方法，图2-41b 所示为用钟面式百分表测量径向圆跳动误差的方法。

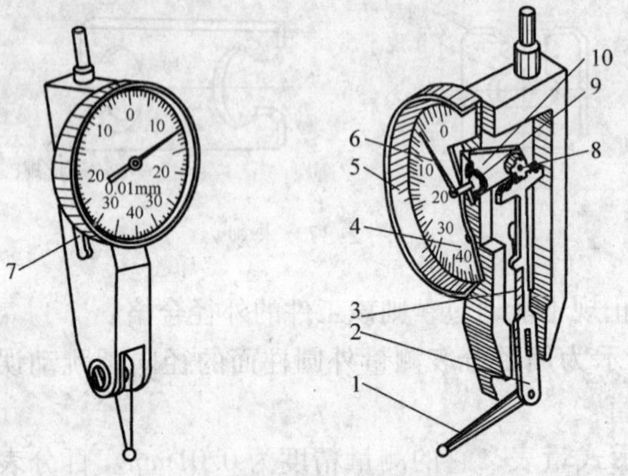

图2-39　杠杆式百分表的结构形状

1—球面测杆　2—扇形齿轮　3—弹簧　4—表盘　5—表圈　6—指针　7—换向器　8、9—小齿轮　10—端面齿轮

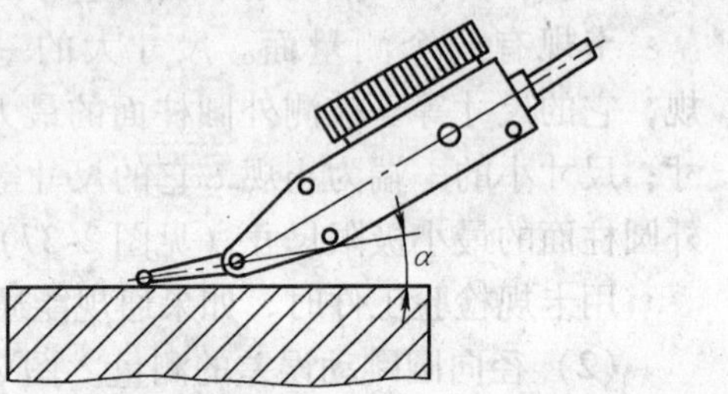

图2-40　杠杆式百分表的使用

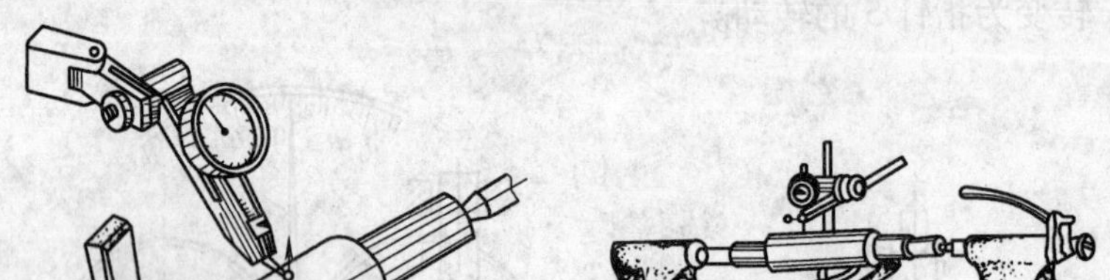

图2-41　用百分表测量径向圆跳动误差的方法

项目五　外圆柱面磨削实训

一、学习目标

1. 掌握光轴的磨削方法。

2. 掌握接刀轴的磨削方法。
3. 掌握台阶轴的磨削方法。
4. 掌握用心轴装夹磨削外圆柱面的方法。

二、学习任务

1. 项目任务

本项目的任务是学习外圆柱面的磨削。

2. 任务流程图

光轴磨削→接刀轴磨削→台阶轴磨削→用心轴装夹磨削外圆柱面→外圆柱面磨削质量分析

三、环境设备

学习所需设备、装备及实训材料清单见表2-8。

表2-8　学习所需设备、装备及实训材料

分类	名称	型号规格	数量
设备	万能外圆磨床	M1432A 型	1
装备	活扳手或呆扳手		1
	鸡心夹头		1
	台阶心轴		1
	微锥心轴		1
	百分表		1
	千分尺		1
	游标卡尺		1
实训材料	45 钢	ϕ33.8mm×300mm	1
	45 钢	ϕ28mm×300mm	1

四、学习过程

1. 光轴磨削

（1）磨削用量的选择

1）砂轮圆周速度。外圆磨床的砂轮圆周速度一般为30～35m/s。在使用过程中，因磨损砂轮的直径会逐渐减小，圆周速度也会随之下降。

2）工件圆周速度。以M1432A型万能外圆磨床为例，工件的转速可按表2-9来选择。

表2-9　工件转速的选择

工件外圆直径 d_w/mm	$d_w>250$	$150<d_w\leqslant250$	$80<d_w\leqslant150$	$50<d_w\leqslant80$	$25<d_w\leqslant50$	$d_w\leqslant25$
工件转速/$r\cdot min^{-1}$	25	50	80	112	160	224

磨削细长工件时，工件转速应低一些，以减少振动，保证磨削加工的质量。

3）工件纵向进给量 f（单位为 mm/r）。

粗磨时：$f=(0.5\sim0.8)B$，精磨时：$f=(0.2\sim0.3)B$。

式中　B——砂轮的宽度（mm）。

在实际磨削工作中，工件纵向进给量的控制，一般都是通过调节工作台的运动速度实现的。

4）背吃刀量 a_p（单位为 mm）。

粗磨时：$a_p=0.02\sim0.05$mm，精磨时：$a_p=0.005\sim0.01$mm。

精磨时，为了提高工件加工精度、减小表面粗糙度值，在最后阶段可在不进给的情况下光磨几次，直至磨削火花减小甚至消失。

（2）粗、精磨时磨削余量的选择　毛坯经其他工序粗加工、半精加工后，留下的要在磨削工序中切除的那一部分余量，称为磨削余量。为了提高生产效率，一般可将磨削余量分为粗磨磨削余量和精磨磨削余量两部分。精磨磨削余量一般是全部磨削余量的 1/10 左右，约为 0.05mm。

（3）光轴的磨削方法　图 2-42 所示光轴的磨削步骤如下。

1）测量工件尺寸，计算磨削余量和圆柱度误差值。

2）在光轴一端（小外圆柱面一端）装上大小适中的夹头。

3）擦净工件中心孔，并加润滑脂或润滑油。

4）根据工件长度调整头架、尾座距离。

5）调整拨销位置，使拨销能带动工件旋转。

6）调整工作台行程挡铁位置。

7）磨削，工件经找正后应符合圆柱度公差的要求。

8）磨去余量，使尺寸符合图样要求。

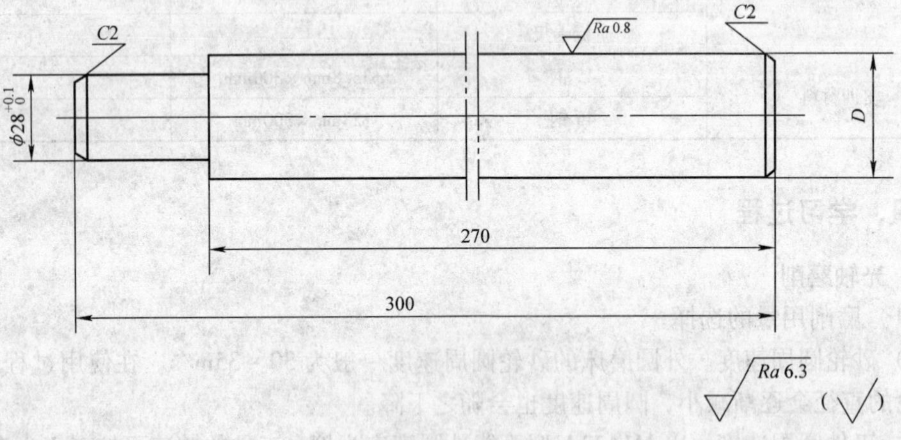

次数	D/mm	圆柱度公差/mm	次数	D/mm	圆柱度公差/mm
1	$\phi33.5\pm0.02$	0.020	4	$\phi32.2^{0}_{-0.017}$	0.007
2	$\phi33\pm0.015$	0.015	5	$\phi32^{0}_{-0.014}$	0.005
3	$\phi32.5\pm0.01$	0.010			

图 2-42　光轴

2. 接刀轴磨削

（1）接刀轴磨削的特点

1）接刀轴实际上是一根直轴，无任何台阶，但需要两次以上装夹，并且要接刀。

2）为了保证接刀轴无明显接刀痕迹，对工件中心孔的角度、圆角要求较高，工件的圆柱度误差要小，并且只能顺锥（即靠近头架端外圆柱面尺寸要比靠近尾座端外圆柱面尺寸略大），不能倒锥，否则接刀不平。

（2）接刀轴的磨削方法

1）磨削步骤如下。

① 在接刀轴任意一端外圆柱面上装夹夹头，调整头架、尾座间的距离和工作台行程挡铁的位置，使砂轮在距离轴端约30mm处换向（图2-43a）。

② 粗修整砂轮。

③ 磨削，找正后应符合工件圆柱度公差的要求，使靠近头架端外圆柱面的直径比靠近尾座端外圆柱面直径大0.002～0.005mm。

④ 粗磨外圆柱面，留精磨余量0.03～0.05mm。

⑤ 工件调头，夹头装在另一端外圆柱面上，磨去剩余部分的粗磨余量（图2-43b）。

⑥ 精修整砂轮。

⑦ 精磨外圆柱面，消除砂轮精修整后可能产生的圆柱度误差。

⑧ 磨去精磨余量，使工件尺寸达到图样要求。

⑨ 调头磨削，使工件尺寸、表面粗糙度等符合图样要求。

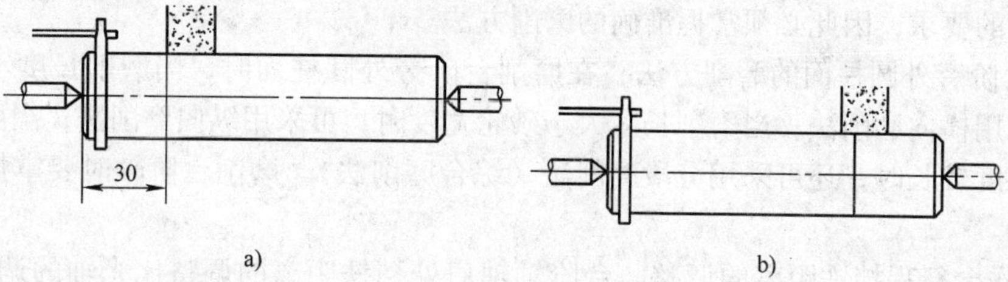

图2-43　接刀轴加工步骤

2）接刀方法如下。

① 先用横向磨削法磨去接刀外圆柱面的大部分余量，留接刀余量0.01～0.02mm。

② 用纵向磨削法磨削接刀外圆柱面，换向时砂轮横向进给量为0.003～0.005mm。

③ 在磨削余量剩下0.003～0.005mm时，将横向进给量减小到0.002～0.003mm，并且应在砂轮向尾座方向移动时进给，以避免产生接刀痕迹。为了便于观察，接刀时可在接刀外圆柱面上涂上红印油显示剂。当红印油消失或颜色变淡，即说明砂轮已磨到工件外圆柱面，从而便于尺寸控制。

（3）磨削实训

实训要求如图2-44所示。要求外圆柱面无明显接刀痕迹。

（4）容易产生的问题及注意事项

1）磨削前应检查中心孔的质量，并保护好中心孔。工件磨出后测量的圆度误差应小于0.003mm，以免接刀时产生偏痕。

2）精磨时，应在工件外圆柱面和夹头螺钉间垫上铜皮，以免夹伤工件外圆柱面。

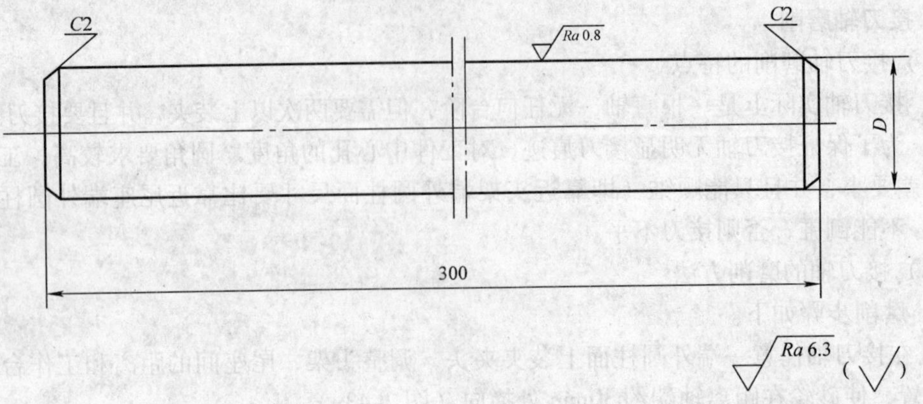

次数	D/mm	圆柱度公差/mm	次数	D/mm	圆柱度公差/mm
1	$\phi 27.7\pm0.01$	0.01	4	$\phi 27.1_{-0.014}^{\ \ 0}$	0.005
2	$\phi 27.5_{-0.017}^{\ \ 0}$	0.008	5	$\phi 27_{-0.012}^{\ \ 0}$	0.005
3	$\phi 27.3_{-0.010}^{+0.005}$	0.007			

图 2-44　接刀轴

3）接刀磨削时动作要协调，要注意砂轮横向进给与工作台纵向进给的配合，不能急躁，要避免进给过量，使工件产生接刀痕迹或使圆柱度超差。

3. 台阶轴磨削

台阶轴磨削中既有外圆柱面，又有端面的磨削。通常，台阶轴有尺寸精度、表面粗糙度及几何公差的要求，因此必须掌握准确的磨削方法。

（1）台阶旁外圆柱面的磨削方法　在磨削台阶旁外圆柱面时，当磨削长度小于砂轮宽度时，可采用横向磨削法；当磨削长度大于砂轮宽度时，可采用纵向磨削法；当磨削余量较大或磨削长度较长时，还可采用分段磨削法（综合磨削法）。磨削台阶轴时要掌握好以下两项操作技能。

1）工作台行程挡铁距离的调整。台阶轴轴肩处挡铁距离的调整比光轴的调整要困难，调整位置的准确度要求较高。调整后，砂轮既要距离轴肩端面很近，又不能发生碰撞。调整时，可先用挡铁的微调螺钉使挡铁向前伸出较大距离，然后根据砂轮与工件端面接近的位置，将微调挡铁逐渐向后退，使砂轮逐渐向轴肩端面靠近，达到最佳位置时换向。

2）轴肩处外圆柱面的磨削。轴肩处有退刀槽时，可采用纵向磨削法直接磨出；轴肩处无退刀槽或退刀槽宽度很窄时，可先在轴肩处采用横向磨削法磨去大部分余量（留余量0.03～0.04mm），如图 2-45a 所示，然后用纵向磨削法磨去外圆柱面全长上的余量，使其与轴肩处外圆柱面接平（图 2-45b），最后用纵向磨削法精磨全部外圆柱面。

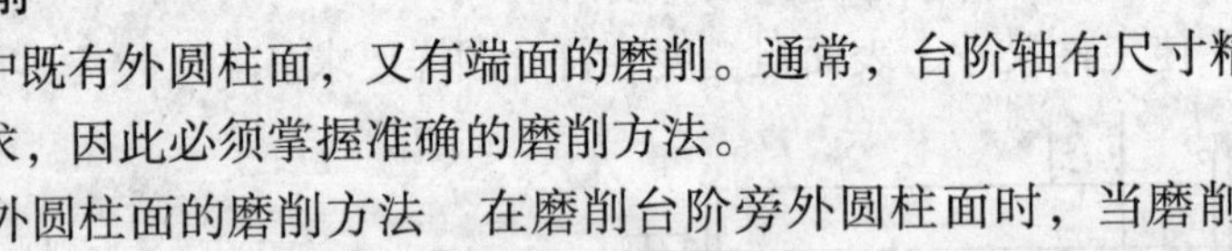

a)　　b)

图 2-45　轴肩处外圆柱面的磨削

（2）轴肩端面的磨削方法　通常，轴肩端面是在外圆磨床上与外圆柱面在一次装夹中，用砂轮的端面磨出的。

1）轴上带退刀槽的轴肩端面磨削方法。粗磨外圆柱面以后，将砂轮横向退出 0. 1 ~0. 2mm；然后手摇工作台作纵向进给，使工件端面缓慢接触砂轮，磨削至要求（图 2-46）。

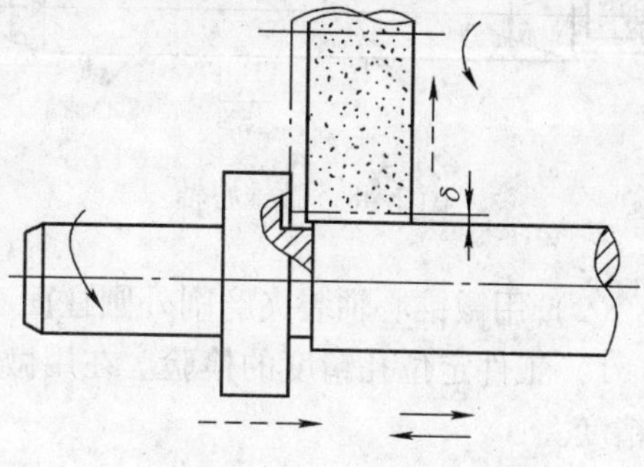

图 2-46　轴肩端面的磨削方法

2）轴上带圆角的轴肩端面磨削方法。如图 2-47 所示，磨削这种轴肩端面时，应根据工件形状把砂轮一角修成圆弧状。磨削时，先用横向磨削法粗磨外圆柱面，留 0. 05mm 余量（图 2-47a）；接着把砂轮横向退出一段距离（退出距离视轴肩圆弧大小而定）；再用手动控制纵向移动工作台磨端面，磨去全部余量（图 2-47b）；最后慢速横向摇进砂轮（图 2-47c），直到将外圆柱面磨到图样要求的尺寸为止。

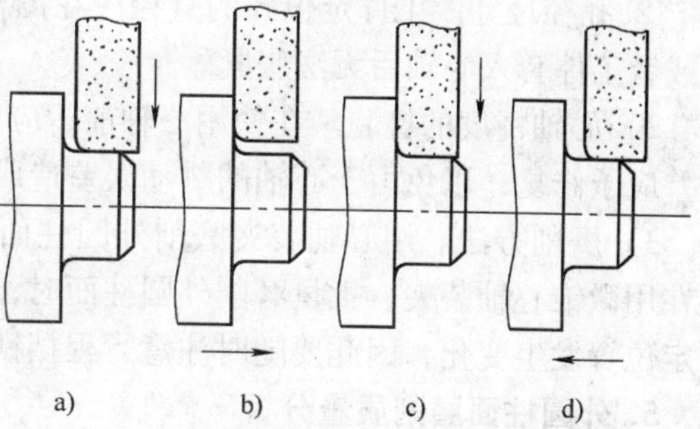

a)　b)　c)　d)

图 2-47　带圆角的轴肩端面磨削方法

（3）台阶轴磨削顺序的确定原则

1）根据工件长度，先磨长度最长的外圆柱面，以便于圆柱度要求的找正。

2）根据工件直径，先磨直径最大的外圆柱面，以利于磨削安全。

3）根据工件位置精度的要求，先磨精度要求低的外圆柱面，后磨精度要求高的外圆柱面，以保证工件的同轴度要求。

4. 用心轴装夹磨削外圆柱面

（1）常用心轴的结构和使用方法

1）微锥心轴。微锥心轴是锥度很小的光轴，锥度一般为 1∶5000 ~1∶7000，即 200mm 长度的心轴，两端直径要约差 0. 04 ~0. 028mm；心轴外圆锥面的圆度公差要小于 0. 002mm，表面粗糙度值要小于 *Ra*0. 2μm。为了便于将工件套上心轴，一般在心轴小端外圆锥面上磨出一段锥度较大的外圆锥面，其装入工件时起导向作用。

同轴度要求较高的套类工件，一般均采用微锥心轴装夹。装夹时，先把工件套上心轴，然后将工件在木垫或软金属（如铜块）上轻轻敲击一下，依靠心轴微锥表面与工件内圆表面的弹性变形及摩擦力，将工件胀紧在心轴上（图 2-48）。在自制微锥心轴时，根据工件定位孔的尺寸确定微锥心轴的外圆锥面尺寸，微锥心轴小端外圆锥面的直径应比工件孔径小 0. 005mm。

2）台阶心轴。台阶心轴的结构如图 2-49 所示，它是利用工件 2 的内孔和端面定位。心轴 1 的定位圆柱面通常按 g5 级公差制造，台阶端面与圆柱面的垂直度误差应小于 0. 01mm。

装夹时，把工件套上心轴，使工件端面与心轴定位端面相贴，然后装上垫圈 3，用螺母 4 拧紧即可。台阶心轴一般用于装夹端面与外圆轴线有垂直度要求的工件，但同轴度要求较低的工件。

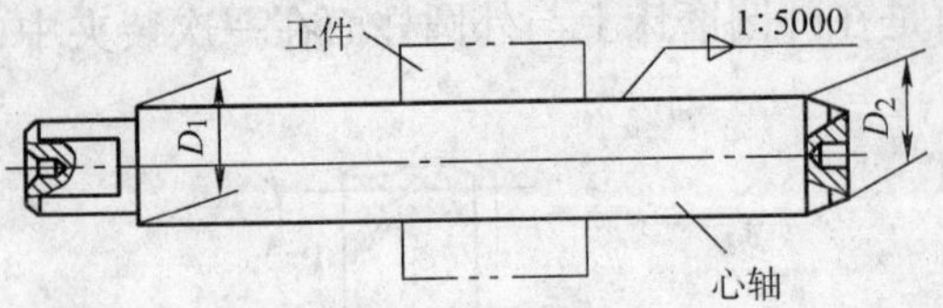

图 2-48 微锥心轴

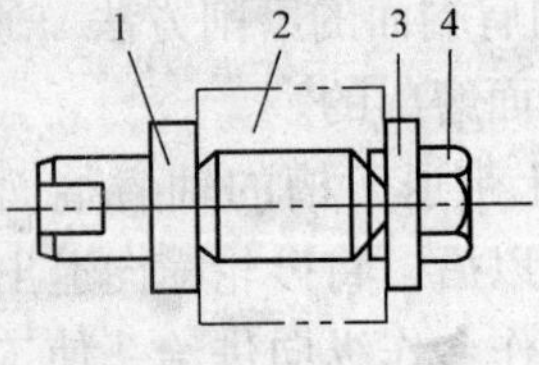

图 2-49 台阶心轴

1—心轴 2—工件 3—垫圈 4—螺母

(2) 用微锥心轴装夹磨削外圆柱面

1) 工件定位孔精度的检验。在用微锥心轴装夹磨削套类工件时，应先检验工件定位孔的精度。

① 圆度。工件定位孔的圆度误差将直接影响加工质量，因此应小于 0.005mm。

② 孔径尺寸。工件定位孔的直径应在图样规定的公差范围内，否则无法将工件套入心轴或者工件套入心轴后无法胀紧。

2) 心轴精度的检验。在使用心轴前，应先将其装夹在两顶尖之间测量全跳动量，如有超差应予修复，以免由于心轴的跳动误差造成工件同轴度超差。

3) 磨削方法。用心轴装夹磨削外圆柱面的加工步骤与前面介绍的几种方法基本相同。但在用微锥心轴装夹、批量磨削外圆柱面时，由于工件孔径存在误差，会使工件在心轴上的固定位置发生变化，因此要随时注意行程挡铁距离的调整。

5. 外圆柱面磨削质量分析

磨削中出现的各种缺陷，是由各方面的因素引起的，必须从砂轮、磨削用量、操作工艺和机床调整等方面，找出产生缺陷的原因，以便克服。外圆柱面磨削中常见的缺陷及消除方法见表 2-10。

表 2-10 外圆柱面磨削中常见的缺陷及消除方法

缺陷类型	产生原因	消除方法
工件弯曲	1. 磨削用量过大 2. 切削液浇注不充分	1. 适当减小背吃刀量 2. 浇注充足的切削液
轴肩旁外圆柱面尺寸较大	1. 换向时工作台停留时间太短 2. 砂轮磨损、砂轮外角变圆	1. 延长工作台停留时间 2. 修整砂轮
工件两端尺寸较大，呈鞍形	1. 砂轮越出工件端面太少 2. 工作台换向时时间太短 3. 磨细长轴时，顶尖顶得过紧 4. 中心架水平撑块压力过大	1. 正确调整工作台上换向挡铁位置，使砂轮越出工件端面约为 (1/3～1/2) B 2. 正确调整换向时工作台的停留时间 3. 调整顶尖顶紧力 4. 调整中心架水平撑块位置
工件中间尺寸较大，呈鼓形	1. 工件刚性差，磨削时产生弹性弯曲变形 2. 中心架调整不适当	1. 减小工件的弹性弯曲变形 (1) 减小横向进给量，最后多做“光磨”行程 (2) 及时修正砂轮，使其经常保持良好的切削性能 (3) 工件较长时，使用适当数量的中心架 2. 正确调整撑块和支块对工件的压力

（续）

缺陷类型	产生原因	消除方法
工件有圆度误差	1. 中心孔形状不正确或中心孔有污垢、铁屑等 2. 中心孔或顶尖磨损 3. 工件被顶得过松或过紧 4. 顶尖在主轴和尾座套筒锥孔内贴合不紧密 5. 砂轮过钝 6. 切削液浇注不充分或不及时 7. 工件刚性较差、余量不均匀引起背吃刀量变化，使工件产生弹性变形 8. 工件有不平衡重量 9. 砂轮主轴轴承间隙过大 10. 头架主轴径向圆跳动过大	1. 修正或重钻中心孔，并把中心孔擦干净 2. 注意润滑、修正中心孔或修磨顶尖 3. 重新调整尾座顶尖压力 4. 卸下顶尖，擦净后再装 5. 修整砂轮 6. 浇注充足的切削液 7. 背吃刀量不能太大，并应随余量的减小而逐渐减小 8. 磨削前先加以平衡 9. 调整主轴轴承间隙 10. 调整头架、主轴轴承间隙
工件有圆柱度误差	1. 工作台未调整好 2. 工件和机床的弹性变形大 3. 工作台导轨润滑油产生的浮力过大，使导轨运行中产生摆动 4. 头架和尾座顶尖的轴线不重合	1. 仔细找正工作台 2. 应在砂轮锋利的情况下仔细找正工作台。在精磨每个工件时，砂轮的锋利程度、磨削用量和“光磨”行程次数应与找正工作台时的情况基本一致，否则需要用不均匀走刀加以消除 3. 调整导轨润滑油压力 4. 擦净工作台和尾座的接触面。如果接触面磨损，则可在尾座底下垫上一层纸垫或薄铜片，以使前后顶尖轴线重合
工件表面有烧伤现象	1. 砂轮太硬或粒度太小 2. 砂轮修得太细、不锋利 3. 背吃刀量、纵向进给量过大或工件的圆周速度过低 4. 切削液浇注不充分	1. 合理选择砂轮 2. 合理选择修整用量 3. 适当减小背吃刀量和纵向进给量，或增大工件的转速 4. 加大切削液流量
台肩端面有圆跳动误差	1. 背吃刀量过大，退刀过快 2. 切削液浇注不充分 3. 工件被顶得过松或过紧 4. 砂轮主轴有轴向窜动 5. 头架主轴推力轴承间隙过大 6. 用卡盘装夹磨削端面时，头架主轴轴向窜动过大	1. 摇动工作台时要慢而均匀 2. 浇注充足的切削液 3. 调整尾座顶尖压力 4. 检修机床 5. 调整推力轴承间隙 6. 调整推力轴承间隙
台肩端面中凸	1. 进给太快，“光磨”时间不够 2. 砂轮与工件接触面积大，磨削压力大 3. 砂轮主轴轴线与工作台运动方向不平行	1. 进给要慢而均匀，并“光磨”至没有火花为止 2. 把砂轮端面修成内凹，以使工作面尽量窄，同时先把砂轮退出一段距离后再进给，然后逐渐摇进砂轮，磨出整个端面 3. 调整砂轮架位置

（续）

缺陷类型	产生原因	消除方法
台阶轴各外圆有径向圆跳动误差	1. 磨削用量太大或“光磨”时间不够 2. 磨削步骤安排不当 3. 卡盘装夹误差或头架主轴径向圆跳动量过大	1. 精磨时减小背吃刀量并多做“光磨”行程 2. 划分粗磨、精磨，减少装夹次数 3. 仔细找正工作基准面，调整头架主轴轴承精度
工件表面有螺旋痕迹	1. 砂轮硬度高，修得过细，背吃刀量过大 2. 纵向进给量过大 3. 砂轮磨损，素线不直 4. 金刚石修整笔在修整器中未夹紧或金刚石在刀杆上焊接不牢，有松动，使修出的砂轮凸凹不平 5. 工作台导轨润滑油浮力过大，使工作台漂起，在运动中产生摆动 6. 切削液太少或浓度过低 7. 工作台运行时有爬行现象 8. 砂轮主轴有轴向窜动	1. 合理选择砂轮硬度和修整用量，适当减小背吃刀量 2. 适当减小纵向进给量 3. 修整砂轮 4. 把金刚石修整笔装夹牢固，如金刚石有松动，需重新焊接 5. 调整导轨润滑油压力 6. 浇注充分切削液，使切削液浓度适当 7. 打开放气阀，排除液压系统中的空气或检修机床 8. 检修机床
工件表面出现直波形误差	1. 砂轮不平衡 2. 砂轮硬度太高 3. 砂轮修得过细 4. 砂轮钝化没及时修整 5. 工件圆周速度过大 6. 工件直径、重量不符合机床要求 7. 砂轮主轴轴承磨损 8. 头架主轴轴承松动	1. 重新平衡砂轮 2. 选择合适硬度的砂轮 3. 合理选择修整用量 4. 及时修整砂轮 5. 适当降低工件转速 6. 在规格适当的磨床上磨削 7. 调整轴承间隙 8. 调整头架主轴轴承间隙

复习思考题

1. 外圆柱面磨削有哪几种方法？各有何特点？
2. 磨削铸铁、氮化钢、经淬火的碳素结构钢时应分别选用何种砂轮？
3. 试述中心孔的种类和结构。中心孔的缺陷对磨削精度有何影响？
4. 如何修研中心孔？
5. 试述顶尖的种类和结构。
6. 为什么要划分粗磨和精磨？
7. 如何调整工作台，以使工件轴线与工作台纵向运动方向平行？
8. 轴类零件主要有哪些技术要求？
9. 如何磨削光轴和台阶轴？
10. 轴肩端面磨削有何特点？
11. 试述外径千分尺的结构原理和读数方法。
12. 试述游标读数值为 0.02mm 的游标卡尺的刻线原理和读数方法。
13. 影响工件表面粗糙度的因素有哪些？
14. 工件表面有螺旋痕迹的原因是什么？如何防止？
15. 工件产生圆度误差的原因是什么？如何防止？
16. 磨削时，工件表面产生直波形误差的原因是什么？如何防止？

第三单元　内圆柱面磨削

项目一　内圆磨床的操作与调整

一、学习目标

1. 了解内圆磨床各主要部件的名称和作用。
2. 掌握内圆磨床的操作方法。
3. 掌握内圆磨床的调整方法。

二、学习任务

1. 项目任务

本项目的任务是学习内圆磨床的操作与调整。

2. 任务流程图

内圆磨床各主要部件的名称和作用→内圆磨床的操作与调整→万能外圆磨床在内圆柱面磨削时的操作和调整

三、环境设备

学习所需设备及工具清单见表 3-1。

表 3-1　学习所需设备及工具

分类	名称	型号规格	数量
设备	内圆磨床	M2110A 型	1
工具	活扳手或呆扳手		1

四、学习过程

1. 内圆磨床各主要部件的名称和作用

M2110A 型内圆磨床（图 3-1）是一种常用的普通内圆磨床。它主要由床身 11、工作台 2、主轴箱 4、内圆磨具 7 和砂轮修整器 6 等部件组成。

（1）工作台　工作台 2 可沿床身上的纵向导轨作直线往复运动，其运动可分为自动控制和手动控制。自动控制时，利用液压传动，通过调整挡铁和压板的位置，可以控制工作台快速趋近及退出位置、砂轮磨削及修整位置等。手动控制时，手轮 1 主要用于调整机床及磨削工件端面。

（2）主轴箱　主轴箱 4 通过底板 3 固定在工作台的左端。主轴箱主轴的外圆锥面与带

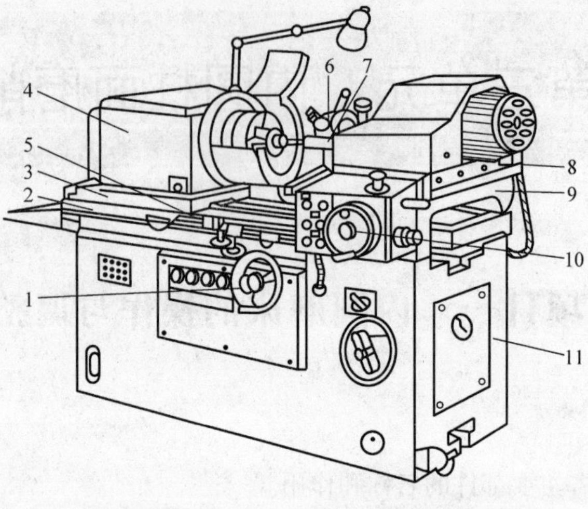

图3-1 M2110A 型内圆磨床

1、10—手轮 2—工作台 3—底板 4—主轴箱 5—挡铁

—砂轮修整器 7—内圆磨具 8—横滑板 9—桥板 11—床身

有内锥孔的法兰盘配合，在法兰盘上装卡盘或其他夹具，以夹持并带动工件旋转。主轴箱可相对于底板绕垂直轴线转动，回转角度为20°，以便磨削内锥孔，并装有调整装置，可作微量的角度调整。

（3）内圆磨具 内圆磨具7安装在磨具座中。该机床备有一大一小两个内圆磨具，可根据磨削工件的孔径大小来选择使用。用小磨具时，要在磨具体壳外圆柱面上装上两个衬套后才能装进磨具座内。磨具座上分别装有夹紧螺钉和调节间隙螺钉，以夹紧磨具或松开磨具座上盖，从而便于调换磨具。

内圆磨具的主轴是由电动机经平带直接带动旋转的。调换带轮可变换内圆磨具的转速，从而可磨削不同直径的工件。磨具座及电动机均固定在横滑板8上。横滑板8可沿着固定在机床床身11上的桥板9上面的横向导轨移动，从而使砂轮实现横向进给运动。

（4）砂轮修整器 砂轮修整器6安装在工作台中部的台面上，根据需要可在纵向及横向调整位置。砂轮修整器上的修整杆可随着砂轮修整器的回转头上下翻转。砂轮修整器的动作由液压控制。修整砂轮时，将动作选择旋钮转到“修整”位置，压力油使回转头放下；修整结束后把动作选择旋钮转到“磨削”位置，油压消失，借弹簧拉力回转头回到原处。修整头可用前面带有刻度值的提手作微量进给。

2. 内圆磨床的操作和调整

图3-2所示为M2110A型内圆磨床的操作示意图。

（1）工作台的操作和调整

1）工作台的起动。

① 按动电气操作板1上的液压泵起动按钮，使机床液压油路正常工作。

② 将工作台开停旋钮10旋到“开”位置。

③ 将工作台换向手柄2向上抬起，工作台起动阀被压下，工作台快速前进。

④ 手松开，工作台起动阀借弹簧力作用弹起，工作台停止运动。

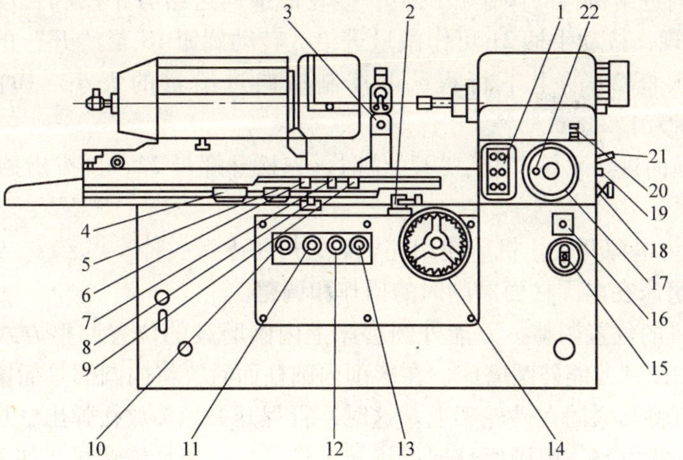

图 3-2　M2110A 型内圆磨床的操作示意图

1—电气操作板　2—工作台换向手柄　3—砂轮修整器回转头　4—行程压板　5—中停压板　6—工作台往复微调挡铁　7—工作台换向挡铁　8—行程阀　9—修整挡铁　10— 工作台开停旋钮　1—动作选择旋钮　12—工作台磨削速度旋钮　13—工作台修整速度旋钮　14、17—手轮　15—电源旋钮　16—工件转速选择开关　18—移动旋钮　19—挡销　20—顶杆　21—手柄　22—螺母

2）工作台在磨削位置时，挡铁距离的调整和运动速度的调整。

① 调整行程压板 4 的位置，使砂轮进入工件孔之前，行程压板到达行程阀 8 的位置。行程压板 4 将行程阀 8 压下，工作台迅速转入磨削运动速度。

② 调整工作台往复微调挡铁 6 和工作台换向挡铁 7 的位置，使工作台在工件全长磨削范围内来回往复运动。

③ 调节工作台磨削速度旋钮 12，使工作台运动速度处于磨削所需要的速度。

3）工作台在修整砂轮位置时挡铁距离和运动速度的调整。

① 将动作选择旋钮 11 从磨削位置转到修整位置。这时，砂轮修整器回转头 3 迅速压下，工作台的速度从磨削速度迅速转为修整速度。

② 调整修整挡铁 9 的位置，使工作台在金刚石笔修整砂轮的距离内来回往复运动。

③ 调节工作台修整速度旋钮 13，使工作台运动速度处于修整砂轮时所需要的速度。

4）工作台快速进退位置的调整。工作台在磨削结束后，可快速退出，以减少空行程时间。操作时，只要将工作台换向手柄 2 向上抬起，使换向挡铁越过手柄，行程压板 4 离开行程阀 8，行程阀弹起，工作台就会快速退出。当中停压板 5 移动到行程阀 8 的位置时，行程阀 8 被压下，工作台就会停止运动。

手动调整工作台时，可通过摇动手轮 14 进行。

（2）主轴箱的操作和调整　主轴箱的主轴是双速电动机通过带传动带动旋转的。在电动机转轴和主轴箱的主轴上装有宝塔带轮，以变换工件转速。在机床床身的右端，装有工件转速选择开关 16，可使主轴箱电动机高速或低速工作。

主轴箱的主轴转速有 200r/min、300r/min、400r/min 和 600r/min 四挡可供选择。

将旋钮转到“Ⅰ”的位置，主轴箱主轴处于“试转”状态；将旋钮转到“0”的位置，主轴箱主轴停止转动；将旋钮转到“Ⅱ”的位置，主轴箱主轴处于工作状态。

(3) 砂轮横向进给机构的操作和调整　砂轮的横向进给有手动和自动两种。手动进给可通过手轮17实现，按动手柄21可作微量进给。转动旋钮18至“开”的位置，砂轮将作自动进给。调整顶杆20的上下行程，可控制横向进给量的大小。横向进给量每格为0.005mm，转一圈为1.25mm。

当需要调整横向进给手轮17至“0”位时，先松开螺母22，再拔出挡销19，然后转动刻度圈进行调整。

电源旋钮15为电源开关。机床使用完毕后，应将电源关掉。

3. 万能外圆磨床在内圆柱面磨削时的操作和调整

(1) 内圆磨具的位置调整　万能外圆磨床上内圆磨具的位置调整方式有两种。一种是翻落式，如M1432A型万能外圆磨床。在磨削内圆柱面时，将内圆磨具插销拔出，使内圆磨具翻下，并用螺钉将其紧固在砂轮架上。这时，行程开关触头放松弹出，切断外圆电动机电路，接通内圆电动机电路，内圆磨具即可旋转工作。另一种是旋转式，如M1420A型万能外圆磨床。外圆柱面磨削和内圆柱面磨削共用一个电动机，内圆磨具装在砂轮架后面。调整时，先要拆除V带，旋松砂轮架与底座间的紧固螺母，旋转砂轮架，将外圆砂轮转到后面、内圆磨具转到前面，然后对准砂轮架与底座上的零位，紧固螺母，装上平带，调整电动机位置，以使平带松紧适度，内圆磨具即可旋转工作。

(2) 头架主轴间隙的调整　利用万能外圆磨床磨削外圆柱面时，为了保证头架主轴的回转精度、防止磨削时顶尖与工件一起旋转，必须紧固头架主轴间隙。而在磨削内圆柱面时，头架主轴旋转，间隙需要加大。型号不同的万能外圆磨床，头架间隙的调整方法有所不同。如M1420A型万能外圆磨床，头架主轴间隙是用拨叉转动装在头架主轴后端的间隙调整盘来调整的：顺时针方向转间隙加大，逆时针方向转间隙收紧；利用M1432A型万能外圆磨床磨削内圆柱面时，只要将头架主轴后端间隙螺栓拆除，主轴间隙即可加大。

(3) 砂轮架快速进退位置的调整　利用万能外圆磨床磨削内圆柱面时，要将快速进退手柄调整到“进”的位置，才能使头架转动。调整应在液压泵开动之前进行，否则无法进行。

项目二　内圆砂轮的选择、安装及修整

一、学习目标

1. 了解内圆砂轮的选择。
2. 掌握内圆砂轮的安装方法。
3. 掌握内圆砂轮的修整方法。

二、学习任务

1. 项目任务

本项目的任务是学习内圆砂轮的选择、安装及修整。

2. 任务流程图

内圆砂轮的选择→内圆砂轮的安装→内圆砂轮的修整

三、环境设备

学习所需设备及辅具清单见表3-2。

表3-2　学习所需设备及辅具

分类	名称	型号规格	数量
设备	内圆磨床	M2110A 型	1
辅具	内圆砂轮接长轴		1
	金刚石笔		1

四、学习过程

1. 内圆砂轮的选择

（1）砂轮直径的选择　为了获得良好的磨削效果，砂轮直径与工件磨削孔径应有适当的比值，这一比值通常为0.5～0.9。当工件孔径较小时，可取较大的比值；反之，取较小的比值。表3-3列出孔径为$\phi(12\sim100)$mm时，选择砂轮直径时的参考数据。当工件内孔直径大于ϕ100mm时，要注意使砂轮的圆周速度不超过砂轮的安全速度。

表3-3　内圆砂轮直径的选择　（单位：mm）

磨削孔直径	砂轮直径	磨削孔直径	砂轮直径
12～17	10	45～55	40
17～22	15	55～70	50
22～27	20	70～80	65
27～32	25	80～100	75
32～45	30		

（2）砂轮宽度的选择　砂轮的宽度可按工件孔径磨削长度选择（表3-4）。

表3-4　内圆砂轮宽度的选择　（单位：mm）

孔径磨削长度	14	30	45	>50
砂轮宽度	10	25	32	40

（3）砂轮硬度的选择　由于内圆磨削时接触弧较长、工件散热条件差，只有充分发挥砂轮的自锐性，才能减小磨削力和磨削热。所以应选择较软的砂轮，通常内圆柱面磨削时用的砂轮硬度较外圆柱面磨削时用的砂轮要软1～2小级。在磨削较长的小孔时，为避免磨削时产生锥度，砂轮的硬度不可太低，一般内圆砂轮的硬度为中软。

（4）砂轮粒度的选择　内圆柱面磨削常用砂轮的粒度有：F36、F46和F60。

（5）砂轮组织的选择　内圆柱面磨削所用砂轮的组织要比外圆柱面磨削用的砂轮疏松1～2号。

（6）砂轮形状的选择　内圆柱面磨削常用的砂轮形状有平形（图3-3a）和单面凹（图3-3b）两种。其中，平形砂轮最常用，用它可以磨削各种通孔；单面凹砂轮除可用于磨削内孔外，还可用于磨削台阶孔的端面。内圆砂轮的特性选择可参见表3-5。

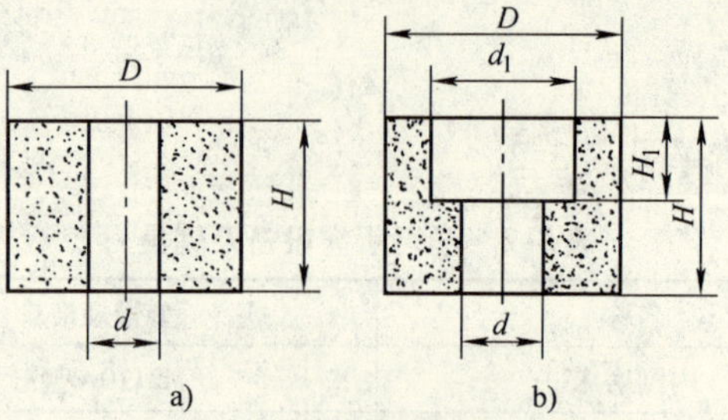

图 3-3 内圆砂轮

a）平形砂轮 b）单面凹砂轮

表 3-5 内圆砂轮的特性选择

加工材料	磨削要求	磨料	粒度	硬度	结合剂
未淬火的碳素钢	粗磨	A	F24 ~ F46	K ~ M	V
	精磨	A	F46 ~ F60	K ~ M	V
铝	粗磨	C	F36	K ~ L	V
	精磨	C	F60	L	V
铸铁	粗磨	C	F24 ~ F36	K ~ L	V
	精磨	C	F46 ~ F60	K ~ L	V
纯铜	粗磨	A	F16 ~ F24	K ~ L	V
	精磨	A	F24	K ~ M	B
硬青铜	粗磨	A	F16 ~ F24	J ~ K	V
	精磨	A	F24	K ~ M	V
调质合金钢	粗磨	A	F46	K ~ L	V
	精磨	WA	F60 ~ F80	K ~ L	V
经淬火的碳素钢及合金钢	粗磨	WA	F46	K ~ L	V
	精磨	PA	F60 ~ F80	K ~ L	V
氮化钢	粗磨	WA	F46	K ~ L	V
	精磨	SA	F60 ~ F80	K ~ L	V
高速工具钢	粗磨	WA	F36	K ~ L	V
	精磨	PA	F24 ~ F36	M ~ N	B

2. 砂轮的安装

在内圆磨床或万能外圆磨床上使用的接长轴如图 3-4 所示。

从主轴上拆装接长轴时，要弄清楚接长轴螺纹的旋向。当内圆砂轮逆时针旋转时，接长轴螺纹应是右旋。

内圆砂轮一般都安装在砂轮接长轴的一端，接长轴的另一端与内圆磨具主轴联接，也有些磨床的内圆砂轮是直接安装在内圆磨具的主轴上的。砂轮的紧固有螺纹紧固和粘结剂紧固两种方式。

（1）螺纹紧固　螺纹紧固如图 3-5a、图 3-5b 所示。这是较常用的砂轮安装方法。安装砂轮时应注意以下几点。

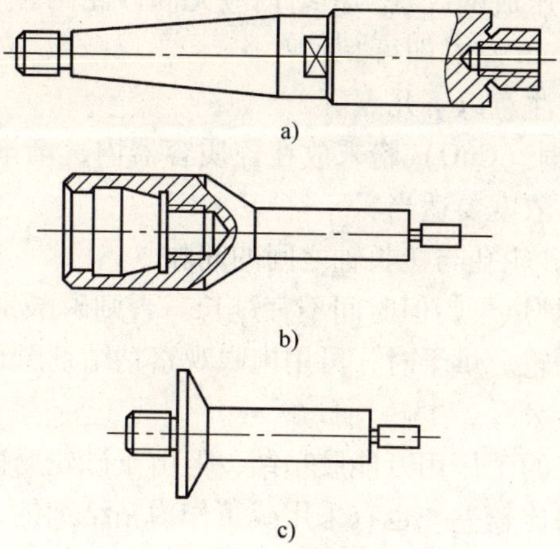

图3-4　内圆砂轮接长轴

a）锥柄接长轴　b）锥孔接长轴　c）圆柱柄接长轴

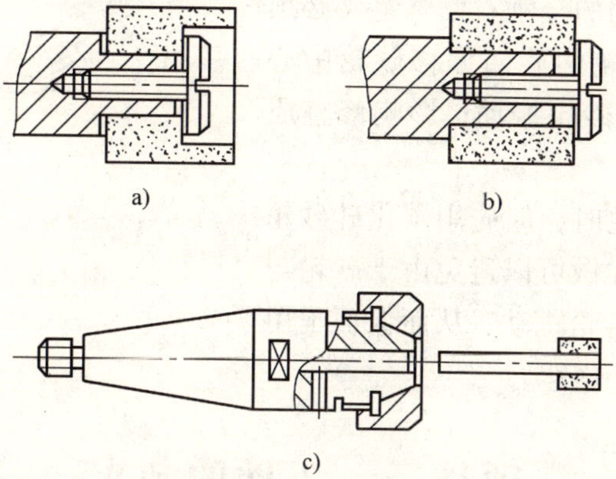

图3-5　砂轮的安装

a）、b）用螺纹紧固砂轮　c）用粘结剂紧固砂轮

1）砂轮内孔与接长轴的配合间隙要适当，不要超过0.2mm。如果间隙过大，可在砂轮内孔与接长轴间垫入纸片，以免砂轮安装偏心而产生振动。

2）砂轮的两个端面必须垫上黄纸片等软性衬垫，衬垫厚度以0.2~0.3mm为宜。

3）承压的接长轴端面要平整，与砂轮的接触面不能太小，否则不能保证砂轮紧固的可靠性。

4）紧固螺钉的承压端面要与螺钉轴线垂直，以使砂轮受力均匀。

5）紧固螺钉的螺旋方向应与砂轮的旋转方向相反，从而可以保证在磨削力作用下，砂轮不会松动。

（2）粘结剂紧固　图3-5c所示为用粘结剂紧固砂轮的方法。此方法常用于ϕ15mm以下小砂轮的紧固。

常用的粘结剂是一种用磷酸溶液（H_3PO_4）和氧化铜（CuO）粉末调配而成的糊状混合物。粘结时，接长轴与砂轮内孔间应有0.2~0.3mm的间隙。为提高砂轮的粘结牢固程度，可以将接长轴的外圆柱面滚压成网纹状。粘结剂应充满砂轮与接长轴外圆柱面之间的间隙，待自然干燥或烘干后冷却5min左右即可。

用粘结剂紧固砂轮时应注意以下几点。

1）调配时，须将氧化铜（CuO）粉末放在瓷质容器内，渐渐注入磷酸溶液，同时不断搅拌。粘结剂要调配均匀，浓度要适当。

2）粘结剂一定要充满砂轮孔与接长轴之间的间隙。

3）粘结剂凝固后用电炉烘干，但时间不宜过长。否则磷酸铜在电炉加热快速凝固过程中，体积急剧膨胀会胀裂砂轮。烘干时，可用肉眼观察粘结剂颜色，当粘结剂显现出暗绿色时，即应停止加热。

粘结剂有很多种。如有的工厂用万能胶粘结，但由于砂轮磨削时发热，用万能胶粘结的砂轮会与接长轴脱开，效果比较差。也有采用硫黄作为粘结剂的，其方法是：先将硫黄化成液体，然后将该液体涂在接长轴与砂轮内孔间，冷却5min左右即可使用。

3. 砂轮的修整

磨削过程中，要及时修整砂轮，以使砂轮经常保持锋利状态。修整用的金刚石修整笔尖必须锋利，方向上要顺着砂轮的旋向偏移砂轮中心1~1.5mm，以免修整时砂轮振动，影响修整质量（图3-6）。

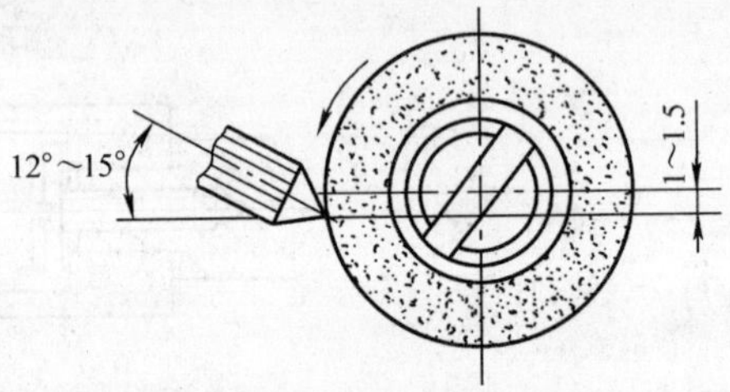

图3-6　内圆砂轮的修整

当修整新安装的砂轮时，应先用碳化硅砂轮的碎块作粗略修整。这样做可以避免由于砂轮与接长轴不同轴而引起的砂轮跳动，从而保证了用金刚石修整笔修整时的平稳性。

项目三　工件的装夹

一、学习目标

1. 掌握用三爪自定心卡盘装夹工件的方法。
2. 掌握用四爪单动卡盘装夹工件的方法。
3. 掌握用花盘装夹工件的方法。
4. 掌握用卡盘和中心架装夹工件的方法。

二、学习任务

1. 项目任务

本项目的任务是学习磨削内圆柱面时工件的装夹方法。

2. 任务流程图

用三爪自定心卡盘装夹工件→用四爪单动卡盘装夹工件→用花盘装夹工件→用卡盘和中心架装夹工件

三、环境设备

学习所需设备及附件和工、量具清单见表3-6。

表3-6　学习所需设备及附件和工、量具

分类	名称	型号规格	数量
设备及附件	内圆磨床	M2110A 型	1
	三爪自定心卡盘		1
	四爪单动卡盘		1
	花盘		1
	中心架		1
工、量具	活扳手或呆扳手		1
	螺钉旋具		1
	压板和螺栓		1
	铜棒		1
	铜衬片		1
	百分表		1

四、学习过程

1. 用三爪自定心卡盘装夹工件

用三爪自定心卡盘装夹工件的精度较低，工件夹紧后的径向圆跳动误差在0.08mm左右。

使用三爪自定心卡盘时，可根据工件直径的大小调换卡爪。当工件直径较小时，用正卡爪装夹；当工件直径较大时，用反卡爪装夹（图3-7a）。如果工件有直径较大的内孔，也可以采用反撑的装夹方法（图3-7b）。

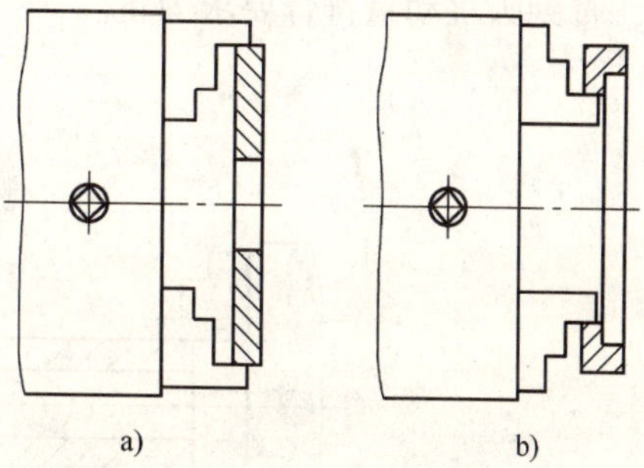

图3-7　三爪自定心卡盘装夹工件
a）用反卡爪装夹　b）反撑的装夹方法

三爪自定心卡盘是通过法兰盘装到磨床主轴上的，法兰盘的结构随磨床主轴结构的不同而不同。带锥柄的法兰盘如图3-8所示，其锥柄与主轴前端内锥孔相配合，并用通过贯穿孔的拉杆1拉紧法兰盘3。这种连接方法常用于万能外圆磨床。

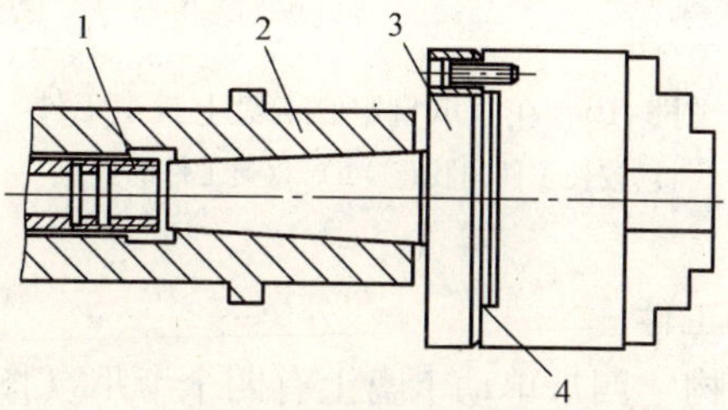

图3-8　带锥柄的法兰盘
—拉杆　2—主轴　3—法兰盘　4—定心圆柱面

带内锥孔的法兰盘如图3-9所示，它的内锥孔与主轴的锥面相配合。安装时，先用螺钉把法兰盘2紧固在主轴1前端的法兰上，再用百分表检查它的轴向圆跳动量，并找正轴向圆跳动量，使其不大于0.015mm，然后把卡盘安装在法兰盘上即可。

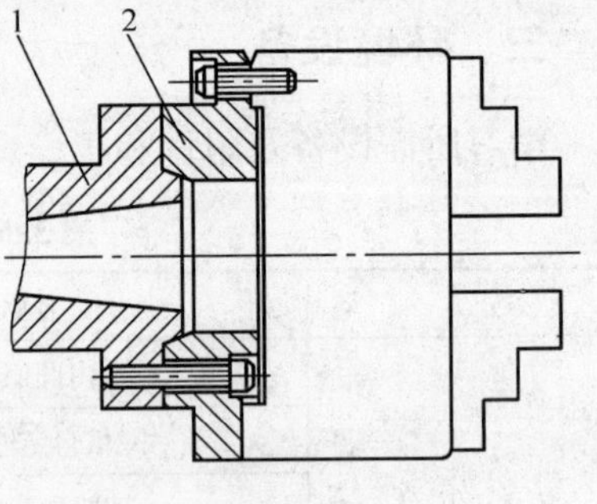

图3-9　带内锥孔的法兰盘
1—主轴　2—法兰盘

使用三爪自定心卡盘时应注意以下几点。

1）经常保持平面螺纹与卡爪啮合处的清洁。使用一段时间后，应将三个卡爪拆下，清除丝盘上的磨屑，以使卡爪移动灵活。

2）每个卡爪都有一个固定的位置，在卡盘体径向槽处和卡爪上分别刻有编号1、2、3，装卡爪时必须对号装入。

3）卡爪的夹持部分要注意保护，找正时不能敲击卡爪。

4）三爪自定心卡盘自身的定心精度一般较低，成批磨削径向圆跳动量要求较严格的工件时，可以采用调整卡盘的方法来提高工件的定心精度。为此，可以把安装卡盘的法兰盘的定心台阶的外圆柱面直径磨小0.4~0.5mm，使之与卡盘的配合孔之间有较大间隙，使卡盘在径向有较大的位移量，便于调整。调整时，用百分表测出工件外圆的圆跳动量，并用铜棒轻轻敲击卡盘体外圆，直到工件径向圆跳动量达到规定的要求为止。

5）装夹较长的工件时，工件轴线容易发生偏斜，工件外端的径向圆跳动量往往较大，需要进行找正（图3-10a）。另外，对于盘类工件，其端面容易倾斜，也需要进行找正（图3-10b）。找正时，先测量出工件外端或工件端面的圆跳动量，然后用铜棒敲击工件有关部位，直到圆跳动量符合要求为止。

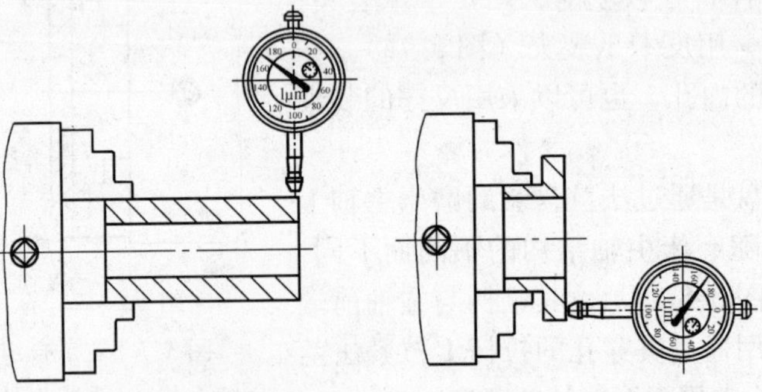

a)　　b)

图3-10　在三爪自定心卡盘上找正工件
a）较长工件的找正　b）盘类工件的找正

2. 用四爪单动卡盘装夹工件

（1）四爪单动卡盘的结构　四爪单动卡盘上有四个卡爪（图3-11），每个卡爪1都单独由一个螺杆2控制移动。每个卡爪的背面都有半瓣螺纹与螺杆啮合，因而四个卡爪可以单独移动。四爪单动卡盘同样有正卡爪、反卡爪和反撑三种装夹方法。

用四爪单动卡盘装夹可以达到很高的定心精度，但找正比较麻烦。目前，在小批量生产中四爪单动卡盘主要用于装夹尺寸较大或外形不很规则的工件及定心精度要求较高的工件。

（2）在四爪单动卡盘上找正工件　工件在四爪单动卡盘上大致夹紧后，必须根据工件的基准面进行找正。用百分表可以将基准面的圆跳动量找正在 0.005mm 以内，如果基准面尺寸本身留有余量，则圆跳动量可以在磨削余量 1/3 的范围内。

用四爪单动卡盘装夹找正工件时应注意以下几点。

1）在卡爪和工件间垫上铜衬片。这样既能避免卡爪损伤工件外圆柱面，又有利于工件的找正。较好的铜衬片可以制成 U 形，用较软的弹簧固定在卡爪上（图 3-12）。铜衬片与工件的接触面要小一些。

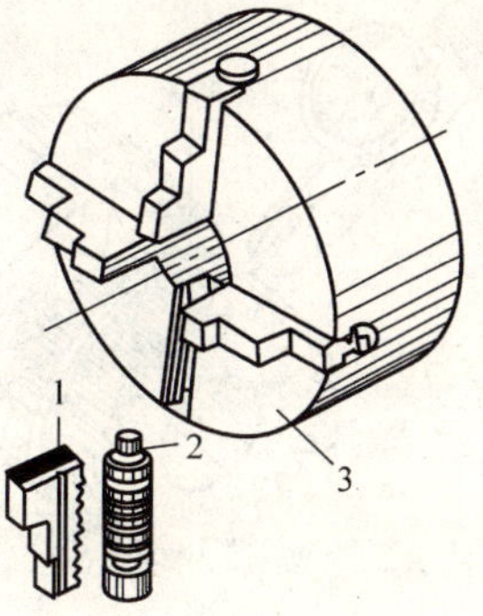

图 3-11　四爪单动卡盘
—卡爪　2—螺杆　3—卡盘体

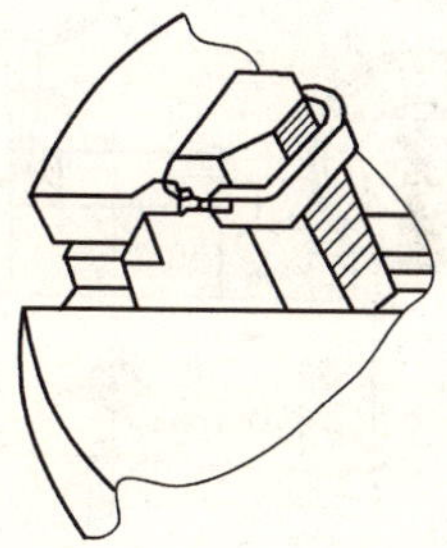

3-12　铜衬片的结构

2）装夹较长的工件时，工件装夹部分不要过长（约夹持 10～15mm）。先找正工件靠近卡爪的一端，再找正另一端（图 3-13）。找正靠近卡爪的一端时，可通过调整两个对称卡爪松紧程度的方法；找正远离卡爪的一端时，不能调整卡爪的松紧，只能用铜棒轻轻敲击工件的最高处以找正，最后再重新检查工件靠近卡爪的一端。反复找正工件，直到径向圆跳动量在规定的范围以内。

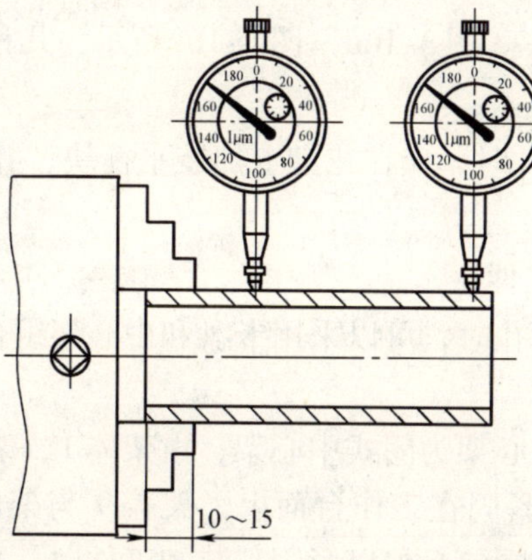

图 3-13　在四爪单动卡盘上找正较长工件

3）找正盘形工件时，一般以外圆柱面和端面作为找正基准（图3-14）。找正这类工件时，需要先找正端面，然后找正外圆柱面。找正端面时，按百分表读数，端面哪一点高，就用铜棒敲击哪一点。外圆柱面的找正仍可通过调节卡爪松紧的方法。经反复找正后，工件即可达到预定的要求。

4）磨齿轮孔时，须先用百分表找正端面，然后找正分度圆。找正端面时，用铜棒敲击轴向圆跳动值大的部位；找正分度圆时，先将量棒（直径≥1.7倍齿轮模数）放在齿槽中，并用松紧带缚住，以使量棒的圆柱面与齿槽两侧紧密接触，然后用百分表找正。须用量棒调整四个卡爪的位置（图3-15）。

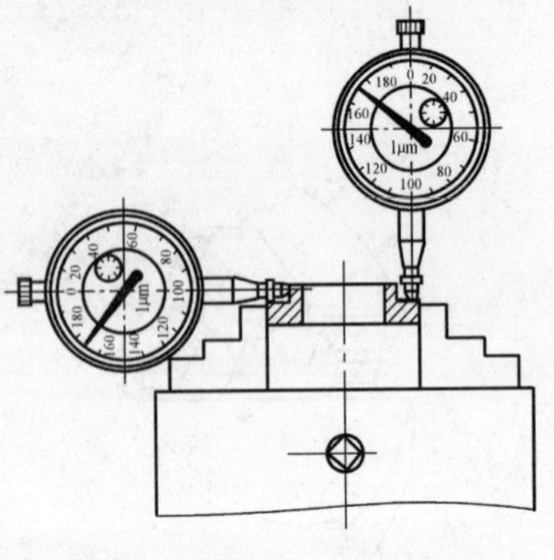

图3-14 在四爪单动卡盘上找正盘形工件

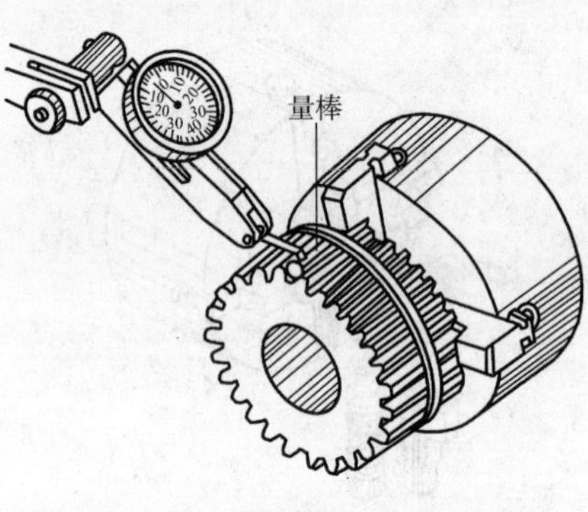

图3-15 齿轮在四爪单动卡盘上找正

3. 用花盘装夹工件

花盘是一种铸铁圆盘。在花盘的盘面上，有很多径向分布的T形槽，可用于安插各种螺栓，以装夹工件。工件可用压板和螺栓直接装夹在花盘上（图3-16a），也可通过精密角铁装夹在花盘上（图3-16b）。

花盘主要用于装夹各种外形比较复杂的工件，如铣刀、支架、连杆等。

用花盘装夹工件时，应注意以下几点。

1）用几个压板压紧工件时，压紧力要均匀，压板要放平整，压紧力 $\boldsymbol{F}$ 的方向应垂直于工件的定位基准面（图3-16c）。图3-16d～图3-16f所示为几种压板使用不当的情况，在装夹时要避免。

2）用花盘装夹不对称工件时，应在花盘上加装平衡块，并适当调整它的位置，以使花盘保持平衡。

4. 用卡盘和中心架装夹工件

磨削较长的轴套类工件内孔时，可以采用卡盘和中心架组合装夹的方法（图3-17），以提高工件装夹的稳定性。

磨削内圆柱面时使用的中心架为闭式中心架，由架体1、架盖9和支承爪8等组成（图3-18）。架体1用L形螺钉2紧固在工作台面上，架盖9与架体1用圆柱销11联接。磨削时，架盖盖住，并用螺母7和螺钉6加以紧固；装卸工件时，拧松螺母7和螺钉6，将架盖向外翻转，即可打开架盖。利用螺母3转动螺杆4，可调节支承爪8的位置，支承爪的支承圆的圆心需调整至与卡盘中心一致。

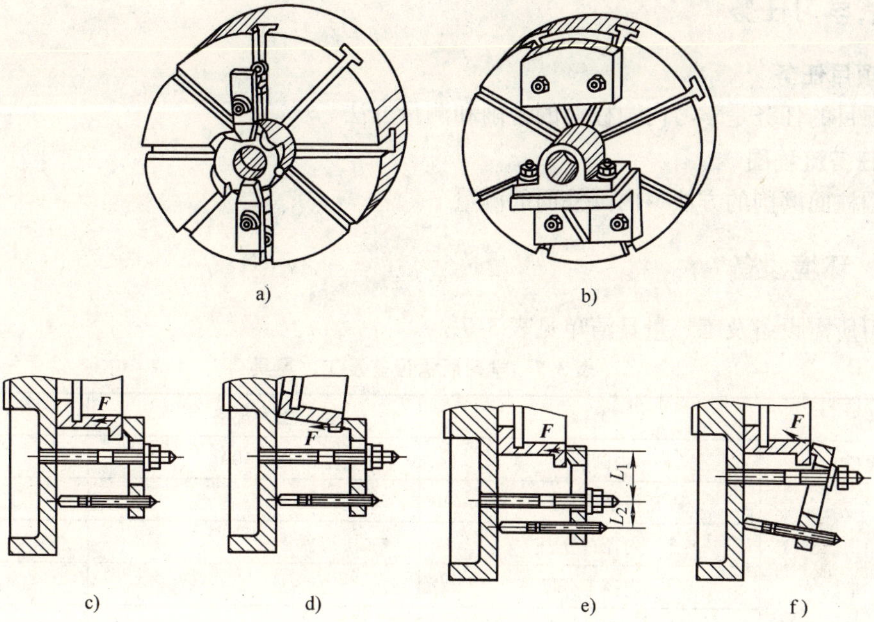

图 3-16　用花盘装夹工件

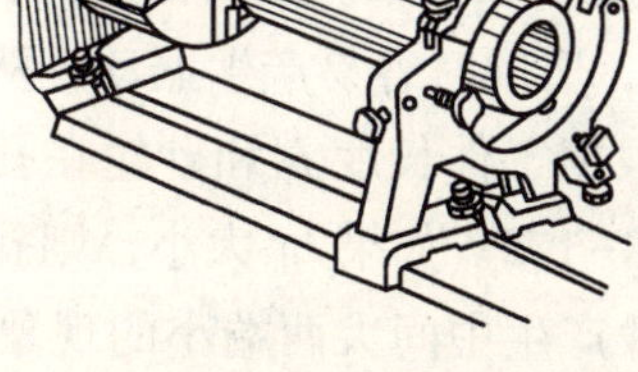

图 3-17　用卡盘和中心架装夹工件

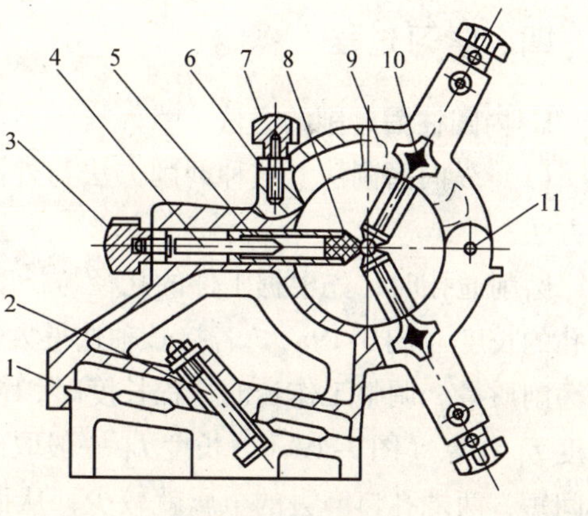

图 3-18　闭式中心架

1—架体　2—L 形螺钉　3、7、10—螺母　4—螺杆　5—套筒　6—螺钉　8—支承爪　9—架盖　11—圆柱销

项目四　内圆柱面磨削的方法及测量

一、学习目标

1. 掌握内圆柱面磨削的方法。
2. 掌握内圆柱面的测量方法。

二、学习任务

1. 项目任务

本项目的任务是学习内圆柱面的磨削和测量方法。

2. 任务流程图

内圆柱面磨削的方法→内圆柱面的测量

三、环境设备

学习所需设备及工、量具清单见表3-7。

表3-7 学习所需设备及工、量具

分类	名称	型号规格	数量
设备	内圆磨床	M2110A	1
工、量具	活扳手或呆扳手		1
	内径百分表		1
	内径千分尺		1
	内测千分尺		1
	圆柱塞规		1

四、学习过程

1. 内圆柱面磨削的方法

（1）纵向磨削法　这种磨削方法与外圆柱面纵向磨削法相同，也是使用得最广泛的磨削方法。

磨削通孔时，先根据工件的孔径与长度选择砂轮的直径和接长轴。接长轴的长度应略大于孔的长度（图3-19a）。若接长轴选得太长（图3-19b），磨削时容易产生振动，从而会影响磨削质量。调整工作台的行程长度时，行程长度 L 应根据工件长度 L' 和砂轮在孔端越出长度 L_1 计算（图3-19c）。长度 L_1 一般取砂轮宽度的1/3~1/2。如果 L_1 太小，则孔端磨削时间短，两端孔口磨去的金属就较少，从而使内孔的尺寸产生中间大两端小的现象（图3-19d）；如果 L_1 太大，甚至会使砂轮完全越出工件孔口，则砂轮会把内孔两端磨成喇叭口（图3-19e）。

磨削内孔时，要注意控制内孔的锥度。砂轮磨钝、塞实，磨床头架或工作台位置不准确都会使内孔产生锥度。因此，找正工作台位置时，试磨工件的砂轮必须非常锋利。

内圆柱面磨削的加工余量参见表3-8。其中粗磨后留给精磨的加工余量，一般可以取0.04~0.08mm。

用纵向磨削法时，要正确选择磨削用量。内圆柱面磨削用量的选择可参见表3-9。

用纵向磨削法磨削时的注意事项如下。

1）磨削过程中要充分冷却。

2）磨不通孔时，要经常消除孔中磨屑，以防止磨屑在孔中积聚而影响加工质量。

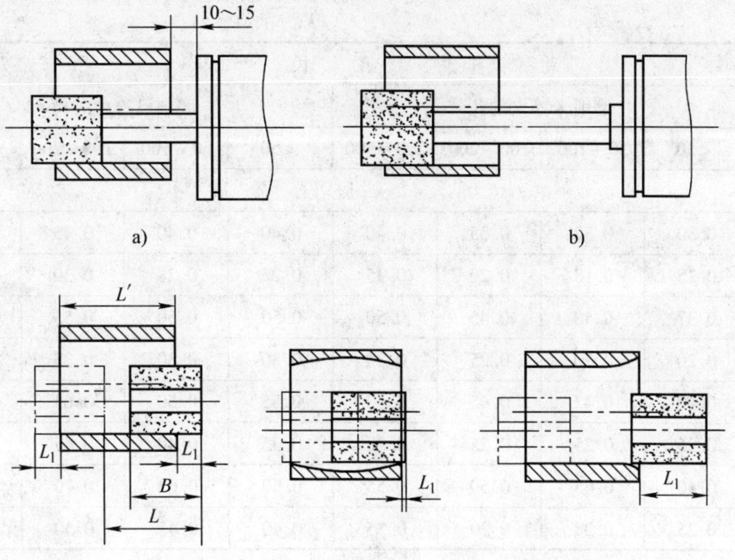

图 3-19　纵向磨削法

3）磨台阶孔时，为了保证台阶孔的同轴度，要求工件在一次装夹中将几个孔全部磨出。

4）砂轮退出内孔时，先要将砂轮横向退出，然后在纵向进给方向上退出，以免工件产生螺旋痕迹。

（2）切入磨削法　此法与外圆柱面切入磨削法相同，适用于磨削内孔长度较短的工件，生产效率高（图 3-20）。

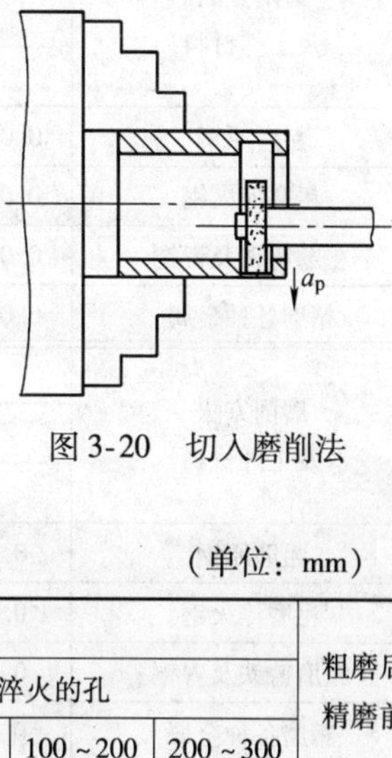

图 3-20　切入磨削法

采用切入磨削法时，接长轴的刚性要好；砂轮在连续进给中容易堵塞、磨钝，要及时修整。精磨时应采用较低的切入速度。

表 3-8　内圆柱面磨削中加工余量的选择　（单位：mm）

孔径范围	加工余量最大/小	孔长								粗磨后精磨前
		磨削未淬火的孔				磨削已淬火的孔				
		<50	50~100	100~200	200~300	<50	50~100	100~200	200~300	
		加工余量								
≤10	最大	—	—	—	—	—	—	—	—	0.020
	最小	—	—	—	—	—	—	—	—	0.015
11~18	最大	0.22	0.25	—	—	0.25	0.28	—	—	0.030
	最小	0.12	0.13	—	—	0.15	0.18	—	—	0.020
19~30	最大	0.28	0.28	—	—	0.39	0.30	0.35	—	0.040
	最小	0.15	0.15	—	—	0.18	0.22	0.25	—	0.030
31~50	最大	0.30	0.30	0.35	—	0.35	0.35	0.40	—	0.050
	最小	0.15	0.15	0.20	—	0.20	0.25	0.28	—	0.040

（续）

孔径范围	加工余量最大/小	孔长								粗磨后精磨前
		磨削未淬火的孔				磨削已淬火的孔				
		<50	50~100	100~200	200~300	<50	50~100	100~200	200~300	
		加工余量								
51~80	最大	0.30	0.32	0.35	0.40	0.40	0.40	0.45	0.50	0.060
	最小	0.15	0.18	0.20	0.35	0.25	0.28	0.30	0.35	0.050
81~120	最大	0.37	0.40	0.45	0.50	0.50	0.50	0.55	0.60	0.070
	最小	0.20	0.20	0.25	0.30	0.30	0.30	0.35	0.40	0.050
121~180	最大	0.40	0.42	0.45	0.50	0.55	0.60	0.65	0.70	0.080
	最小	0.25	0.25	0.25	0.30	0.35	0.40	0.45	0.50	0.060
181~260	最大	0.40	0.48	0.50	0.55	0.60	0.65	0.70	0.75	0.090
	最小	0.25	0.28	0.30	0.35	0.40	0.45	0.50	0.55	0.065

表 3-9 内圆柱面磨削用量的选择 （单位：mm）

磨削方法及工件材料	磨孔直径				
	20~40	41~70	71~150	151~200	201~300
	工作台往复一次的横向进给量				
粗磨原钢	0.006~0.007	0.01~0.012	0.012~0.015	0.016~0.020	0.018~0.023
粗磨淬火钢	0.005~0.007	0.007~0.010	0.010~0.012	0.015~0.018	0.018~0.020
粗磨铸铁及青铜	0.007~0.010	0.012~0.014	0.014~0.018	0.020~0.025	0.022~0.030
精磨各种金属	0.002~0.003	0.003~0.005	0.005~0.008	0.008~0.009	0.009~0.010
磨削方法及工件材料	磨孔直径与长度之比				
	4:1	2:1	1:1	1:2	1:3
	纵向进给量（以砂轮宽度 B 计）/B				
粗磨原钢	0.60~0.75	0.60~0.70	0.50~0.60	0.45~0.50	0.40~0.45
粗磨淬火钢	0.60~0.70	0.60~0.70	0.50~0.60	0.40~0.50	0.40~0.45
粗磨铸铁及青铜	0.70~0.80	0.65~0.70	0.55~0.65	0.50~0.55	0.45~0.50
精磨各种金属	0.25~0.40	0.25~0.35	0.25~0.35	0.25~0.35	0.25~0.35

2. 内圆柱面的测量

（1）圆柱塞规　圆柱塞规是一种检验孔用的极限量规。圆柱塞规的两端做成圆柱形（图 3-21），一端的直径与被检验孔的最小极限尺寸相等，此端称为通规；另一端的直径与被检验孔的最大极限尺寸相等，此端称为止规。为了使两种尺寸有所区别，止规的长度比通规短。

测量时，要擦净工件孔和圆柱塞规，使圆柱塞规对准孔的中心，轻轻将其推入孔中。如果圆柱塞规的通规能顺利通过，而止规不能塞入，则工件为合格品。

（2）内径百分表　内径百分表是一种比较测量量具，可以准确地测出孔的形状误差。它由百分表和量杆组成。在量杆端部有一可换测头 3，根据孔径尺寸可调换测头的长短；另

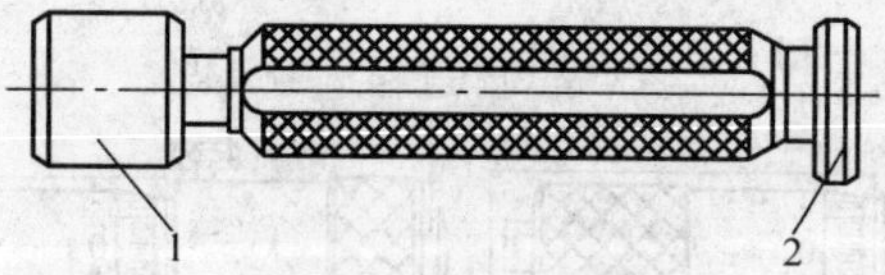

图 3-21　圆柱塞规

1—通规　2—止规

一端有一活动测头 1。测量内孔时，活动测头 1 向内移动，使摆杆 2 将推杆 5 和 6 向上推，从而推动百分表量杆，使百分表指针指出读数（图 3-22）。7 为定心装置，用来保证活动测头 1 与可换测头 3 的轴线经过圆心。

内径百分表使用前先用标准环规校核。测量时，须参照图 3-23，将量杆左右摆动，然后读出百分表的最小读数值。

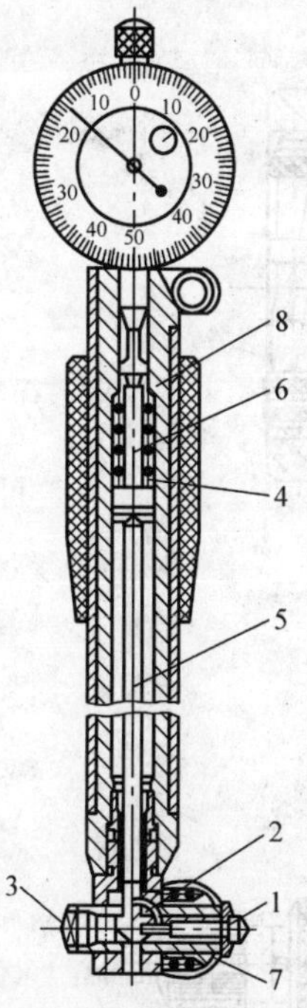

图 3-22　内径百分表

1—活动测头　2—摆杆　3—可换测头　4—弹簧

5、6—推杆　7—定心装置　8—直管

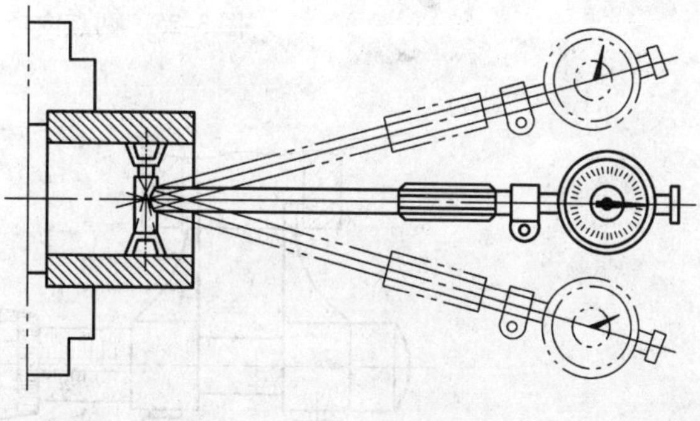

图 3-23　内径百分表的使用

（3）两点内径千分尺　两点内径千分尺用于测量 75mm 以上的孔径（图 3-24）。其右端为可调测头，利用螺母将微分筒与螺杆连在一起。固定套管的左端为一固定测头。测量大孔时，可更换接长杆。

测量时，将两点内径千分尺在孔中摆动，使测头与孔壁有轻微接触（图 3-25），在径向找出最大尺寸。

（4）内测千分尺　内测千分尺用于测量小孔（图 3-26），其刻线方向与两点外径千分尺相反。

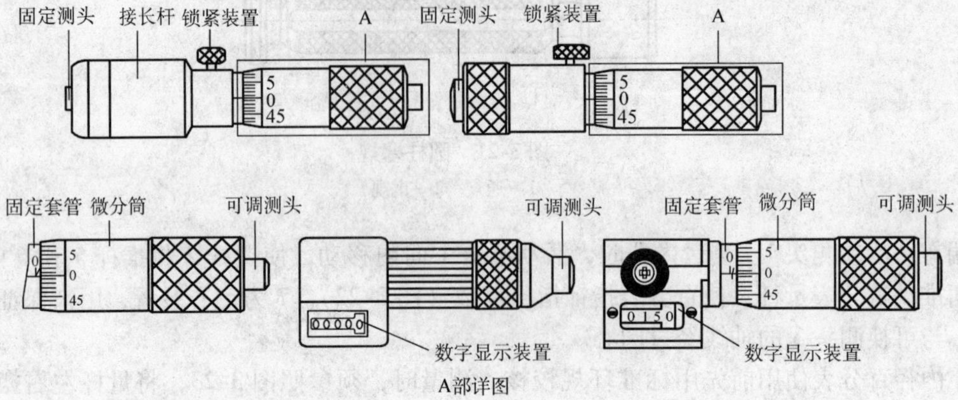

图 3-24　两点内径千分尺

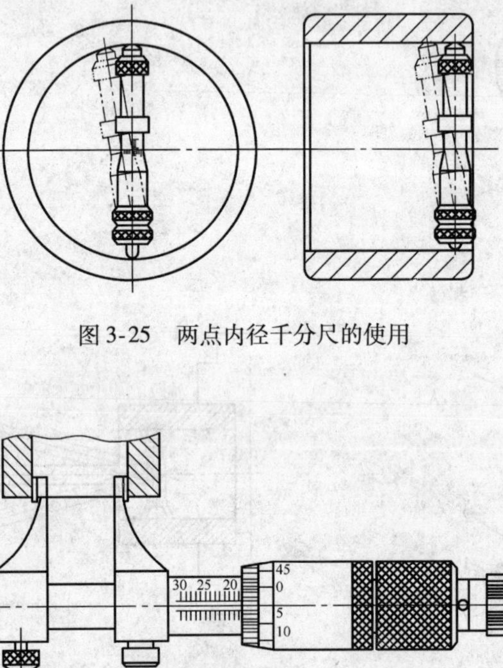

图 3-25　两点内径千分尺的使用

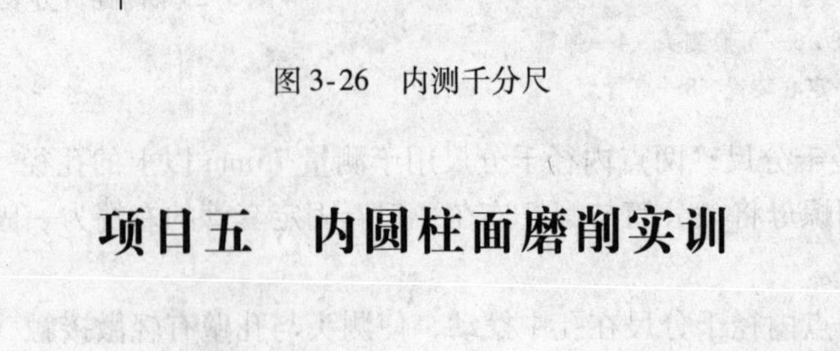

图 3-26　内测千分尺

项目五　内圆柱面磨削实训

一、学习目标

1. 掌握通孔的磨削方法。
2. 掌握不通孔和台阶孔的磨削方法。

二、学习任务

1. 项目任务

本项目的任务是学习通孔、不通孔和台阶孔的磨削。

2. 任务流程图

通孔磨削→不通孔和台阶孔磨削→套筒内孔磨削实训→轴套台阶孔磨削实训→无心磨削质量分析

三、环境设备

学习所需设备及附件、装备、量具和实训材料清单见表3-10。

表3-10　学习所需设备及附件、装备、量具和实训材料

分类	名称	型号规格	数量
设备及附件	内圆磨床	M2110A型	1
	三爪自定心卡盘		1
装备	砂轮	AF46L6V	1
	活扳手或呆扳手		1
量具	百分表		1
	千分尺		1
	三爪自定心卡盘		1
实训材料	45	ϕ50mm×55mm	1
	45	ϕ60mm×55mm	1

四、学习过程

1. 通孔的磨削

（1）内圆柱面磨削时砂轮磨削位置的选择　内圆柱面磨削时，砂轮的磨削位置可分为以下两种情况。

1）砂轮靠孔的前壁接触进行磨削（图3-27）。砂轮的这种磨削位置适宜在万能外圆磨床上磨削内圆柱面时采用。前面接触时，砂轮的进给方向与磨外圆柱面时的进给方向一致，因此操作方便，并可用自动进给方式进行磨削。

2）砂轮靠孔的后壁接触进行磨削（图3-28）。砂轮的这种磨削位置适宜在内圆磨床上采用。后面接触的方法便于观察加工表面，但砂轮横向进给机构在进给方向上与在万能外圆磨床上相反。

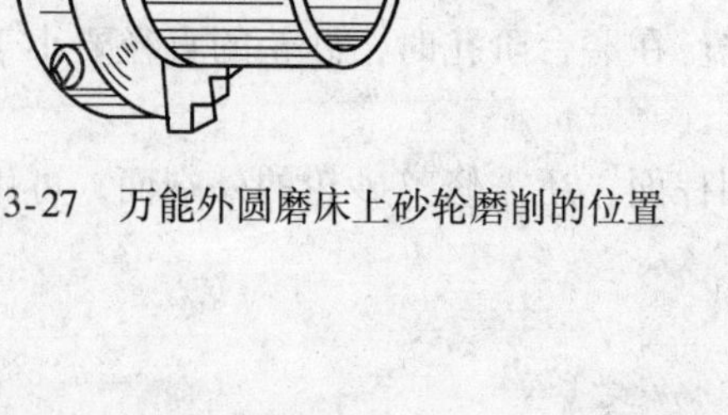

图3-27　万能外圆磨床上砂轮磨削的位置

图3-28　内圆磨床上砂轮磨削的位置

（2）通孔磨削的加工步骤

1）在三爪自定心卡盘或四爪单动卡盘上装夹工件并进行找正。

2）根据工件孔径及长度选择合适的砂轮及接长轴。

3）调整挡铁位置，使内圆砂轮越出工件两端的长度为砂轮宽度的1/2～1/3。

4）粗修整砂轮。

5）在工件内孔两端对刀试磨，根据误差值调整机床工作台或主轴箱。

6）采用纵向磨削法磨削工件内孔，磨出2/3以上内孔。

7）用内径百分表测量孔的圆柱度误差，根据误差值调整机床。

8）继续磨削内孔，一般应先在孔径尺寸较小处磨削，磨圆为止。

9）重复测量及找正内孔的圆柱度误差。

10）磨去粗磨余量，留精磨余量0.05mm左右。

11）根据图样要求，精修整砂轮。

12）精磨内孔，磨圆为止。

13）精确测量内孔的圆柱度误差、检查表面粗糙度，如不符合要求，则精细地调整机床、重新修整砂轮，直到符合要求为止。

14）用纵向磨削法磨去精磨余量，使工件尺寸符合图样要求。

（3）磨削用量的选择

1）砂轮线速度 v_s 的选择。由于内圆磨具转速有一定的限制、内圆砂轮直径较小，内圆砂轮的线速度要比外圆砂轮低，一般为20～30m/min。

2）工件速度 $v_{工}$ 的选择。内圆柱面磨削时，为了避免工件表面被烧伤，工件线速度要比外圆柱面磨削时高，但也不能太高，否则工件表面粗糙度会受影响。在实际工作中，应根据内孔的直径和加工精度来合理选择工件速度。工件速度一般为15～25m/min。

3）纵向进给速度的选择。内圆柱面磨削时，工作台纵向进给速度要比外圆柱面磨削时稍大一些。粗磨时一般纵向进给速度选择为1.5～2.5m/min，精磨时选择为0.5～1.5m/min。

4）背吃刀量的选择。内圆柱面磨削的背吃刀量要比外圆柱面磨削小。因砂轮接长轴比较细、刚性差，如果背吃刀量大，容易使接长轴发生弹性变形、产生振动。粗磨时一般背吃刀量选择为0.015～0.02mm，精磨时选择为0.005～0.01mm。

2. 不通孔和台阶孔的磨削

（1）不通孔和台阶孔磨削的特点

1）行程距离的调整比通孔磨削困难。有的内孔虽有砂轮越程槽，但较窄，目测不方便。调整时稍不注意，就会使砂轮与工件端面相碰撞，使砂轮碎裂，或者磨不清根。

2）磨削时，冷却与排屑情况要比通孔磨削时差：工件容易发热；磨屑容易阻塞砂轮，使砂轮变钝。

（2）不通孔和台阶孔磨削时砂轮的选择和修整

1）砂轮的选择。一般选用带台阶的内圆砂轮。在磨台阶孔时，砂轮的直径要小于最小孔的孔径。

2）砂轮的修整。磨削时，除需修整砂轮外圆柱面，还需修整砂轮的外端面，可用砂条或砂轮块将砂轮外端面修成内凹的平面。

（3）不通孔和台阶孔挡铁距离的调整

1）用金属直尺或游标卡尺测量工件内孔外端面到内端面间的距离。

2）根据所测尺寸在砂轮接长轴上做一记号（用粉笔或红印油）。

3）调整挡铁位置，使砂轮在工件孔径里端位置时不碰工件内端面，在外端时越出砂轮宽度的1/2～1/3。

（4）不通孔和台阶孔的磨削方法

不通孔和台阶孔的磨削方法与通孔磨削基本相同。磨不通孔时，砂轮在工件内端换向时应作一定时间的停留，以便磨完工件圆周。磨台阶孔时，内孔要在一次装夹中磨完后，方可拆下工件。

（5）台阶端面的磨削方法　台阶端面的磨削包括内端面磨削和外端面磨削。内端面磨削的步骤如下。

1）调整砂轮横向进给位置，使砂轮在内孔磨削位置上退去0.2mm左右。

2）移动工作台，使砂轮接近内端面。

3）起动砂轮与工件，手摇工作台作微量进给，使砂轮端面磨削到工件内端面。

4）磨出内端面，控制长度尺寸达到图样要求。

3. 套筒内孔磨削实训

（1）阅读分析图样　套筒如图3-29所示。工件材料为45钢，热处理淬火硬度为48～52HRC。ϕ50mm外圆柱面的圆度公差要求为0.005mm。其内孔尺寸为$\phi 30^{+0.013}_{0}$ mm，圆柱度公差要求为0.005mm，表面粗糙度值为Ra0.8μm。

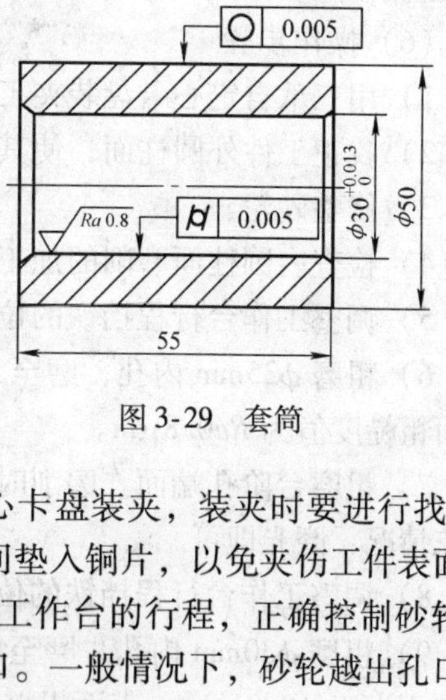

图3-29　套筒

（2）选择机床　在M2110型内圆磨床上进行磨削。

（3）选择砂轮　选择砂轮AF46L6V。

（4）工件的定位夹紧　内圆柱面磨削的定位基准面为ϕ50mm外圆柱面。工件用四爪单动卡盘或三爪自定心卡盘装夹，装夹时要进行找正。因为定位基准为精基准，故装夹时应在卡爪与工件表面之间垫入铜片，以免夹伤工件表面。

（5）磨削方法　采用纵向磨削法，磨削时要合理调整工作台的行程，正确控制砂轮越出工件孔口的长度，不能使砂轮完全越出，以免形成喇叭口。一般情况下，砂轮越出孔口的长度应为砂轮宽度的1/3～1/2。磨削时，注意控制工件内孔的圆柱度。

（6）操作步骤

1）用三爪自定心卡盘装夹工件。

2）找正工件外圆柱面，使径向圆跳动误差不大于0.005mm。

3）修整砂轮。

4）检查内圆柱面磨削的加工余量。

5）调整工作台行程挡铁的位置，使砂轮越出孔口的长度为15～20mm。

6）粗磨内圆柱面。

7）精修整砂轮，最后光磨2～3次。

8）精磨内圆柱面，保证尺寸$\phi 30^{+0.013}_{0}$ mm。圆柱度误差应不大于0.005mm，表面粗糙

度值小于 $Ra0.8\mu m$。

4. 轴套台阶孔磨削实训

（1）阅读分析图样　图 3-30 所示为一轴套工件，材料为铸铁。内孔 $\phi30^{+0.021}_{0}$ mm 对内孔 $\phi35^{+0.016}_{0}$mm 的同轴度公差要求为 $\phi0.01$mm，内孔 $\phi35^{+0.016}_{0}$mm 的圆柱度公差要求为 0.005mm，两内孔与台阶端面的表面粗糙度 Ra 值要求为 $0.8\mu m$。

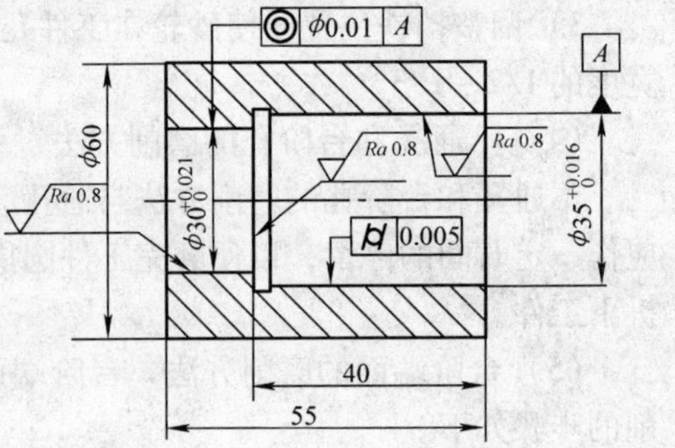

图 3-30　轴套

（2）选择机床　在 M2110 型内圆磨床上进行磨削。

（3）选择砂轮　选择砂轮 AF46L6V。

（4）工件的定位夹紧　工件用三爪自定心卡盘装夹，装夹时要进行找正。为保证同轴度公差，工件须在一次装夹中磨削完毕。

（5）磨削工艺　$\phi35$mm 内圆柱面采用纵向磨削法磨削，$\phi30$mm 内圆柱面可采用切入磨削法磨削。

（6）操作步骤

1）用三爪自定心卡盘装夹工件。

2）找正工件外圆柱面，使其径向圆跳动误差不大于 0.005mm。

3）修整砂轮。

4）检查内圆柱面磨削的加工余量。

5）调整工作台行程挡铁的位置，控制砂轮在内孔退刀槽处的位置。

6）粗磨 $\phi35$mm 内孔，磨至 $\phi34.95^{+0.03}_{+0.01}$mm，同时要求其圆柱度误差不大于 0.005mm，表面粗糙度值为 $Ra0.8\mu m$。

7）粗磨台阶孔端面。磨削时砂轮横向退出 0.2mm 左右，然后缓慢纵向进给。观察磨削火花情况，磨光即可。

8）调整工作台行程挡铁的位置，使砂轮越出孔口的长度为 15~20mm。

9）粗磨 $\phi30$mm 内孔，磨至 $\phi29.95^{+0.03}_{+0.01}$mm，同时要求其与 $\phi35$mm 内圆柱面的同轴度误差不大于 $\phi0.01$mm，表面粗糙度值为 $Ra0.8\mu m$。

10）按照操作步骤 5）的方法调整工作台行程挡铁的位置，控制砂轮在 $\phi35$mm 内孔退刀槽处的位置。

11）精修整砂轮外圆柱面，将端面修成内凹形。

12）精磨 $\phi35$mm 内孔，磨至 $\phi35^{+0.016}_{0}$mm，同时圆柱度误差不大于 0.005mm，表面粗糙度值为 $Ra0.8\mu m$。

13）精磨台阶孔端面，表面粗糙度值在 $Ra0.8\mu m$ 以下。

14）调整工作台行程挡铁位置，砂轮越出孔口长度为 15~20mm。

15）精磨 $\phi30$mm 内孔，磨至 $\phi30^{+0.021}_{0}$mm，同轴度误差不大于 $\phi0.01$mm，表面粗糙度值为 $Ra0.8\mu m$。

5. 内圆柱面磨削质量分析

内圆柱面磨削中出现的各种废品，是由与内圆柱面磨削特点有关的各种因素造成的。内圆柱面磨削时产生的常见缺陷、产生原因及预防方法见表3-11。

表3-11　内圆柱面磨削时产生的常见缺陷、产生原因及预防方法

常见缺陷	产生原因	预防方法
工件表面有振痕，表面粗糙度数值过大，表面被烧伤	1. 砂轮直径小 2. 由于头架主轴松动、砂轮心轴弯曲、砂轮修整不圆等原因使砂轮产生强烈振动，使工件表面产生振痕 3. 砂轮被堵塞 4. 散热不良 5. 砂轮粒度过小、硬度高或修整不及时 6. 进给量过大，使磨削热增加	1. 选规格大的砂轮 2. 调整轴瓦间隙，正确修整砂轮 3. 选粒度较大、组织较松、硬度较软的砂轮 4. 供给充分的切削液 5. 选粒度较大、较软的砂轮并及时修整 6. 减小进给量
喇叭口	1. 纵向进给不均匀 2. 砂轮有锥度 3. 砂轮杆细长	1. 适当控制砂轮停留时间，调整砂轮杆伸出长度，使其不超过砂轮宽度的一半 2. 正确修整砂轮 3. 合理选择砂轮杆的粗细
锥形孔	1. 头架调整角度不正确 2. 纵向进给不均匀，横向进给量过大 3. 砂轮杆在内圆柱面两端伸出量不等 4. 砂轮磨损	1. 重新调整头架角度 2. 减小横向进给量 3. 调整砂轮杆在内圆柱面两端的伸出量 4. 及时修整砂轮
圆度误差及内外圆同轴度误差过大	1. 工件装夹不牢 2. 薄壁工件夹得过紧 3. 找正不准确 4. 卡盘松动、主轴和轴承间有间隙	1. 紧固工件 2. 夹紧力要适当 3. 细心找正 4. 调整卡盘松紧量及主轴和轴承间间隙的大小
螺旋痕迹	1. 纵向进给量过大 2. 砂轮钝化 3. 接长轴弯曲	1. 减小纵向进给量 2. 及时修整砂轮 3. 增强接长轴的刚度
端面与孔的轴线不垂直	1. 找正不正确 2. 进给量太大 3. 头架偏转角度不正确	1. 细心找正 2. 减小进给量 3. 调整头架位置

复习思考题

1. 内圆柱面磨削有哪几种形式？
2. 内圆柱面磨削有哪些特点？
3. 内圆柱面磨削的方法有哪几种？各适用于磨削什么工件？

4. 用纵向磨削法和切入磨削法磨削内圆柱面时有哪些注意事项？
5. 磨削内圆柱面时装夹工件的方法有哪几种？
6. 试述用三爪自定心卡盘装夹工件的方法。
7. 如何调整三爪自定心卡盘自身的定心精度？
8. 试述用四爪单动卡盘装夹工件的方法。
9. 在花盘上直接装夹工件时如何找正？
10. 用花盘装夹工件有哪些注意事项？
11. 试述用四爪单动卡盘和中心架装夹工件的操作步骤。
12. 用四爪单动卡盘和中心架装夹工件时有哪些注意事项？
13. 如何安装内圆砂轮？
14. 简述磨削通孔的操作步骤及其要领。
15. 简述磨削台阶孔的操作步骤及其要领。
16. 内圆柱面磨削中有哪些常见的缺陷？各是什么原因造成的？如何防止和解决？

第四单元　平 面 磨 削

项目一　平面磨床的类型、操作与调整

一、学习目标

1. 了解平面磨床的类型。
2. 熟悉卧轴矩台平面磨床各部件的名称和作用。
3. 掌握卧轴矩台平面磨床的操作和调整。

二、学习任务

1. 项目任务

本项目的任务是学习卧轴矩台平面磨床的操作和调整。

2. 任务流程图

平面磨床的类型→卧轴矩台平面磨床的操作和调整

三、环境设备

学习所需设备及工具清单见表 4-1。

表 4-1　学习所需设备及工具

分类	名称	型号规格	数量
设备	平面磨床	M7120D	1
工具	活扳手或呆扳手		1

四、学习过程

1. 平面磨床的类型

（1）卧轴矩台平面磨床　卧轴矩台平面磨床的砂轮主轴轴线与工作台台面平行（图 4-1a）。工件安装在矩形电磁吸盘上，并随工作台作纵向往复直线运动；砂轮在高速旋转的同时作间歇的横向进给运动，磨去工件表面一层后，砂轮反向移动，同时作一次垂向进给，直至将工件磨到所需的尺寸。图 4-2 所示为常用的 M7120A 型卧轴矩台平面磨床。

（2）卧轴圆台平面磨床　卧轴圆台平面磨床的砂轮主轴轴线与工作台台面平行，工作台是圆形电磁吸盘，用砂轮的圆周面磨削平面（图 4-1b）。磨削时，圆形电磁吸盘将工件吸附住作单向匀速旋转；砂轮除高速旋转外，还在圆台外缘和中心之间作往复运动，以完成磨削进给，每往复一次或每次换向后，砂轮将作一次垂向进给，直至将工件磨到所需的尺寸。由于工作台是连续旋转的，所以磨削效率较高，但不能磨削台阶面等复杂的平面。

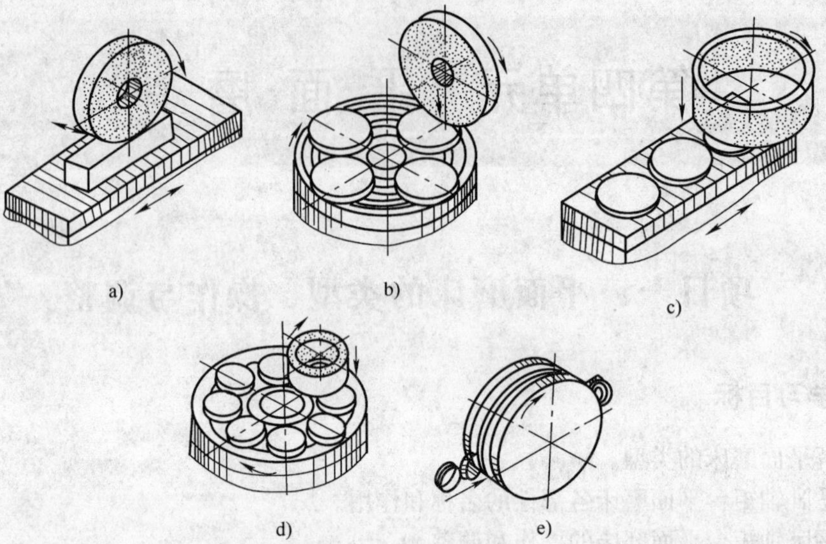

图 4-1　各种平面磨床的磨削

a）卧轴矩台平面磨床磨削　b）卧轴圆台平面磨床磨削　c）立轴矩台平面磨床磨削
d）立轴圆台平面磨床磨削　e）双端面磨床磨削

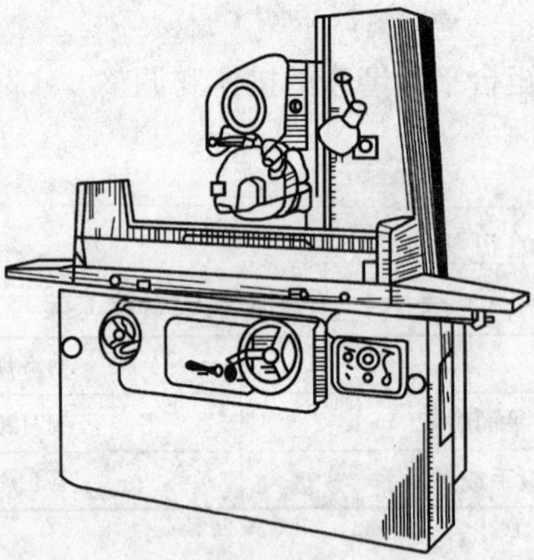

图 4-2　M7120A 型卧轴矩台平面磨床

（3）立轴矩台平面磨床　立轴矩台平面磨床的砂轮主轴与工作台垂直，工作台是矩形电磁吸盘，用砂轮的端面磨削平面（图 4-1c）。这类磨床只能磨削简单的平面工件，由于砂轮的直径大于工作台的宽度，砂轮不需要作横向进给，故磨削效率较高。

（4）立轴圆台平面磨床　立轴圆台平面磨床的砂轮主轴与工作台台面垂直，工作台是圆形电磁吸盘，用砂轮的端面磨削平面（图 4-1d）。磨削时，圆形工作台作匀速旋转，砂轮除作高速旋转外，还定时作垂向进给。

（5）双端面磨床　该磨床能同时磨削工件两个平行面，磨削时工件可连续进料，常用于自动生产线等场合。图 4-1e 所示为直线贯穿式双端面磨床，适用于磨削轴承环、垫圈和活塞环等工件的平面，生产效率极高。

2. 卧轴矩台平面磨床的操作和调整

(1) 卧轴矩台平面磨床各部件的名称和作用　M7120D 型卧轴矩台平面磨床（图 4-3）由床身 1、工作台 2、磨头 3、滑板 4、立柱 5、电器箱 6、电磁吸盘 7、电器按钮板 8、液压操纵箱 9 等部件组成。

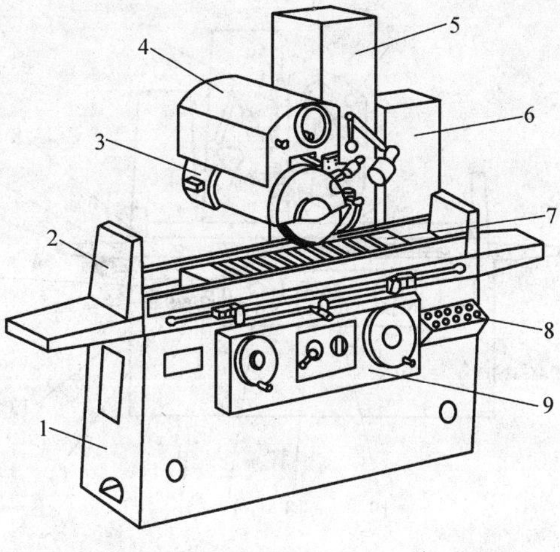

图 4-3　M7120D 型卧轴矩台平面磨床

1—床身　2—工作台　3—磨头　4—滑板　5—立柱　6—电器箱

7—电磁吸盘　8—电器按钮板　9—液压操纵箱

1）床身。床身 1 为箱形铸件，上面有 V 形导轨及平导轨。工作台 2 安装在导轨上。床身前侧的液压操纵箱 9 上装有工作台手动机构、垂向进给机构、液压操纵板等，用以控制机床的机械与液压传动。电器按钮板 8 上装有电器控制按钮。

2）工作台。工作台 2 是一盆形铸件，上部有长方形台面，下面有凸出的导轨。工作台上部台面经过磨削，有一条 T 形槽，用以固定工作物和电磁吸盘。在台面四周装有防护罩，以防止切削液飞溅。

3）磨头。磨头 3 在壳体前部，装有两套短三瓦油膜滑动轴承和两套用于控制轴向窜动的球面推力轴承。主轴在导轨上有两种进给形式：一种是断续进给，即工作台换向一次，砂轮磨头作一次断续横向进给，进给量为 1 ~ 12mm/r；另一种是连续进给，即磨头在水平燕尾导轨上往复连续移动，连续移动速度为 0.3 ~ 3m/min，由进给选择旋钮控制。磨头除了可液压传动外，还可作手动进给。

4）滑板。滑板 4 有两组相互垂直的导轨：一组为垂直矩形导轨，用以沿立柱作垂直移动；另一组为水平燕尾导轨，用以使磨头横向移动。

5）立柱。立柱 5 为一箱形体，前部有两条矩形导轨，丝杠安装在中间，通过螺母可使滑板沿矩形导轨作垂直移动。

6）电器箱。M7120D 型卧轴矩台平面磨床在电器安装上进行了改进，将原来装在床身上的电器元件等装到了电器箱内。这样做有利于维修和保养。

7）电磁吸盘。电磁吸盘 7 主要用于装夹工件。

8）电器按钮板。电器按钮板 8 主要用于安装各种电器按钮。通过操作各种电器按钮，可控制机床的各项进给运动。

9）液压操纵箱。液压操纵箱9主要用于控制机床的液压传动。

（2）卧轴矩台平面磨床的操作和调整　图4-4所示为M7120D型卧轴矩台平面磨床的操作示意图。

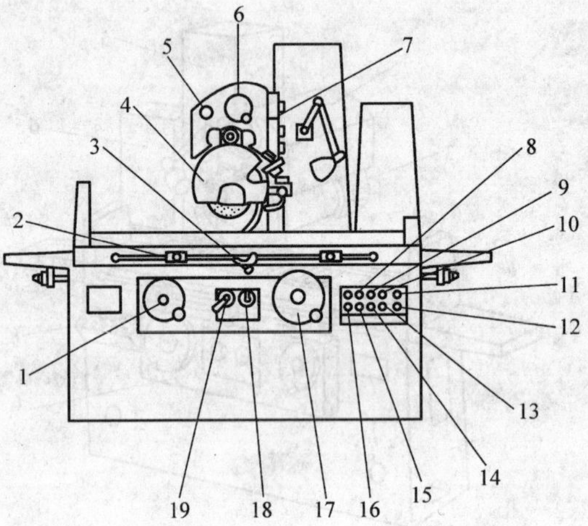

图4-4　M7120D型卧轴矩台平面磨床操作示意图

1—工作台手动进给手轮　2—挡铁　3—工作台换向手柄　4—磨头　5—磨头换向手柄　6—磨头横向手动进给手轮　7—磨头润滑按钮　8—砂轮低速起动按钮　9—砂轮停止按钮　10—砂轮高速起动按钮　11—切屑液开关　12—电磁吸盘工作状态选择开关　13—磨头自动下降按钮　14—磨头自动上升按钮　15—液压泵起动按钮　16—总停按钮　17—垂向进给手轮　18—磨头液动进给旋钮　19—工作台起动调速手柄

1）液压操作步骤。

① 按动液压泵起动按钮15，起动液压泵。

② 调整工作台行程挡铁2于两极限位置。

③ 液压泵工作数分钟后，顺时针转动工作台起动调速手柄19，使工作台由慢到快运动。

④ 扳动工作台换向手柄3，使工作台往复换向2～3次，检查动作是否正常，然后使工作台自动换向运动。

2）磨头的操作和调整。

① 向左转动磨头液动进给旋钮18，使磨头由慢到快作连续进给；调节磨头左侧槽内挡铁的位置，使磨头在电磁吸盘台面横向全程范围内往复移动。

② 向右转动磨头液动进给旋钮18，使磨头在工作台纵向进给换向时作横向断续进给；进给量在1～12mm范围内调节。磨头断续或连续进给需要换向时，可操作工作台换向手柄3：手柄向外拉出，磨头向外进给；手柄向里推进，磨头向里进给。

③ 磨头的横向手动进给。当用砂轮端面进行横向进给磨削时，砂轮需停止横向液动进给。操作时，应先将磨头液动进给旋钮18旋至中间停止位置，然后手摇磨头横向手动进给手轮6，使磨头作横向进给：顺时针方向摇动手轮，磨头向外移动；逆时针方向摇动手轮，磨头向里移动。手轮每格刻度对应的进给量为0.01mm。

④ 磨头的垂向自动升降。磨头垂向自动升降是由电器控制的。操作时，先把垂向进给手轮 17 向外拉出，使操纵箱内的齿轮脱开，然后按动磨头自动上升按钮 14，滑板沿导轨向上移动，带动磨头 4 垂向上升；按动磨头自动下降按钮 13，滑板向下移动，磨头垂向下降；松开按钮，磨头就停止升降。磨头的自动升降一般用于磨削前的预调整，以减轻劳动强度，提高生产效率。

⑤ 磨头的垂向手动进给。磨头的垂向手动进给是通过摇动垂向进给手轮 17 来完成的。操作时，先把垂向进给手轮 17 向里推紧，使操纵箱内齿轮啮合，然后摇动垂向进给手轮 17，使磨头垂向移动：手轮顺时针方向摇动一圈，磨头下降 1mm。每格刻度对应的进给量为 0.005mm。

3）砂轮的起动。为了保证砂轮主轴使用的安全，在起动砂轮前，必须先起动润滑泵，使砂轮主轴得到充分润滑。M7120D 型卧轴矩台平面磨床油箱采用水银限位开关来延迟起动的时间，保证了砂轮起动时的安全。

操作时，在润滑泵起动约 3min 后，水银限位开关被顶起，线路接通。先按动砂轮低速起动按钮 8，使砂轮作低速运转；运转正常后，再按动砂轮高速起动按钮 10，使砂轮作高速运转；磨削结束后，按动砂轮停止按钮 9，砂轮停止运转。润滑泵不起动砂轮是无法起动的。

项目二　平行面的磨削

一、学习目标

1. 掌握电磁吸盘的合理使用。
2. 掌握平行面的磨削方法。

二、学习任务

1. 项目任务

本项目的任务是学习平行面的磨削。

2. 任务流程图

电磁吸盘的合理使用→平行面的磨削方法→平行面磨削实训

三、环境设备

学习所需设备及附件、量具和实训材料清单见表 4-2。

表 4-2　学习所需设备及附件、量具和实训材料

分类	名称	型号规格	数量
设备及附件	卧轴矩台平面磨床	M7120A	1
	电磁吸盘		1
量具	千分尺		1
实训材料	45 钢	300mm × 30.6mm × 100mm	1

四、学习过程

平面零件的装夹方法由零件的尺寸和材料而定。电磁吸盘为最常用的夹具之一，凡是由钢、铸铁等铁磁性材料制成的平面零件，都可用电磁吸盘装夹。

1. 电磁吸盘的合理使用

使用电磁吸盘时应注意如下事项。

1）关掉电磁吸盘的电源后，工件和电磁吸盘上仍会保留一部分磁性，这种现象称为剩磁。发生剩磁现象时，工件不易取下。这时要将开关转到退磁位置，以多次改变线圈中的电流方向，把剩磁去掉，工件就容易取下了。

2）由于剩磁现象的存在，以及光滑表面间的粘附力较大，因此工件不容易从电磁吸盘上取下。这时可根据工件形状先用木棒将工件扳松后再取下，切不能用力硬掩工件，以防工作台面与工件表面拉毛损伤。

3）装夹工件时，工件定位表面盖住的绝磁层条数要尽可能多，以充分利用磁性吸力。小而薄的工件应放在绝磁层中间（图 4-5b，要避免放成如图 4-5a 所示的位置），并在其左右放置挡板，以防止工件松动（图 4-5c）。装夹较高且定位面较小的工件时，应在工件的四周放上面积较大的挡板，挡板的高度应略低于工件的高度。这样可避免因吸力不够造成工件翻倒而使砂轮碎裂，如图 4-6 所示。

4）电磁吸盘的台面要经常保持平整清洁。如果台面出现拉毛，可用三角油石或细砂纸修光，再用金相砂纸抛光。如果台面使用时间较长，表面划纹和细麻点较多，或者有些变形时，可以对电磁吸盘台面作一次修磨。修磨时，电磁吸盘应接通电源，使它处于工作状态。磨削量和进给量要小，冷却要充分，待磨至无火花出现时即可。但应尽量减少修磨次数，以延长其使用寿命。

5）工作结束后，应将电磁吸盘台面擦干净，以免锈蚀损坏。

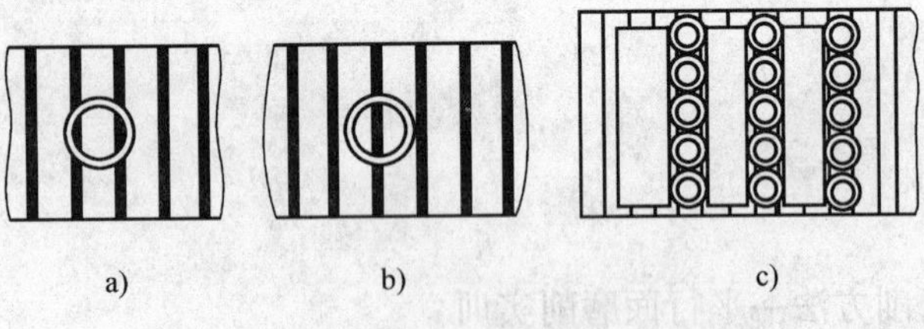

图 4-5 小而薄的工件的装夹

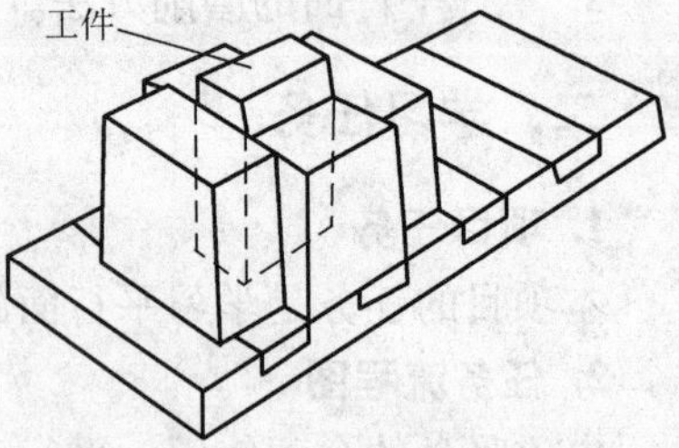

图 4-6 较高且定位面较小工件的装夹

2. 平行面的磨削方法

磨削平行面时需要达到的主要技术要求是：平面的平面度、表面粗糙度和两平面间的平行度。

磨削时，应选择大而较平整的面作为定位基准。当定位表面为粗基准时，应先用锉刀、砂纸清除工件表面的毛刺和热处理氧化层。粗磨时，要注意使工件两面磨去的余量均匀；精磨时，可在垂向进给停止后作几次光磨，以减小工件表面粗糙度值。为了获得较高的平行度，可将工件多翻转几次，反复磨削，这样可以使工件两面上残留的误差逐步减小。平行面的常用磨削方法有以下几种。

（1）横向磨削法 横向磨削法是一种最常用的磨削方法。每当工作台纵向进给行程终了时，砂轮主轴作一次横向进给。待磨去工件上第一层金属后，砂轮再作垂向进给，直至切除全部余量（图4-7a）。这种磨削方法适用于磨削长而宽的平面工件，特点是磨削发热较少、排屑和冷却条件较好、容易保证工件的平行度和平面度要求，但生产效率较低。

1）磨削用量的选择。粗磨时，每双行程的横向进给量 $f=(0.1\sim0.48)B$（B 为砂轮宽度），垂向进给量 $a_p=0.015\sim0.05$mm；精磨时，$f=(0.05\sim0.1)B$（双行程）、$a_p=0.005\sim0.01$mm。

2）砂轮的选择。采用横向磨削法时，常用平行的陶瓷砂轮。由于平面磨削时砂轮与工件的接触弧较外圆柱面磨削时大，所以砂轮的硬度应比外圆柱面磨削时小些，粒度应比外圆柱度磨削时大些。常用砂轮的特性可参见表4-3。

表4-3 采用横向磨削法磨削平面时砂轮的选择

砂轮特性	工件材料			
	未淬火的碳素钢	调质的合金钢	淬火的碳素钢、合金钢	铸 铁
磨 料	A	A	WA	C
粒 度	F36 ~ F46	F36 ~ F46	F36 ~ F46	F36 ~ F46
硬 度	L ~ N	K ~ M	J ~ K	K ~ M
组 织	5 ~ 6	5 ~ 6	5 ~ 6	5 ~ 6
结合剂	V	V	V	V

（2）切入磨削法 当工件磨削面宽度 b 小于砂轮宽度 B 时，可采用切入磨削法（图4-7b）。磨削时，砂轮不作横向进给，故磨削时间缩短。在磨削将结束时，砂轮可作适当横向移动，以减小工件的表面粗糙度值。

（3）台阶砂轮磨削法 台阶砂轮磨削法是一种磨削效果较好的磨削方法。粗磨时采用台阶砂轮，可提高垂向进给量；精磨时采用台阶砂轮，可改善砂轮的受力情况，对减小工件表面粗糙度值和减小平行度误差是有利的。根据工件的磨削情况，应将砂轮修整成台阶形，并采用较小的横向进给量。一般台阶 $a=0.05$mm，$K_1+K_2+K_3=0.5B$（图4-7c）。运用台阶砂轮磨削法时，机床必须具有较高的刚度。

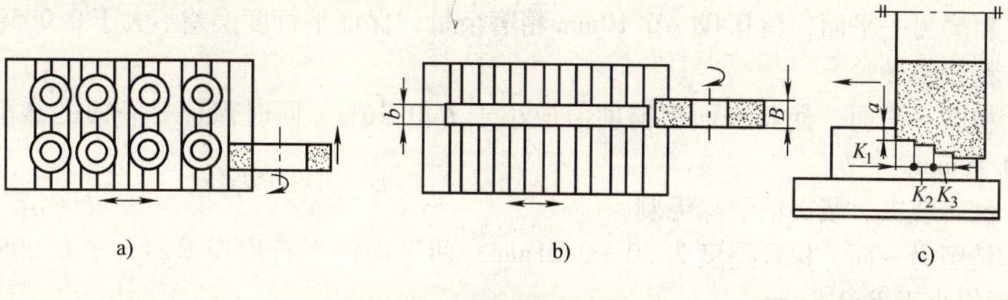

图4-7 平行面的磨削方法

a）横向磨削法 b）切入磨削法 c）台阶砂轮磨削法

3. 平行面磨削实训

（1）图样和技术要求分析 图4-8所示为垫板工件，材料为45钢，热处理淬火硬度40~45HRC，厚度为（30±0.01）mm，两平面平行度公差为0.005mm，表面粗糙度值均为 $Ra0.8\mu m$。

（2）砂轮的选择　平行面磨削应采用硬度低、粒度粗、组织疏松的砂轮，故选择特性为 WAF46KV 的平行砂轮。修整砂轮用金刚石修整笔。

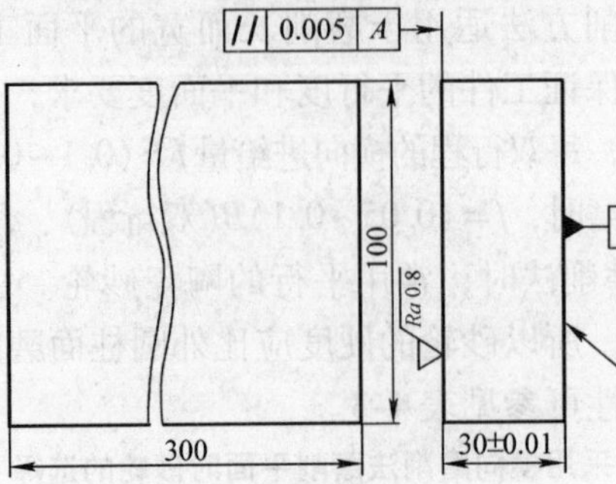

技术要求：材料45，热处理淬硬 40 ~45HRC。

图4-8　垫板

（3）装夹方法　用电磁吸盘装夹。装夹前要将电磁吸盘台面和工件上的毛刺、氧化层清除干净。

（4）磨削方法　采用横向磨削法。考虑到工件的尺寸精度和平行度的要求较高，故应划分粗、精磨，分配好两面的磨削余量，并选择合适的磨削用量。

（5）切削液的选择　采用乳化液切削液。为防止磨削热的影响，切削液要浇注充分。

（6）操作步骤　在 M7120A 型卧轴矩台平面磨床上进行磨削操作。

1）操作前的检查、准备。

① 擦净电磁吸盘台面，清除工件毛刺、氧化层。

② 检查磨削余量。

③ 将工件装夹在电磁吸盘上。

④ 调整工作台行程挡铁位置。

⑤ 修整砂轮。

2）粗磨上平面，留 0. 08 ~0. 10mm 精磨余量。

3）翻转装夹。装夹前清除毛刺。

4）粗磨另一平面，留 0. 08 ~0. 10mm 精磨余量，保证平行度误差不大于 0. 005mm。

5）精修整砂轮。

6）精磨一平面，使其表面粗糙度值应小于 *Ra*0. 8μm，同时保证另一面的磨削余量为 0. 08 ~0. 10mm。

7）翻转装夹。装夹前清除毛刺。

8）精磨另一面，保证厚度为 30 ± 0. 01mm，两平面的平行度误差不大于 0. 005mm，表面粗糙度值小于 *Ra*0. 8μm。

项目三　垂直面和斜面的磨削

一、学习目标

1. 掌握垂直面的磨削方法。

2. 掌握斜面的磨削方法。

二、学习任务

1. 项目任务

本项目的任务是学习垂直面和斜面的磨削。

2. 任务流程图

垂直面的磨削→斜面的磨削→垂直面磨削实训→斜面磨削实训

三、环境设备

学习所需设备及附件、量具和实训材料清单见表 4-4。

表 4-4　学习所需设备及附件、量具和实训材料

分类	名称	型号规格	数量
设备及附件	卧轴矩台平面磨床	M7120D	1
	电磁吸盘		1
	精密机用平口台虎钳		1
	正弦电磁吸盘（或正弦精密平口钳）		1
量具	千分尺		1
	量块组		1
实训材料	T10A	150.6mm×10.6mm×50.6mm	1
	45 钢	70.6mm×50.6mm×30mm	1

四、学习过程

1. 垂直面的磨削

垂直面是指成 90°角的两平面。工件在装夹时要保证相邻两平面间的垂直度要求。

（1）用精密机用平口台虎钳装夹　图 4-9 所示为精密机用平口台虎钳，适用于装夹小型或非铁磁性材料的工件。精密的固定钳口 1、凸台 3 和平口钳体 5 为整体结构。凸台 3 内有内螺纹，转动螺杆 4，活动钳口 2 即可夹紧工件。精密固定钳口的平面对侧面有较高的垂直度要求，要求角度为 90°±30″。

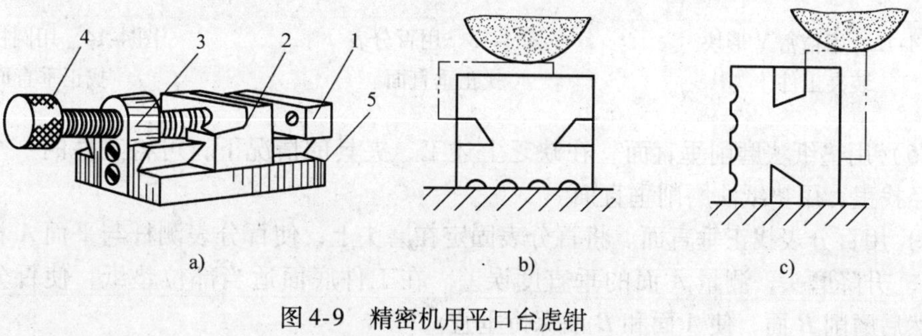

图 4-9　精密机用平口台虎钳

a）结构　b）、c）磨削方法

1—固定钳口　2—活动钳口　3—凸台　4—螺杆　5—平口钳体

（2）用精密角铁装夹　精密角铁具有两个相互垂直的工作平面，垂直度公差为0.005mm，故用其装夹工件可达到较高的加工精度。磨削垂直平面时，工件已加工表面在角铁上定位，并用螺纹压板压紧（图4-10）。

（3）用导磁角铁装夹　导磁角铁用纯铁和黄铜片制成，其四个工作面是相互垂直的。绝磁的黄铜片间隔分布，间隔距离等于电磁吸盘上的绝磁层距离，由铜螺栓装配成整体。使用时，使导磁角铁的黄铜片与电磁吸盘的绝缘层对齐，电磁吸盘上的磁力线就会延伸到导磁角铁上。因而当电磁吸盘通电时，工件的侧面就会被吸附在导磁角铁的侧面上（图4-11），从而可达到较高的垂直度要求。

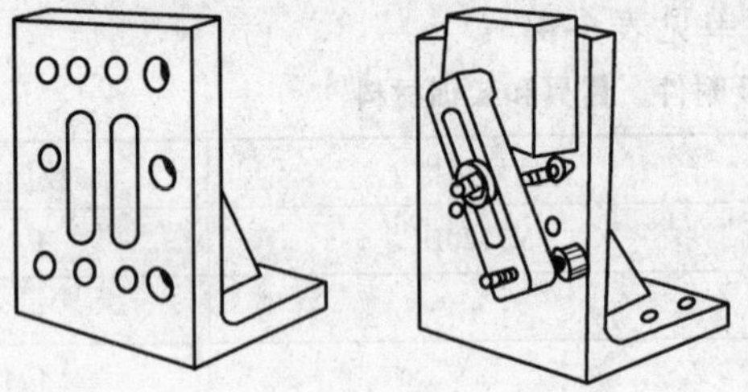

图4-10　用精密角铁装夹工件

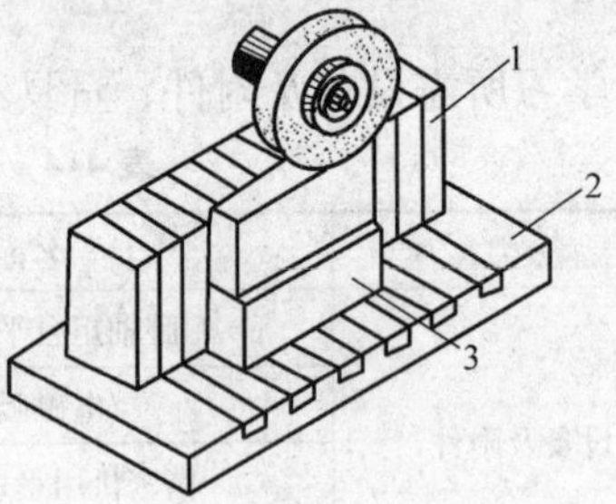

图4-11　用导磁角铁装夹工件
1—导磁角铁　2—电磁吸盘　3—平行垫铁

（4）用精密V形块装夹　图4-12所示为用精密V形块装夹圆柱工件磨削其端面，以使工件端面对圆柱轴线的垂直度达到要求。此方法适用于加工较大的圆柱端面工件。

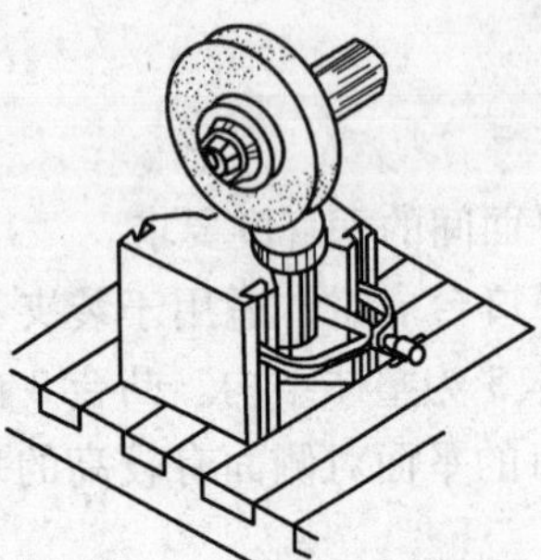

图4-12　用精密V形块装夹工件

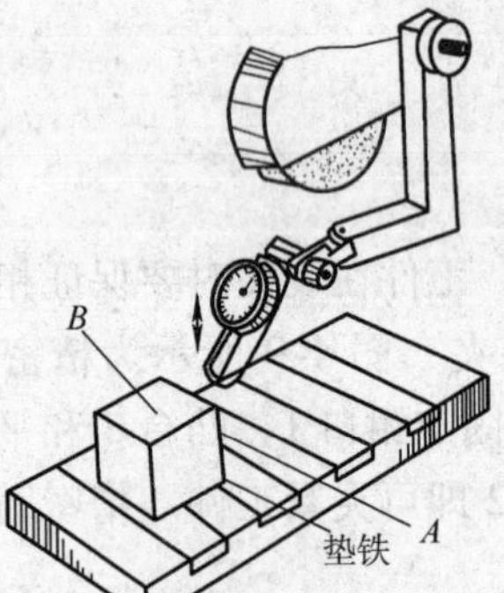

图4-13　用百分表找正垂直面

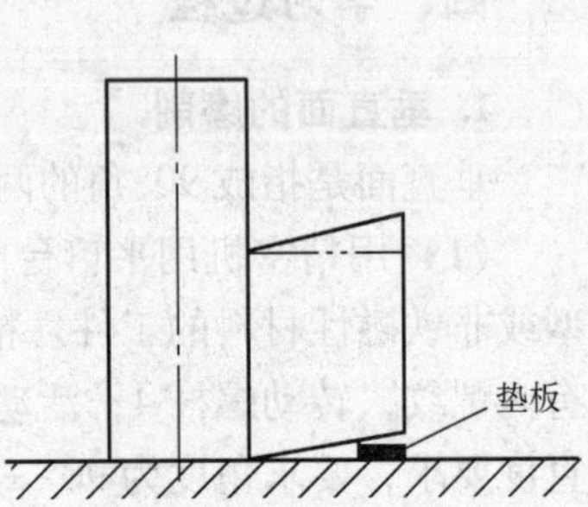

图4-14　用圆柱角尺找正垂直面

（5）用垫纸法磨削垂直面　在缺乏上述工、夹具的情况下，可将工件的一个平面精磨后，经找正，用垫纸法磨削垂直面。

1）用百分表找正垂直面。将百分表固定在磨头上，使百分表测杆与平面A相接触（图4-13）。升降磨头，测量A面的垂直度误差。在工件底面适当部位垫纸，使百分表读数为零，然后磨削B面，使A面和B面保持垂直。

2）用圆柱角尺找正垂直面。将圆柱角尺放在平板上，再将工件已磨好的平面靠在圆柱角尺母线上，看透光大小（图4-14）。如上段透光则应在工件右底面垫纸，一直垫至不透光为止。然后将工件连同垫好的纸一起放在电磁吸盘上，通电吸住，磨出垂直平面。这种磨削方法较麻烦、精度不易控制、生产率低。

3）用专用百分表座找正垂直面。专用百分表座的结构特点是在百分表座上设有定位点（图 4-15）。使用前须将专用百分表座找正。把圆柱角尺放在平板上，用专用百分表座的定位点接触圆柱角尺表面，再将表座的百分表读数调到零位，此时读数值到定位点所组成的空间平面与底面垂直（图 4-16a），然后再测量工件，方法同上，百分表座定位点接触工件，再观察其百分表的读数（图 4-16b）。如果读数比测量圆柱角尺时的读数大，那就在工件的右底面垫纸，垫纸厚度根据读数值确定。使用这种方法加工精度较高，找正时要防止百分表走动。

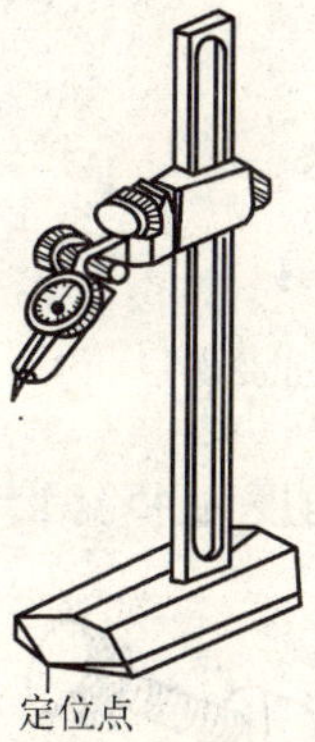

图 4-15　专用百分表座

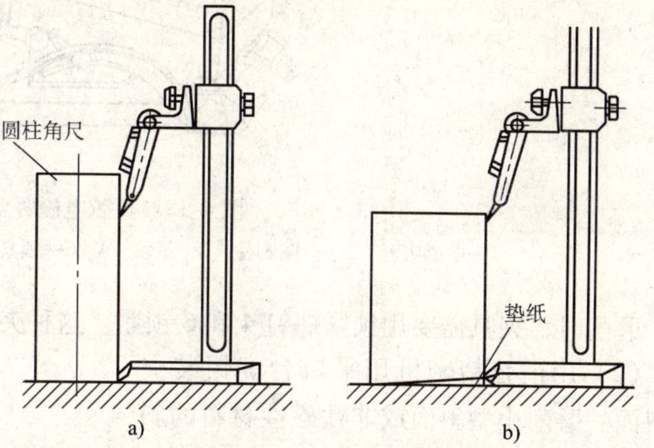

图 4-16　用专用百分表座找正垂直度
a）找正百分表　b）测量工件

2. 斜面的磨削

工件的斜面可用斜角或斜度来表示。斜度（S）为棱体斜面大、小端高度之差与棱体长度之比（图 4-17），即

$$S=\frac{H-h}{L}$$

式中　H——斜面大端高度（mm）；

h——斜面小端高度（mm）；

L——长度（mm）。

斜度 S 与斜角 β 的关系为

$$S=\tan\beta$$

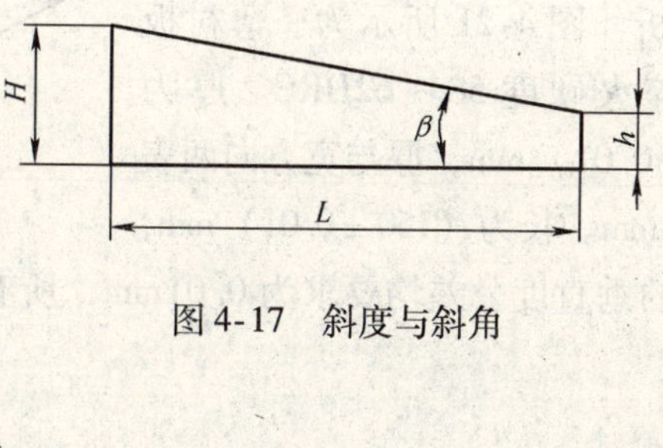

图 4-17　斜度与斜角

（1）用正弦电磁吸盘装夹磨斜面　正弦电磁吸盘由带电磁吸盘的正弦规与底座等组成（图4-18）。将工件找正后吸在电磁吸盘1上，在正弦圆柱2和底座5间垫入量块3，使正弦规7连同工件一起倾斜成所需要的斜角β。量块的高度H按下式计算。

$$H = L\sin\beta$$

式中　L——正弦圆柱的中心距（mm）；

β——工件斜角（°）。

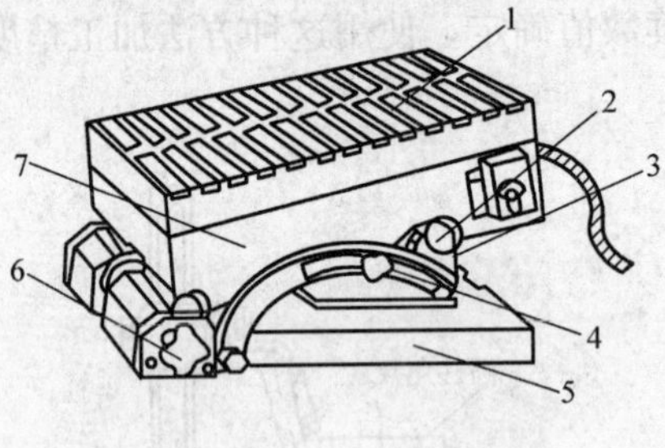

图4-18　正弦电磁吸盘

1—电磁吸盘　2—正弦圆柱　3—量块　4、6—锁紧螺钉　5—底座　7—正弦规

磨削时，夹具需要用锁紧螺钉4和6锁紧。这种夹具的最大倾斜角度为45°。

（2）用正弦精密机用平口台虎钳装夹磨斜面　磨削小型斜面或非铁磁性材料的斜面时，通常采用正弦精密机用平口台虎钳（图4-19）。正弦精密机用平口台虎钳由带精密机用平口台虎钳的正弦规和底座等组成。

使用时，按工件斜角在正弦圆柱4和底座1的定位面间垫入量块5。磨削时，需用锁紧装置将正弦圆柱2紧固，同时旋紧螺钉3，以便通过撑条6将正弦规紧固。

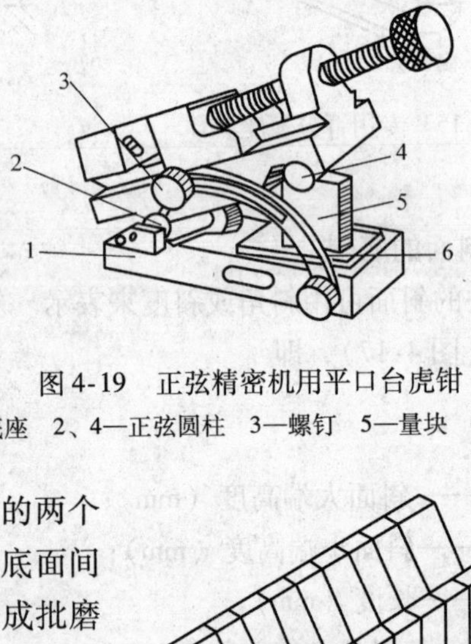

图4-19　正弦精密机用平口台虎钳

1—底座　2、4—正弦圆柱　3—螺钉　5—量块　6—撑条

（3）用导磁V形块装夹磨斜面　导磁V形块的两个工作面间的夹角为90°，通常将其中一个工作面与底面间的角度制成15°、30°或45°等（图4-20），适用于成批磨削特殊角度的工件。

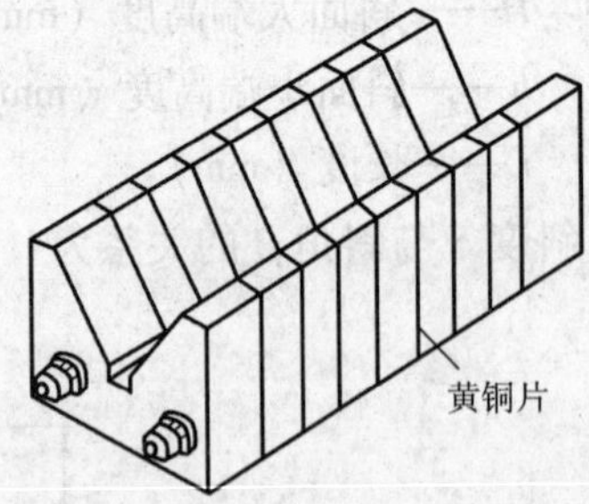

图4-20　导磁V形块

3. 垂直面磨削实训

（1）图样和技术要求分析　图4-21所示为一薄衬板工件，材料T10A，热处理淬火硬度58～62HRC。厚为（10±0.01）mm，宽为（50±0.01）mm，厚与宽方向两表面的平行度公差均要求为0.01mm。长为（150±0.01）mm，两端面及厚度两面对基准A的垂直度公差均要求为0.01mm，所有加工面的表面粗糙度值均要求为$Ra0.8\mu m$。

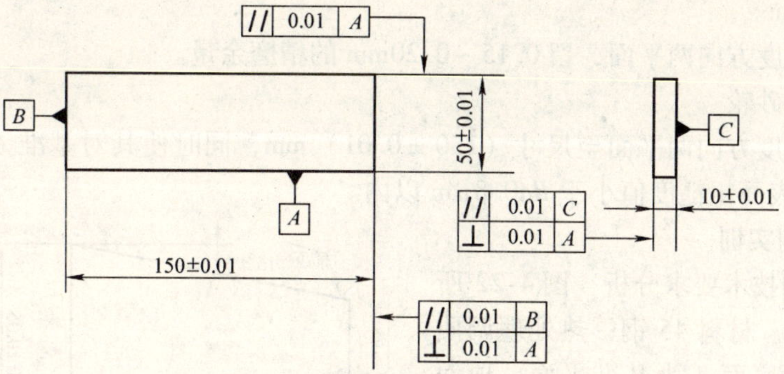

技术要求

材料 T10A，热处理淬硬 58 ~62HRC。

图 4-21　薄衬板

（2）选择机床　选用 M7120D 型卧轴矩台平面磨床。

（3）砂轮的选择　所选砂轮的特性为 WAF46KV 的平行砂轮。修整砂轮用金刚石修整笔。

（4）装夹方法　由于工件较薄，故磨削厚度两面时，用电磁吸盘装夹；磨削宽度两面和长度两面时，则用精密机用平口台虎钳装夹。装夹时，用百分表找正，转动精密机用平口台虎钳，分别磨削这四个平面。

（5）磨削方法　磨削厚度两面时，用横向磨削法；磨削宽度和长度两面时，采用深度磨削法。由于尺寸精度和几何精度要求不同，故需划分粗、精加工。

（6）切削液的选择　采用乳化液切削液，加工中需充分冷却。

（7）操作步骤

1）操作前的检查、准备。

① 清理工作台和工件表面，检查磨削余量。

② 将工件装夹在电磁吸盘上。

③ 调整工作台行程挡铁的位置。

④ 修整砂轮。

2）粗磨厚度两面，留 0.15 ~0.20mm 的精磨余量。

3）精修整砂轮。

4）精磨厚度两面至厚度尺寸（10 ± 0.01）mm，同时使两面的平行度误差不大于 0.01mm，表面粗糙度值小于 *Ra*0.8μm。

5）清理工作台和精密机用平口台虎钳。用精密机用平口台虎钳装夹宽度方向的上平面成水平位置。

6）找正宽度方向上平面对厚度方向两面的垂直度，使垂直度误差小于 0.01mm。

7）粗磨宽度方向两平面，留 0.15 ~0.20mm 的精磨余量。

8）精修整砂轮。

9）精磨宽度方向两平面至尺寸（50 ±0.01）mm，同时使其平行度误差小于 0.01mm，对厚度方向两平面的垂直度误差小于 0.01mm，表面粗糙度值小于 *Ra*0.8μm。

10）将精密机用平口台虎钳旋转 90°后找正，使长度方向的顶面与基准 *A* 垂直，垂直度误差小于 0.01mm。

11）粗磨长度方向两平面，留 0.15～0.20mm 的精磨余量。

12）精修整砂轮。

13）精磨长度方向两平面至尺寸（150±0.01）mm，同时使其对基准 *A* 的垂直度误差小于 0.01mm，表面粗糙度值小于 *Ra*0.8μm 以内。

4. 斜面磨削实训

（1）图样和技术要求分析　图 4-22 所示为斜垫块工件。材料 45 钢；热处理调质 220～250HBW；底面 *A* 为基准平面；顶面为斜面，斜角为 15°±3′；右侧面为测量基准面；斜面大端高度为（50±0.05）mm；加工面要求的表面粗糙度值均为 *Ra*0.8μm。

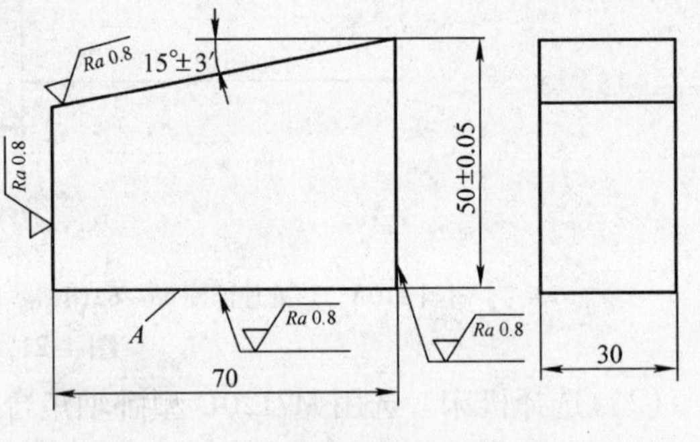

技术要求
材料为 45 钢，热处理调质至 220～250HBW。

图 4-22　斜垫块

（2）磨削工艺　采用横向磨削法，先粗精磨除斜面的外形三面，最后磨斜面。由于斜面大端高度有公差要求，所以斜面也须划分粗精磨。

（3）工件的定位夹紧　磨削底面 *A* 和右侧面时用精密平口台虎钳装夹。磨削斜面时，用正弦电磁吸盘（或正弦精密机用平口台虎钳）装夹，装夹的侧面与定位挡板靠平。因斜面长度大于工件厚度，故斜面长度方向应与工作台运动方向平行，并用百分表找正。为使斜面长度方向与工作台运动方向平行，需在正弦电磁吸盘的正弦圆柱下垫入量块组。量块组的高度 $H = L\sin\beta$。

（4）选择砂轮　选择特性为 AF46K5V 的平形砂轮。

（5）选择设备　在 M7120D 型卧轴矩台平面磨床上进行磨削操作。

（6）工件磨削步骤及注意事项

1）清理精密机用平口台虎钳和工件表面，检查加工余量。

2）用精密机用平口台虎钳装夹工件，使斜面朝下，并使工件右侧面伸出钳口 5mm 以上，找正 *A* 面至水平位置。

3）调整工作台行程。

4）粗、精磨 *A* 面，磨出即可，使其表面粗糙度值小于 *Ra*0.8μm。

5）将精密机用平口台虎钳转动 90°，使工件右侧面朝上。

6）粗、精磨工件右侧面，磨出即可，同时保证其对 *A* 面的垂直度误差不大于 0.01mm，表面粗糙度值小于 *Ra*0.8μm。

7）卸去精密机用平口台虎钳，在机床工作台面上，以工件右侧面为定位基准，辅以挡块，粗、精磨工件左侧面至要求。

8）清理工作台、正弦电磁吸盘及工件表面。

9）将工件装夹在正弦电磁吸盘上以磨削斜面，垫入经计算的量块组。用百分表找正工件斜面，使其与工作台运动方向平行。

10）粗、精磨斜面至图样要求，使其大端高度为（50±0.05）mm，斜角为 15°±3′，表面粗糙度值小于 *Ra*0.8μm。

（7）注意事项

1）工件的两端面在图样中无加工要求，但在磨削外形和斜面时的定位、找正要用到，因此必须经过磨削加工。

2）工件斜面经粗磨后应及时测量斜度。

3）正弦电磁吸盘在机床工作台上位置调整固定后，磨削过程中不能移动；工件在装夹时必须靠紧定位挡板，以保证工件的斜角和尺寸精度。

4）在正弦电磁吸盘上装卸工件时，必须将砂轮退出磨削位置，以保证安全。

项目四　直角槽的磨削

一、学习目标

掌握直角槽的磨削方法。

二、学习任务

1. 项目任务

本项目的任务是学习直角槽的磨削。

2. 任务流程图

直角槽的结构形状→直角槽的磨削→直角槽磨削实训

三、环境设备

学习所需设备及附件、量具和实训材料清单见表4-5。

表4-5　学习所需设备及附件、量具和实训材料

分类	名称	型号规格	数量
设备及附件	卧轴矩台平面磨床	M7120D	1
	电磁吸盘		1
量具	千分尺		1
	百分表		1
实训材料	HT200	90mm×50mm×30mm	

四、学习过程

1. 直角槽的结构形状

平面类工件及其他工件上的直角槽，通常可以在一次装夹中用砂轮圆周面和端面磨出。直角槽的结构形状不同，采用的磨削方法也不同。

（1）宽形直角槽　宽形直角槽（图4-23a）是直角槽的一种常见结构形式，其底面较宽，两侧面较窄。

（2）狭形直角槽　狭形直角槽的宽度尺寸较小（图4-23b）。

2. 直角槽的磨削

（1）宽形直角槽的磨削方法　磨削宽形直角槽时，须先找正工件外侧基准面，使之与

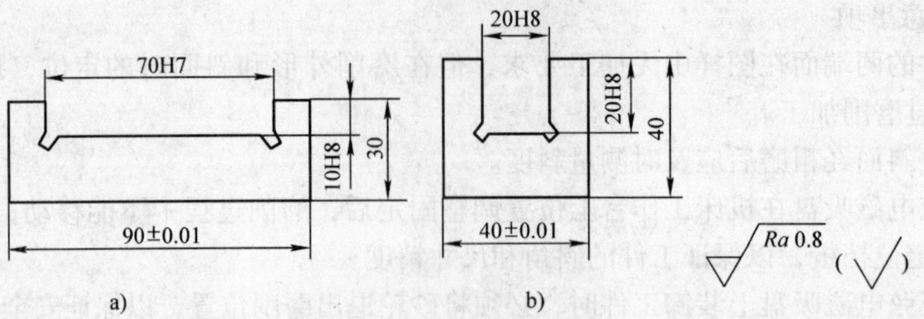

图 4-23 直角槽的结构形式

a）宽形直角槽 b）狭形直角槽

磨床工作台纵向进给方向平行。然后在直角槽两旁用切入磨削法磨出两段底平面（留0.03～0.04mm 磨削余量），如图 4-24a 所示，从而可以较快地用横向磨削法磨除底平面大部分余量（图 4-24b），最后用横向磨削法精磨底平面至尺寸。磨削宽形直角槽侧面时，砂轮的两端面都要修成内凹面（图 4-24c），磨削时砂轮应在垂直方向退出 0.04mm 左右。

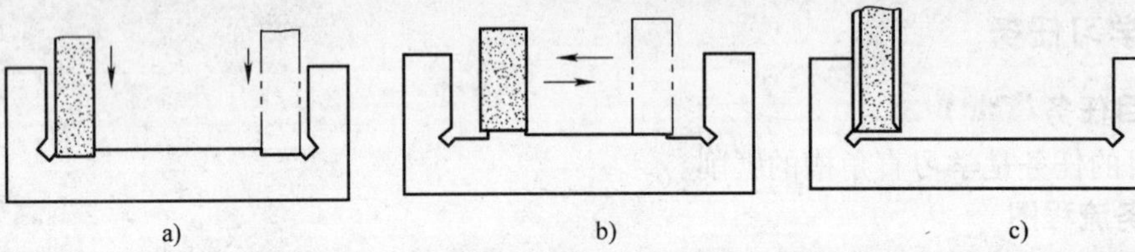

图 4-24 宽形直角槽的磨削

a）磨削底平面两段平面 b）横向磨削法磨削 c）磨削两侧面

用砂轮端面磨削宽形直角槽侧面时，砂轮会受到很大的侧面压力，从而会使砂轮主轴产生较大的弹性变形。这不仅会影响侧面的垂直度要求，还会把砂轮侧面两端进出口处磨成塌角。因此在磨削侧面时，横向进给量要尽量小一些，并要把砂轮端面的环形宽度修整得尽量窄一些，以减小砂轮的侧面压力。

（2）狭形直角槽的磨削方法 磨削狭形直角槽时应选择宽度较小的平形砂轮或将砂轮宽度修小。先用切入磨削法将槽底磨到尺寸，然后用砂轮端面磨削两个侧面，直到达到狭形直角槽的宽度尺寸。

3. 直角槽磨削实训

磨削如图 4-23a 所示的宽形直角槽。

1）将工件装夹在电磁吸盘台面上，用百分表找正工件外侧基准面，使之与工作台纵向进给方向平行（图 4-25）。

2）移动砂轮架及工作台，调整行程距离，使砂轮在直角槽内作纵向运动。

3）移动砂轮架，使砂轮紧靠直角槽一侧，然后作垂向进给，用切入磨削法磨削底平面（留精磨余量 0.03～0.05mm）。

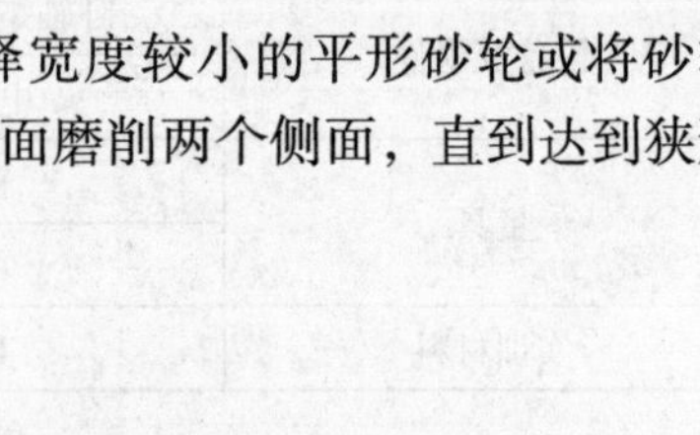

图 4-25 工件外侧基准面的找正

4）用分段磨削法磨削其他几段底平面（图 4-26）。

5）用纵向磨削法精磨底平面至图样要求。

6）砂轮架在垂直方向退出0.05~0.1mm，使砂轮与底平面保持一定空隙。

7）摇动砂轮架横向进给手轮，使砂轮作横向进给。用砂轮端面磨削工件侧面，磨去一半余量即可。

8）砂轮作反方向横向进给，磨削工件的另一侧面至图样要求（图4-27）。

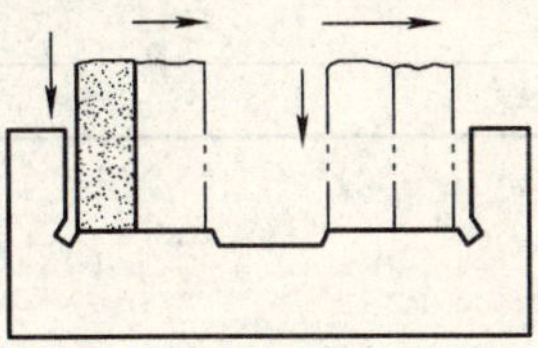

图4-26　底平面的磨削

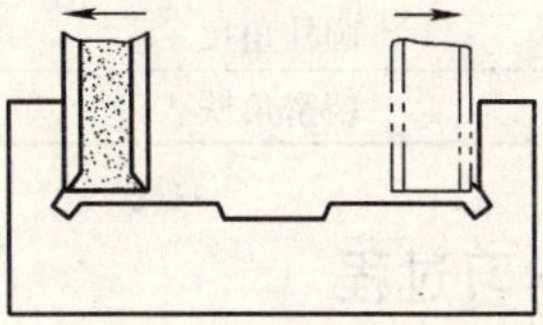

图4-27　侧面的磨削

项目五　平面工件的精度检验及平面磨削质量分析

一、学习目标

1. 掌握直线度误差的检验方法。
2. 掌握平面度误差的检验方法。
3. 掌握平行度误差的检验方法。
4. 掌握垂直度误差的检验方法。
5. 掌握位置度误差的检验方法。
6. 了解磨削平面工件时产生质量问题的原因及预防措施。

二、学习任务

1. 项目任务

本项目的任务是学习平面工件的精度检验及平面磨削的质量分析方法。

2. 任务流程图

直线度误差的检验→平面度误差的检验→平行度误差的检验→垂直度误差的检验→位置度误差的检验→平面磨削质量分析

三、环境设备

学习所需量具清单见表4-6。

表4-6　学习所需量具

名　称	数　量
游标卡尺	1
外径千分尺	1
内径千分尺	1
量块	1
百分表	1

（续）

名　称	数　量
精密平板	1
刀口形直尺	1
千斤顶	1
直角尺	1
圆柱角尺	1
精密角铁	1

四、学习过程

平面工件的精度检验包括尺寸精度检验、几何精度检验两种。尺寸精度检验可用游标卡尺、外径千分尺、内径千分尺、量块等通用长度量具直接检验，而几何精度的检验则有多种方法。

1. 直线度误差的检验

平面工件通常只在两个相交平面（平面和平面或平面和斜面）的棱边或指定的直线段处有直线度要求。直线度误差可用百分表检验，方法如下。将工件放在磨床工作台面或电磁吸盘上，把百分表磁性表座吸附在砂轮架上，用百分表找正与所测棱边或直线段平行的平面。将百分表的测头顶在所测棱边或直线段上，然后移动工件（随工作台移动），得出百分表读数的变动量。再将百分表测量头触及所测棱边或直线段，移动工件，得出百分表读数的变动量。直线度的公差带通常是圆柱形，从这两个方向测得的变动量就是直线度误差。

2. 平面度误差的检验

平面度误差的检验一般有下面几种方法。

（1）涂色法　先在工件表面涂上一层极薄的显示剂（红丹粉或蓝油），然后将工件放在精密平板上，前后、左右平稳地移动几下，再取下工件仔细地观察摩擦痕迹的分布情况，就可以粗略确定工件平面度误差的大小。

（2）透光法　工件的平面度误差也可用刀口形直尺检验。刀口形直尺有切削刃式、宽面式和楔式等几种，其中用切削刃式刀口形直尺检验最为准确、应用最广。切削刃式刀口形直尺也称为直刃尺（图4-28）。

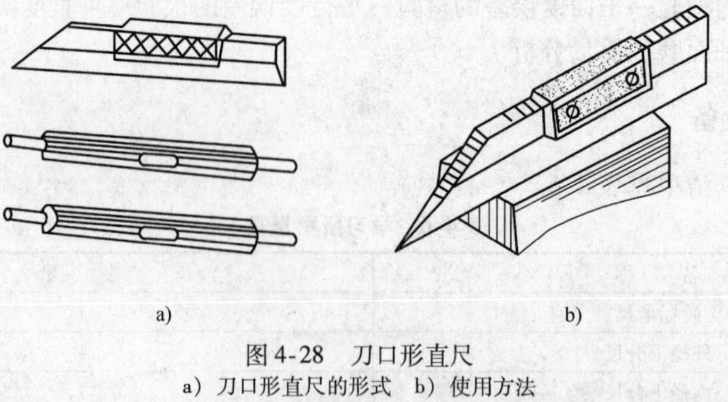

a)　　b)

图4-28　刀口形直尺
a）刀口形直尺的形式　b）使用方法

测量时，将刀口形直尺的测量面放在被检验平面上并且对着光源，观察刃口与被检验平面之间的缝隙透光是否均匀。若缝隙各处都不透光，表明被检验平面的平面度误差很小；

若有个别段透光，则可凭操作者的经验，估计出平面度误差的大小。

（3）用千分表检验　如图4-29所示，在精密平板上用三个千斤顶支撑住工件，并且用千分表把工件表面 A、B、C、D 四点调至高度相等，误差不大于0.005mm。然后再用千分表测量整个平面，其读数的变动量就是平面度误差值。测量时，精密平板和千分表底座要清洁，移动千分表时要平稳。这种方法测量较准确，而且可以得到平面度误差值的具体值，但测量时需要一定的技巧。

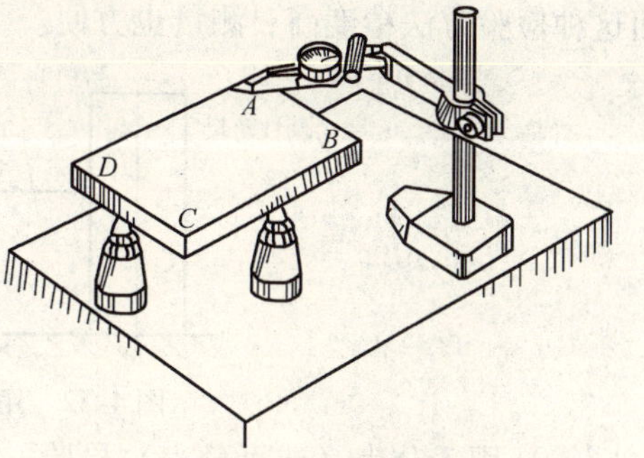

图4-29　用千分表检验平面度误差

3. 平行度误差的检验

工件两平面之间的平行度误差可以用下面两种方法检验。

（1）用外径千分尺（或杠杆千分尺）检验　用外径千分尺测量工件两平面相隔一定距离的厚度。测出的几个厚度值的差值即为平行度误差值。

（2）用千分表（或百分表）检验　将工件和千分表支架都放在平板上，把千分表的测头顶在平面上。然后移动工件，让工件整个平面均匀地通过千分表测头，千分尺读数的差值即为工件的平行度误差值（图4-30）。测量时，应将工件、平板擦拭干净，以免拉毛工件平面或影响平行度误差测量的准确性。

4. 垂直度误差的检验

工件平面间垂直度误差的检验有下面几种方法。

（1）用直角尺检验　检验小型工件两平面的垂直度误差时，应将直角尺的两个尺边分别接触工件的两垂直平面。测量时，可先把直角尺的一个尺边贴紧工件一个平面，然后移动直角尺，让另一个尺边逐渐接近并靠上工件另一个平面，根据透光情况来判断其垂直度误差（图4-31）。

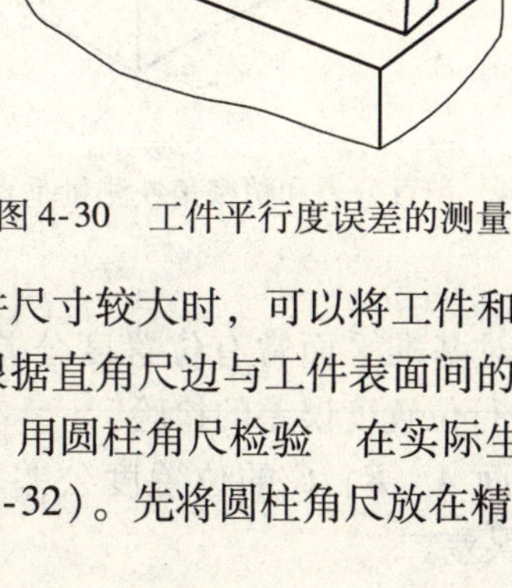
图4-30　工件平行度误差的测量

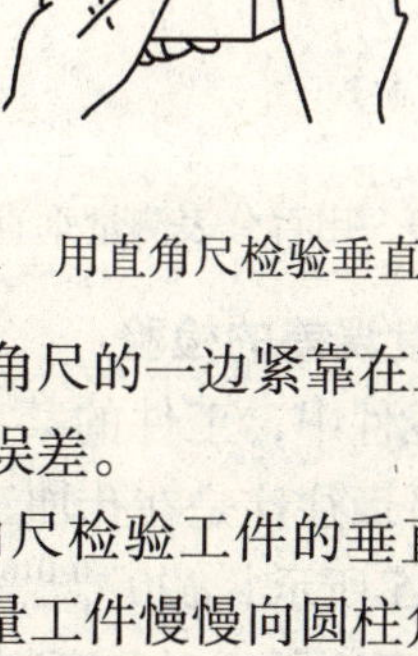
图4-31　用直角尺检验垂直度误差

工件尺寸较大时，可以将工件和直角尺放在平板上。直角尺的一边紧靠在工件的垂直平面上，根据直角尺边与工件表面间的透光情况来检验垂直度误差。

（2）用圆柱角尺检验　在实际生产中，广泛采用圆柱角尺检验工件的垂直度误差的方法（图4-32）。先将圆柱角尺放在精密平板上，然后使被测量工件慢慢向圆柱角尺的母线靠拢，最后根据透光情况来判断垂直度误差。由于圆柱角尺的高度一般都要超过工件高度，因而这种检验方法精度高、测量也方便。

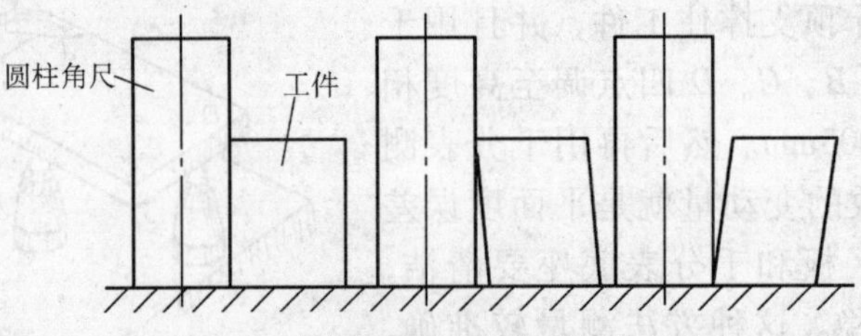

图 4-32　用圆柱角尺检验垂直度误差

（3）用千分表（或百分表）检验　为了确定工件垂直度误差的具体数值，可用千分表（或百分表）测量（图 4-33a）。测量时，应先将工件的平行度误差测量好，然后将工件的平面轻轻向圆柱测量棒紧靠，此时可从百分表上读出数值。将工件转动 180°，将另一平面轻轻靠上圆柱测量棒，从百分表上又可读出数值（工件转向测量时，要保证百分表、圆柱测量棒的位置固定不变）。两个读数差值的 1/2 即为底面与测量平面的垂直度误差，如图 4-33b 所示。

两平面的垂直度误差，也可以用百分表和精密角铁在平板上进行检验。测量时，将工件的一面紧贴在精密角铁的垂直平面上，然后使百分表测头沿着工件的一边向另一边移动。百分表在全长两点间的读数值，就等于在该距离上工件的垂直度误差值，如图 4-34 所示。

检验垂直度误差时，应注意清除工件上的毛刺，擦拭测量平板及有关测量工具，以免影响测量精度。

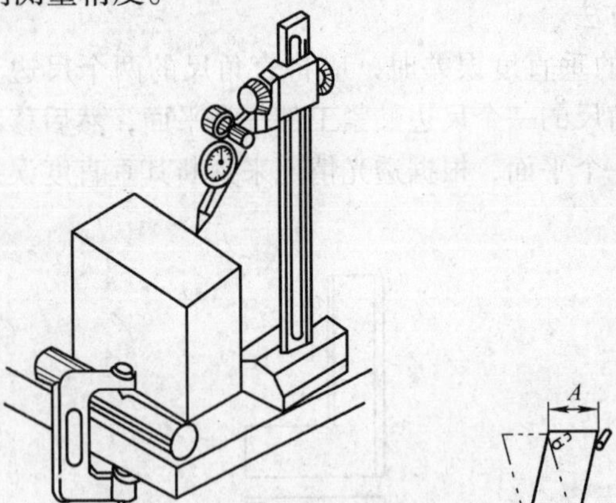

a)　　b)

图 4-33　用百分表测量垂直度误差

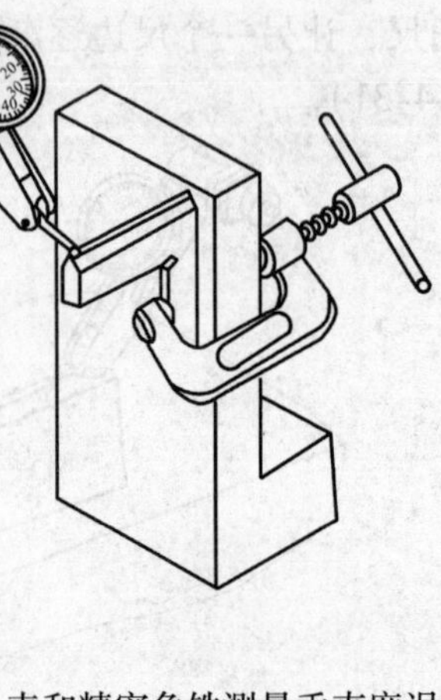

图 4-34　用百分表和精密角铁测量垂直度误差

5. 位置度误差的检验

在平面工件中，工件的某些要素（如孔的轴线）对基准平面常有位置度公差的要求。而这些基准平面往往是在孔加工后精磨的，这就需要进行位置度误差的检验。

如图 4-35 所示，$\phi 20^{+0.016}_{\ 0}$ mm 孔的轴线对基准平面 A、B、C 的位置度公差均要求为 $\phi 0.1$mm，故磨削平面时和磨削平面后均需检验位置度误差。

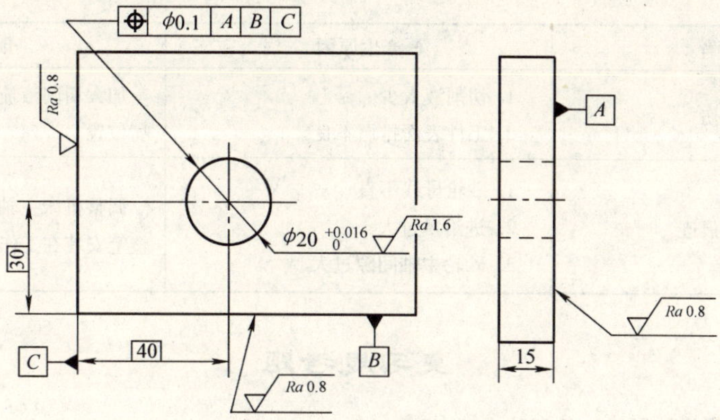

图 4-35　平面工件的位置度公差

磨削时，可先粗磨 *A* 基准平面及其对面，留 0.10～0.14mm 精磨余量；再粗磨 *B*、*C* 两基准平面，使之与 *A* 基准面垂直，垂直度误差不大于 0.01mm，每面留精磨余量 0.05～0.07mm。用游标卡尺测量 ϕ20mm 孔至 *B*、*C* 基准面距离，先测 *A* 面一端，再反身测 *A* 面的对面一端。根据测量结果进行找正后，再精磨 *A* 基准面两侧及 *B* 面和 *C* 面。

加工后，位置度误差的检验可在精密平板上进行。用一根 ϕ20mm 的圆柱插入 ϕ20mm 孔中，根据 ϕ20mm 孔中心至 *B*、*C* 面的理论正确尺寸 30mm 和 40mm 组成两量块组 40mm 和 50mm。测量时，将 *B* 面和 *C* 面轮流放在精密平板上，将百分表测头压在量块组上，调整表针至零位，再用百分表测头测量圆柱最上面母线，先测量 *A* 面一侧，再测量 *A* 面的对侧，根据百分表读数的变化，可计算出位置度误差值。

6. 平面磨削质量分析

平面磨削中出现的质量问题是由各方面因素造成的，如砂轮、磨削用量、加工工艺和机床等。磨削过程中一旦发现缺陷，应立即查找原因，并加以消除。平面磨削的常见缺陷、产生原因及预防方法见表 4-7。

表 4-7　平面磨削的常见缺陷、产生原因及预防方法

常见缺陷	产生原因	预防方法
平面呈中凹形	1. 进给量过大 2. 砂轮硬度偏高 3. 冷却不充分	选用合适的砂轮，改善砂轮的自锐性，注意充分冷却
塌角或侧面呈喇叭口	1. 主轴轴承间隙过大 2. 砂轮磨钝 3. 冷却不充分	在工件两端加辅助工件一起磨削
表面波纹（直波纹、两边波纹、菱形波纹）	1. 磨头系统刚性不足 2. 镶条间隙过大 3. 主轴轴承间隙过大 4. 砂轮不平衡 5. 砂轮硬度过高 6. 工作台换向冲击太大 7. 液压系统振动 8. 垂向进给量过大	找出振动部位，然后采取措施消除

（续）

常见缺陷	产生原因	预防方法
线性划伤	1. 切削液太少 2. 工件表面排屑不良	加大切削液流量，调整好切削液喷嘴位置
表面进给痕迹	1. 砂轮母线不直 2. 进给量过大 3. 砂轮主轴间隙过大	调整机床主轴间隙，并将金刚石修整笔安装在工作台上，精细修整砂轮

复习思考题

1. 平面磨削有哪几种形式，各有什么特点？
2. 试述平行面的磨削方法。
3. 试述垂直面的磨削方法。
4. 磨削斜面时工件有哪些装夹方法？各有什么特点？
5. 试述电磁吸盘的结构原理和使用方法。
6. 试述导磁块的结构原理和使用方法。
7. 如何磨削斜面？已知工件的斜度为1/50，试求工件的斜角。
8. 试述平面磨削时产生的常见缺陷、产生原因和预防方法。

第五单元　无心外圆磨削

项目一　无心外圆磨床的操作与调整

一、学习目标

1. 了解无心外圆磨床各主要部件的名称和作用。
2. 掌握无心外圆磨床的操作方法。
3. 掌握无心外圆磨床的调整方法。

二、学习任务

1. 项目任务

本项目的任务是学习无心外圆磨床的操作与调整。

2. 任务流程图

无心外圆磨床的结构→电器按钮的操作→磨削轮的调整→导轮的调整→托板和导板的调整

三、环境设备

学习所需设备清单见下表。

表 5-1　学习所需设备

分类	名称	型号规格	数量
设备	无心外圆磨床	M1040 型	1

四、学习过程

1. 无心外圆磨床的结构

无心外圆磨床有多种型号，如 M1010 型、M1040 型、M1080 型等，本书只介绍 M1040 型无心外圆磨床的使用。如图 5-1 所示，M1040 型无心外圆磨床主要由床身 1、修整器液压传动旋钮 2、磨削轮架 3、磨削轮修整器 4、工件支架 5、导轮修整器 6、导轮架 7、横向进给手轮 8、快速手柄 9、电器开关 10、切削液开关 11 等组成。

M1040 型无心外圆磨床能作贯穿磨削和切入磨削，最大磨削直径为 ϕ40mm。

2. 无心外圆磨床的操作与调整

（1）电器按钮的操作

1）操作方法。如图 5-2 所示，按钮 3 为磨削轮起动按钮，按钮 4 为磨削轮停止按钮；

按钮6为液压泵起动按钮，按钮5为液压泵停止按钮。修整磨削轮和导轮时，要起动液压泵，以便传动砂轮修整器修整砂轮。按钮2为润滑泵起动按钮，通过润滑泵输出的润滑油输入磨削轮和导轮主轴的轴承处，以保证主轴轴承的良好润滑。按钮1为总停按钮。

图5-3所示为导轮电器开关。开关1为导轮工作状态选择开关，它有两种选择。开关向右扳动时，导轮的转速为工作状态的转速；当开关向左扳动时，导轮的转速为修整状态的转速。修整状态的转速较工作状态时高（280r/min）。

按钮4为导轮起动按钮，按钮2为导轮停止按钮。导轮处于工作状态时的转速可由导轮转速调节旋钮3调节：旋钮3顺时针方向转动，导轮的转速加快；反之，导轮的转速减慢。

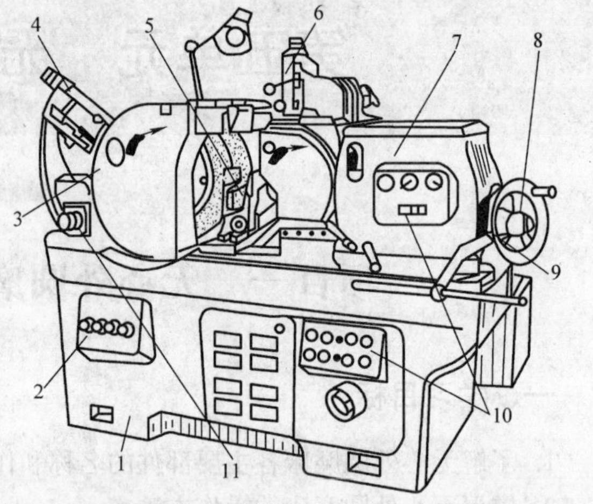

图5-1 M1040型无心外圆磨床

1—床身 2—修整器液压传动旋钮 3—磨削轮架 4—磨削轮修整器 5—工件支架 6—导轮修整器 7—导轮架 8—横向进给手轮 9—快速手柄 10—电器开关 11—切削液开关

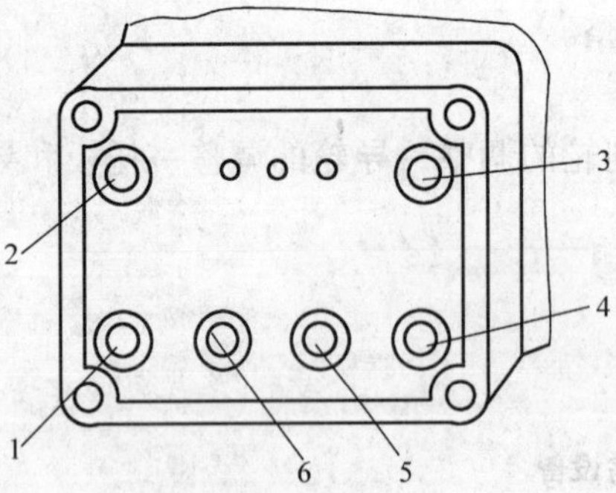

图5-2 电器按钮

1—总停按钮 2—润滑泵起动按钮 3—磨削轮起动按钮 4—磨削轮停止按钮 5—液压泵停止按钮 6—液压泵起动按钮

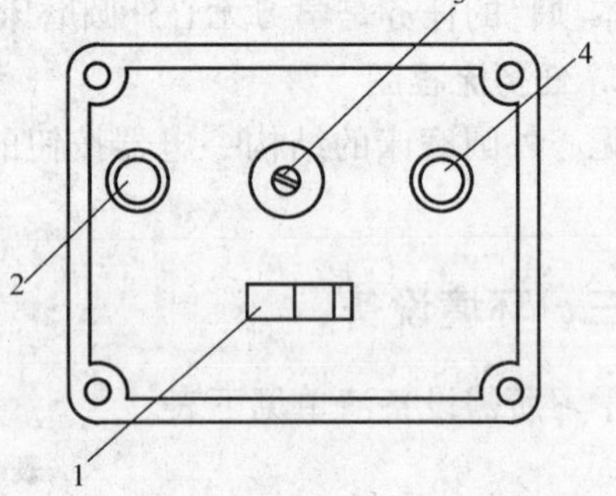

图5-3 导轮电器开关

1—导轮工作状态选择开关 2—导轮停止按钮 3—导轮转速调节旋钮 4—导轮起动按钮

2）注意事项。

① 要熟悉各电器开关的位置。

② 注意开关的起动顺序。在起动磨削轮、导轮之前，应先按下润滑泵按钮，以保证磨削轮主轴和导轮主轴的良好润滑。

（2）磨削轮的调整

1）磨削轮特性的选择。无心外圆磨床中起磨削作用的砂轮称为磨削轮。磨削轮的特性选择，主要取决于工件的材料和工件的表面粗糙度要求，通常情况下采用刚玉或白刚玉磨料、粒度适中、硬度为中软的砂轮。例如特性为7－350×125×127－WAF80L5V－35的砂轮为M1040型无心外圆磨床常用的砂轮。

2）磨削轮的安装、平衡。如图5-4所示，磨削轮用法兰盘安装。法兰盘主要由法兰盘底座1、衬垫4和5、端盖6、内六角螺钉7和螺母8组成。

① 磨削轮的安装、平衡步骤如下。

a. 用法兰盘安装磨削轮。

b. 静平衡磨削轮。

c. 用螺母8将磨削轮安装在磨削轮主轴上。

② 安装注意事项如下。

a. 安装时，纸质衬垫要完整，并要注意使砂轮内孔与法兰盘底座定心轴颈间的间隙适当。

b. 安装时法兰盘上的键槽要与主轴上键的位置对准。

c. 主轴螺纹的旋向为左旋，螺母应逆时针方向拧紧。

d. 将磨削轮作粗修整后，再作第二次静平衡。

e. 在使用一段时间后，磨削轮仍会发生不平衡现象。磨削轮的不平衡将使机床产生振动、轴承发热和磨削不良。这种情况下应重新平衡砂轮。

3）磨削轮的修整。磨削轮修整器安装在磨削轮架的左上方，修整器液压传动旋钮如图5-5所示。金刚石的修整方向由磨削轮修整方向调节旋钮1控制：修整时，逆时针转动旋钮1，金刚石向前移动修整；顺时针转动旋钮1，则金刚石向后移动修整。

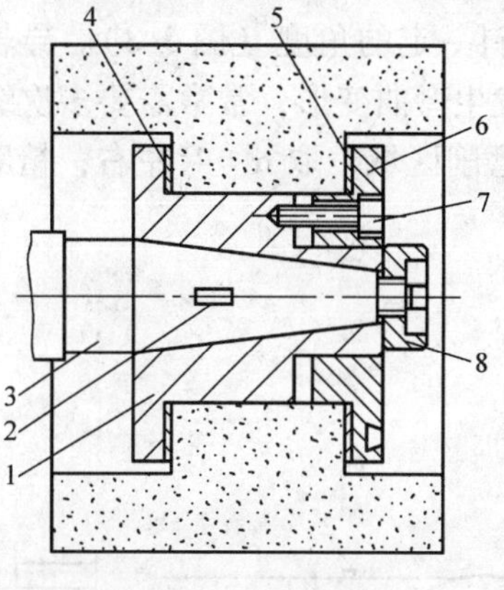

图5-4　磨削轮的安装

1—法兰盘底座　2—键　3—主轴　4、5—衬垫　6—端盖　7—内六角螺钉　8—螺母

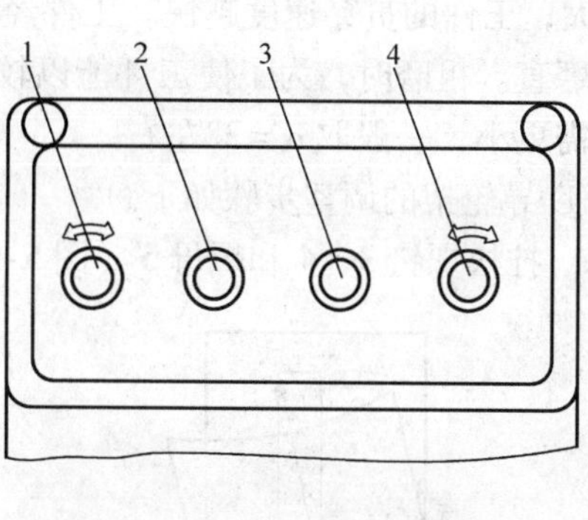

图5-5　修整器液压传动旋钮

1—磨削轮修整方向调节旋钮　2—磨削轮修整速度调节旋钮　3—导轮修整速度调节旋钮　4—导轮修整方向调节旋钮

金刚石的修整速度由磨削轮修整速度调节旋钮2控制：顺时针转动旋钮2，金刚石快速移动；反之，金刚石慢速移动。

图5-6所示为磨削轮修整器。修整时，转动捏手1可控制修整深度。

磨削轮修整器的滑板2可倾斜一定的角度。用贯穿磨削法磨削圆柱面时，可将磨削轮的前部（工件入口处）及后部（工件出口处）修成小的角度（30′左右），以便工件平稳地进入和离开磨削区域、提高工件的加工精度。经修整的磨削轮如图5-7所示。

4）磨削轮修整注意事项。

① 磨削轮钝化后要及时修整。

② 修整时，金刚石进给要均匀，以保证磨削轮正确的型面。

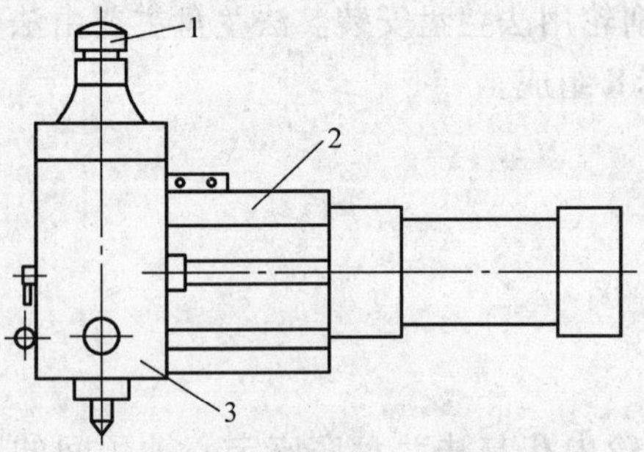

图 5-6　磨削轮修整器

1—捏手　2—滑板　3—修整器

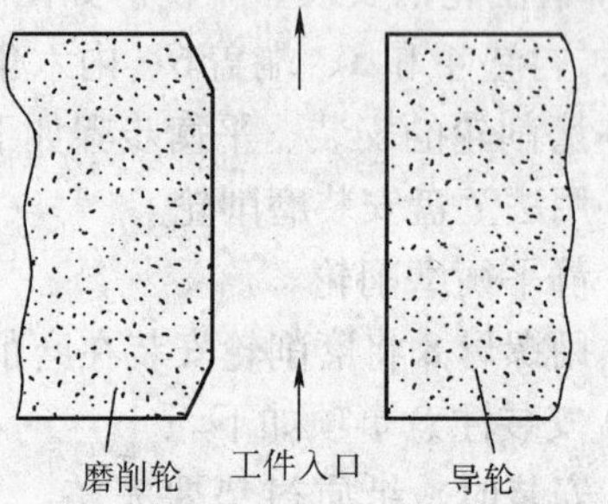

图 5-7　经修整的磨削轮

（3）导轮的调整

1）导轮特性的选择。导轮的功用是在磨削过程中带动工件作旋转运动和贯穿运动。工件与导轮间有较大的摩擦力，与工件接触后，导轮实际上起着限制工件圆周速度的作用，从而使工件向导轮相反方向旋转。导轮用橡胶结合剂粘固而成，具有较大的摩擦因数和适当的弹性，其他特性与磨削轮基本相同。M1040 型无心外圆磨床常用导轮的特性为：7 - 250 × 125 ×75 - WAF80L5V - 35。

2）导轮架在垂直平面内倾角的调整。调整方法及步骤：用贯穿磨削法磨削时，为了能使工件作纵向自动进给，导轮轴线需在垂直平面内倾斜一定的角度（图 5-8）。导轮的倾角 α 越大，工件的贯穿速度越快。工件经淬火后，往往发生弯曲变形，常常需要多次纵向贯穿才能磨直。粗磨时，为了使工件能以较大的速度通过磨削区域，取 $\alpha = 4°$ 左右；精磨时，倾角则需更小，一般取 $\alpha = 2°$ 左右。

① 导轮架的调整步骤如下。

a. 拧松螺钉 3、4 和螺母 5（图 5-9）。

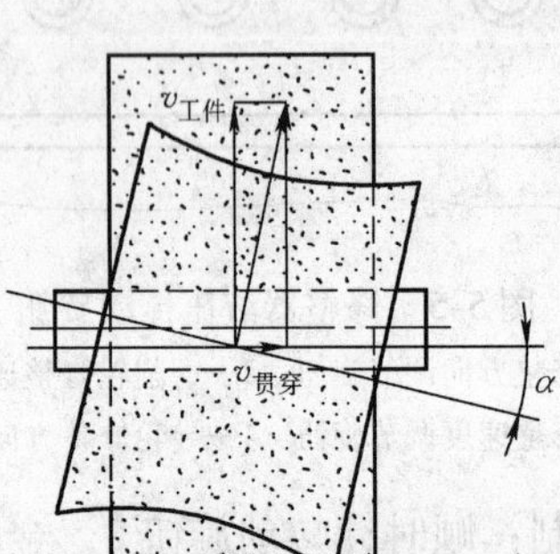

图 5-8　导轮在垂直平面内的倾角

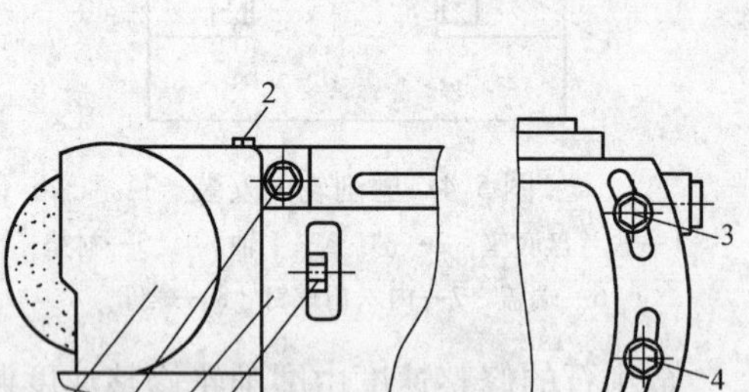

图 5-9　导轮架的调整

1—导轮架转体　2—刻度盘　3、4—螺钉

5—螺母　6—导轮座　7—螺杆

b. 调整螺杆 7，回转导轮架转体 1 至所需角度。角度值由刻度盘 2 读出。

c. 紧固螺钉 3、4 和螺母 5。

② 注意事项如下。

a. 注意导轮倾角的方向。调整时应使导轮主轴靠近操作者一端较高，另一端较低。

b. 每次调整结束后，即应锁紧导轮架。

3）导轮架水平转角的调整。

① 切入磨削时的调整。用切入磨削法磨削小锥度圆锥面时，可将导轮架在水平面内回转适当的角度。

调整方法如图5-10所示。首先旋松螺钉3，然后转动螺杆1即可使导轮回转座2回转适当的角度。调整后需锁紧螺钉3。

② 贯穿磨削时的调整。用贯穿磨削法磨削圆柱形零件时，应将导轮回转座调至零位，并应使工件在托板上的位置与磨削轮轴线相平行。

4）导轮的安装。如图5-11所示，安装用法兰盘主要由法兰盘底座、端盖、衬垫等组成。导轮安装后需用螺母紧固。紧固时需注意，导轮主轴端的螺纹为左旋。

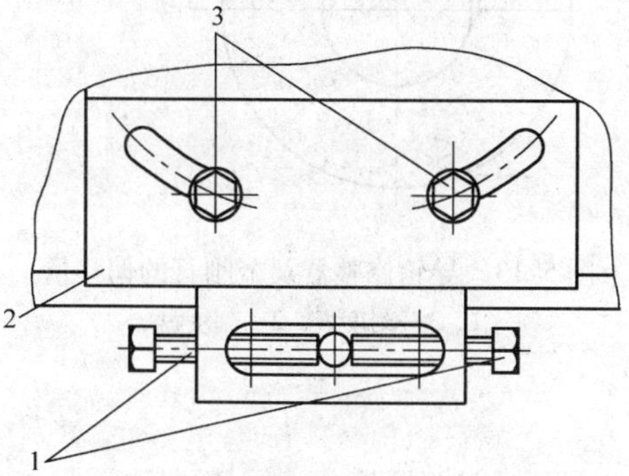

图5-10　导轮架水平角度的调整

1—螺杆　2—导轮回转座　3—螺钉

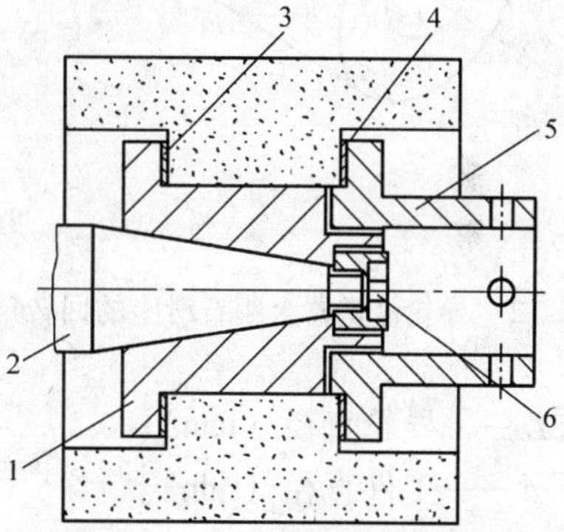

图5-11　导轮的安装

1—法兰盘底座　2—主轴　3、4—衬垫

5—法兰盖　6—螺母

5）导轮的修整。修整时的有关调整：导轮轴线在垂直平面内倾斜一个角度以后，为了保证工件与导轮有良好的接触，修整导轮时需将导轮修整器的金刚石滑座在水平面内相应回转一定的角度 α_1（图5-12）。此外，金刚石在水平方向还要偏移 h_1 值（图5-13）。

金刚石滑座的回转角度可按下式计算，也可按表5-2选取。

$$\alpha_1 = \frac{\alpha}{\sqrt{\dfrac{d}{D}}}$$

式中　α_1——金刚石滑座的回转角度（°）；

α——导轮在垂直平面内的倾角（°）；

d——工件直径（mm）；

D——导轮直径（mm）。

金刚石的偏移量可按下式计算：

$$h_1 = \frac{D}{D+d}h$$

式中　h_1——金刚石的偏移量（mm）；

h——工件安装中心高度（mm）；

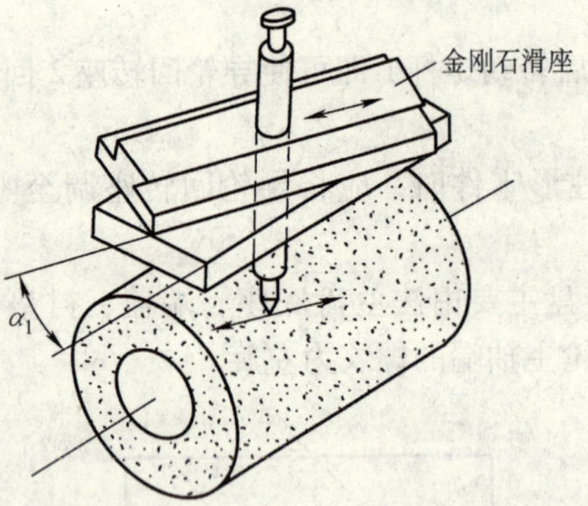

图 5-12 导轮修整器金刚石滑座的回转角度

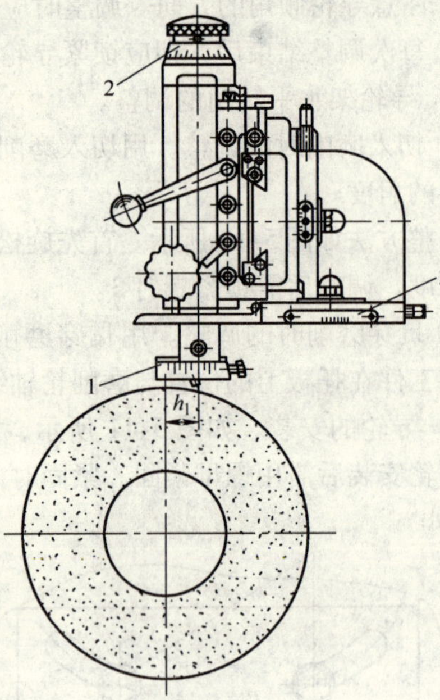

图 5-13 导轮修整器及金刚石的偏移量
1、3—刻度板 2—刻度盘

D——导轮直径（mm）；

d——工件直径（mm）。

① 修整步骤如下。

a. 调整导轮修整器的金刚石滑座在水平面内的回转角度，数值由刻度板 3 读出（图 5-13）。

b. 调整金刚石的偏移量，数值由刻度板 1 读出。调整后紧固金刚石。

c. 起动导轮，使导轮处于修整状态转速。

d. 旋转手轮，使金刚石切入导轮，并起动液压旋钮进行修整。

② 注意事项如下。

a. 修整时需将导轮转速调整至修整状态。

b. 精修整时注意控制导轮的圆度。

表 5-2 修整导轮时金刚石滑座的回转角度

导轮转角	导轮直径与工件直径比值（D/d）									
	3	3.5	4	5	6	7	12	18	24	48
	金刚石滑座的回转角度									
1°	50′	50′	55′	55′	55′	55′	55′	1°	1°	1°
2°	1°45′	1°45′	1°50′	1°50′	1°50′	1°55′	1°55′	2°	2°	2°
3°	2°35′	2°40′	2°40′	2°45′	2°50′	2°50′	2°55′	2°55′	3°	3°
4°	3°30′	3°30′	3°35′	3°40′	3°45′	3°45′	3°50′	3°55′	4°	4°
5°	4°20′	4°25′	4°30′	4°35′	4°40′	4°40′	4°50′	4°55′	5°	5°
6°	5°15′	5°15′	5°25′	5°30′	5°35′	5°40′	5°45′	5°55′	5°55′	5°55′
7°	6°10′	6°10′	6°20′	6°25′	6°30′	6°35′	6°45′	6°50′	6°55′	6°55′

6）导轮的横向进给。

① 贯穿磨削时的横向进给。导轮架座装在滑板上，可沿着滑板的导轨横向进给。图5-14所示为导轮横向进给机构的有关操作手柄，其操作步骤如下。

a. 锁紧手柄4。

b. 放松螺钉5。

c. 回转手轮2即可使导轮作横向进给，需作微量进给时则可转动手轮1。

② 切入磨削时的横向进给。

a. 放松手柄4。

b. 拧紧螺钉5。

c. 操作快速手柄3，使导轮作快速横向进给。

（4）托板和导板的调整

1）托板的主要数据。图5-15所示为无心外圆磨床的托板，用来支承工件。

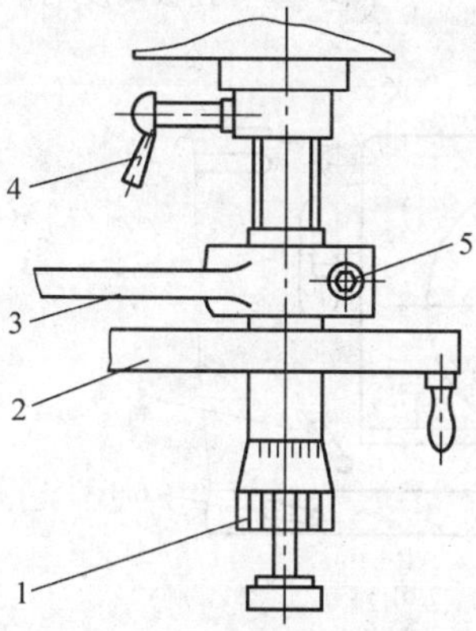

图5-14 导轮横向进给机构

1、2—手轮 3—快速手柄 4—手柄 5—螺钉

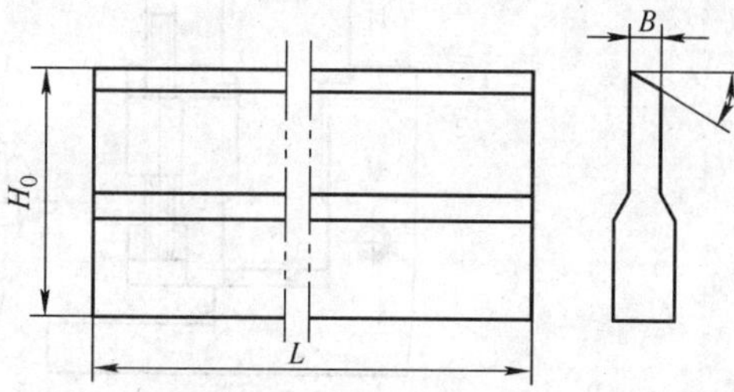

图5-15 托板

① 托板的支承斜面。托板的支承斜面一般取 $\phi=30°$。由于托板直接支承着工件，故对托板支承斜面的平面度和表面粗糙度均有较高要求。当托板支承斜面磨损时要及时加以修磨。

② 托板的厚度。托板的厚度会影响托板的刚度和磨削过程中的平稳性。一般，托板的厚度 B 比工件直径小1.5～2mm，以防止托板与磨削轮、导轮发生碰撞。

③ 托板的高度。无心磨削时，必须使工件的中心高于磨削轮和导轮的中心，工件才能磨圆。托板的高度由工件的中心高出两砂轮中心的高度 h 决定（图5-16）。当高出量 h 过大时，工件将在磨削区内产生跳动，从而会使工件表面出现斑点；当高出量 h 过小时，工件的原始形状误差不易消除。一般，高出量 h 可按表5-3选取。

表5-3 托板调整参数 （单位：mm）

工件直径 d	工件中心高出量 h	托板与磨削轮间的距离 c
5～12	2.5～6	1～2.4
12～25	6～10	1.65～4.75
25～40	10～15	3.75～7.5
40～80	15～20	7.5～10

托板的安装高度 H 可用下式计算，其中的194mm为机器常数。

$$H = 194 + h + \frac{d}{2}$$

式中 H——由支架基准面至工件顶端高度（mm）；

d——工件直径（mm）；

h——工件中心高出砂轮中心的数值（mm）。

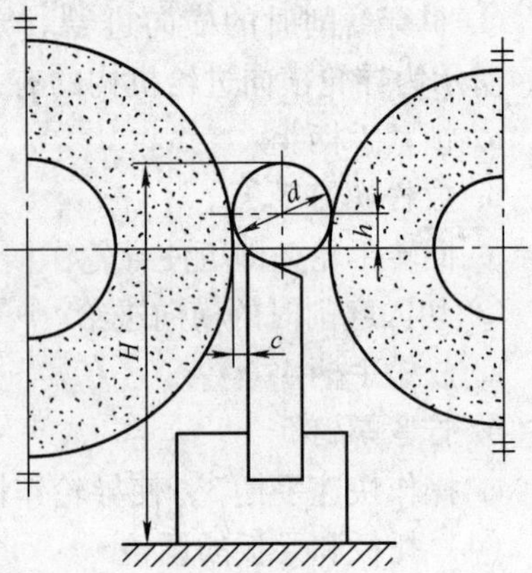

图 5-16 托板高度的调整

2）托板的调整。

① 调整步骤如下。

a. 如图5-17a 所示，拧紧螺钉1，用压板4将托板2紧固在支架上。

b. 按表5-3选取工件中心高出量 h 值，然后调整托板高度。当托板尺寸较小时，可垫垫片3。调整时用金属直尺测量工件最高点至底板的距离。

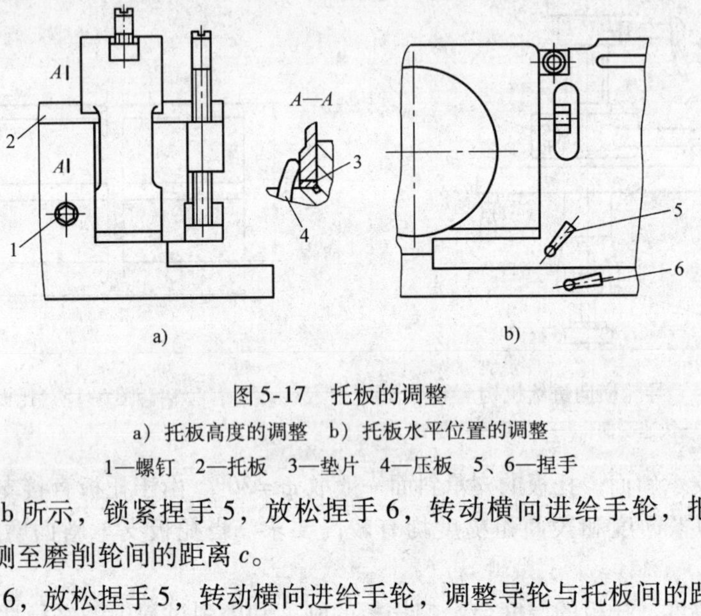

图 5-17 托板的调整

a）托板高度的调整 b）托板水平位置的调整

1—螺钉 2—托板 3—垫片 4—压板 5、6—捏手

c. 如图5-17b 所示，锁紧捏手5，放松捏手6，转动横向进给手轮，把托板引向磨削轮。调整托板左侧至磨削轮间的距离 c。

d. 锁紧捏手6，放松捏手5，转动横向进给手轮，调整导轮与托板间的距离。

② 注意事项如下。

a. 合理调整托板的高度。当工件产生周期性跳动时，可适当降低工件的安装高度，亦可采用其他方法加以改善，例如采用较软的磨削轮，并频繁地修整磨削轮。

b. 磨削小直径长工件时，须使工件中心低于两砂轮中心，以避免产生跳动。

3）导板的调整。导板的作用是在磨削过程中引入和退出工件。常用的导板如图5-18a 所示，导板用螺钉3、4紧固在支架上，旋转螺杆1、2，即可调整一端的导板6、7。

① 导板的调整要求如下。

a. 调整靠导轮一侧的前导板，其应比导轮圆周后退0.01～0.025mm。

b. 调整靠导轮一侧的后导板，使之与导轮圆周齐平。

c. 调整靠磨削轮一侧的前后导板，使之均比磨削轮圆周后退0.4～0.8mm。

② 注意事项如下。

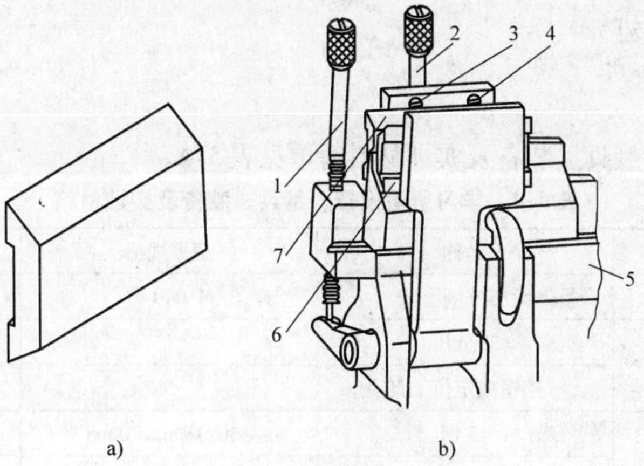

图5-18 导板

a）导板 b）导板的调整

1、2—螺杆 3、4—螺钉 5—支架 6、7—导板

a. 导板不能突出导轮圆周面。当前导板突出导轮圆周面时，工件前部将被切去一块；当后导板突出导轮圆周面时，工件的贯穿受到阻碍，工件后部将被切去一长条。

b. 导板不得偏斜。当导板偏向磨削轮时，工件将被磨削成细腰形（图5-19a）；当导板偏向导轮时，工件则会被磨成腰鼓形（图5-19b）。

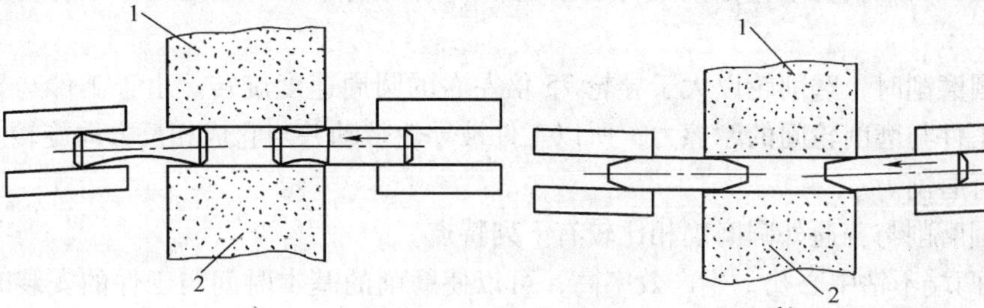

图5-19 导板的偏斜

a）偏向磨削轮 b）偏向导轮

1—导轮 2—磨削轮

项目二 无心外圆磨削实训

一、学习目标

掌握无心外圆的磨削方法。

二、学习任务

1. 项目任务

本项目的任务是学习无心外圆的磨削方法。

2. 任务流程图

无心外圆磨削的特点→无心外圆的磨削方法→贯穿磨削法磨削实训→切入磨削法磨削实

训→无心磨削质量分析

三、环境设备

学习所需设备、量具、装备及实训材料清单见表5-4。

表5-4　学习所需设备、量具、装备及实训材料

分类	名称	型号规格	数量
设备	无心外圆磨床	M1040 型	1
量具	千分尺		1
装备	挡销或定位工具		1
实训材料	45 钢	ϕ30.3mm×70mm	5~10
	45 钢	ϕ15mm×8.3mm×16mm	5~10

四、学习过程

1. 无心外圆磨削的特点

进行无心外圆磨削时，工件安装在无心磨床的两个砂轮之间。其中一个砂轮起磨削作用，称为磨削轮；另一个砂轮起传动作用，称为导轮。工件下部有托板支承。导轮用橡胶结合剂粘结而成，其轴线在垂直方向上与磨削轮轴线倾斜成 α 角，带动工件作旋转运动和进给运动。

无心外圆磨削时，磨削轮以大于导轮 75 倍左右的圆周速度旋转。由于工件与导轮间的摩擦力大于工件与磨削轮间的摩擦力，所以工件被导轮带动并与它成相反方向旋转。磨削轮则对工件进行磨削。

无心外圆磨削与普通外圆磨削相比较有下列特点。

1）工件两端不钻中心孔，生产效率高，可以使磨削的基本时间与工件的安装时间完全重合，适合大批量磨削圆柱销、滚针等形状简单的外圆零件。

2）磨削细长光轴时支承的刚度好，工件不易发生弯曲变形。

3）磨削时，由于工件的圆周面须紧靠导轮，因此不能磨削带有纵向直槽的零件。

4）机床的调整时间较长，调整的技术要求也较高。

5）磨削套类零件时，由于零件以自身的外圆为定位基准，因此不能减小内外表面间原有的同轴度误差。

2. 无心外圆的磨削方法

（1）贯穿磨削法　磨削时，工件一边旋转一边纵向进给穿过磨削区域，工件的加工余量需在几次贯穿中切除。此种方法适用于磨削无台阶的外圆表面（图5-20）。导轮在垂直方向上转过一个角度 α 后，导轮的圆周速度分解为切向分速度 $v_{切向}$ 和纵向分速度 $v_{纵向}$，计算公式为

$$v_{切向}=v_{导轮}\cos\alpha$$

$$v_{纵向}=v_{导轮}\sin\alpha$$

式中　α——导轮在垂直方向的倾斜角（°）；

$v_{导轮}$——导轮的圆周速度（m/min）。

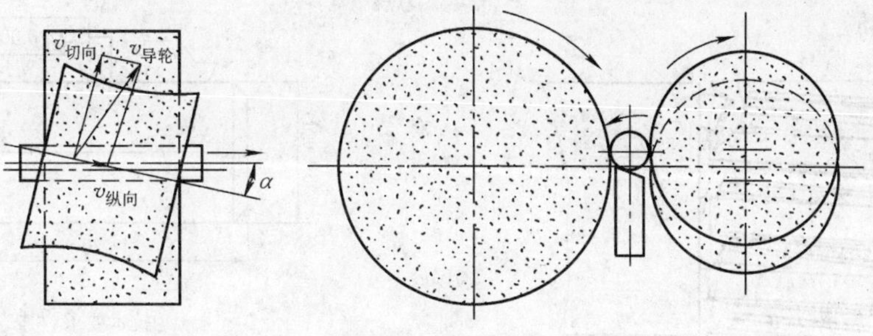

图 5-20 贯穿磨削法

因而工件的纵向进给速度等于导轮的纵向分速度，工件的圆周进给速度等于导轮的切向分速度。导轮的圆周速度也可按下列公式计算：

$$v_{导轮}=\frac{\pi D_{导轮}n_{导轮}}{1000}$$

$$v_{切向}=\frac{\pi D_{导轮}n_{导轮}\cos\alpha}{1000}$$

$$v_{纵向}=\frac{\pi D_{导轮}n_{导轮}\sin\alpha}{1000}$$

式中 $v_{纵向}$——导轮纵向分速度（m/min）；

$v_{切向}$——导轮切向分速度（m/min）；

$n_{导轮}$——导轮转速（r/min）；

α——导轮在垂直平面内的倾斜角（°）。

导轮在垂直方向的倾斜角增大时，工件的纵向进给速度增大，生产效率提高，而工件的表面粗糙度值变大。通常，精磨时取 $\alpha=1°30'\sim2°30'$，粗磨时取 $2°30'\sim4°$。每次贯穿的横向进给量，粗磨时取 0.02～0.06mm，精磨时取 0.005～0.01mm。

（2）切入磨削法 切入磨削法适用于加工带肩台的圆柱形工件或锥销、锥形滚柱等成形旋转体工件（图 5-21）。磨削时，工件不作贯穿运动，通常将导轮架回转较小的倾斜角（$\alpha=30'$），使工件在磨削过程中有一微小进给力，使工件紧靠托板，因而能获得理想的加工质量。

采用切入磨削法时，需精细修整磨削轮，以使其表面平整。当工件表面粗糙度值过大时，应及时修整磨削轮。磨削时，导轮要慢而均匀地横向切入。

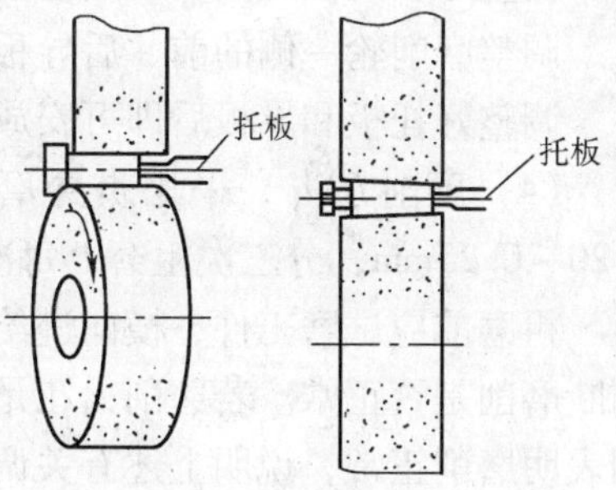

图 5-21 切入磨削法

（3）强迫贯穿磨削法 强迫贯穿磨削法使用带有成形螺旋槽的导轮，导轮的成形面使磨削轮的工作母线与工件的母线相平行，并借助于导轮的成形螺旋槽，使工件强迫贯穿磨削（图 5-22），具有很高的生产效率。由于导轮成形面的制造和机床的调整很复杂，故此种磨削方法仅适用于大批量贯穿磨削成形表面的工件。

3. 贯穿磨削法磨削实训

图 5-23 所示为一圆柱销工件。

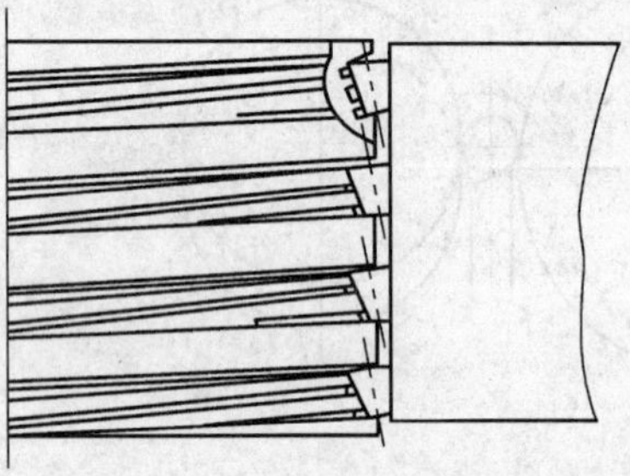

图 5-22 强迫贯穿磨削法

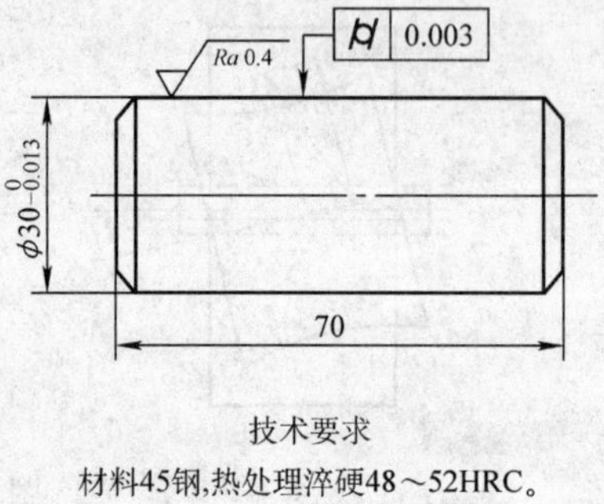

图 5-23 圆柱销

(1) 图样和技术要求分析 该工件的材料为 45 钢，热处理淬硬 48 ~ 52HRC，磨削余量为 0.2 ~ 0.25mm。要求用贯穿磨削法磨削至尺寸 $\phi 30_{-0.013}^{0}$ mm，表面粗糙度值达到 Ra0.4μm，圆柱度公差为 0.003mm。

(2) 砂轮的选择和调整 采用 M1040 无心外圆磨床磨削，所选磨削轮的特性为 A (F60 ~ F80) (J ~ P) V 双面凹砂轮，导轮的特性为 A (F80 ~ F120) (P ~ R) 砂轮。修整砂轮用金刚石修整笔，因工件技术要求较高，故砂轮需多次修整。

磨削前，应调整和修整导轮。先调整导轮在垂直平面内的倾斜角 $\alpha = 4°$，再调整导轮修整器金刚石滑座在水平面内的角度 $\alpha = 3°50'$。根据导轮和工件直径及通过查表 5-3 获得工件安装中心高出量 $h = 10$mm，计算出金刚石偏移量 $h_1 = Dh/(D + d) = 9$mm。将导轮修整器调整至修整速度修整导轮，并用磨削轮修整器粗修整磨削轮。

(3) 装夹方法 工件不需要特别的装夹，但需要调整好托板和导板的位置，方法如下。

调整托板时，将工件放在托板和导板之间，查表 5-3 取 $h = 10$mm，计算出托板的安装高度 $H = 219$mm，用金属直尺测量。

调整导轮一侧前、后导板时，可取一个待磨工件放在托板上，将工件靠着前导板推向导轮，检查导板的位置是否正确，前导板应比导轮表面退后 0.02mm 左右。

调整磨削轮一侧的前、后导板，使之比磨削轮圆周面退后 0.4 ~ 0.8mm。

调整好托板和导板后即可安放工件。

(4) 磨削方法 采用贯穿磨削法磨削，分配好粗、精磨余量。工件的粗磨余量为 0.20 ~ 0.25mm，分三次粗磨，每次磨削余量约为 0.05mm，留精磨余量 0.05mm 左右。

粗磨前应试磨工件，横向进给量取 0.02 ~ 0.05mm。仔细观察磨削火花的分布情况，以判断磨削是否正常。若磨削火花是均匀变化的，且在磨削区的后半部火花逐渐减少至消失，则表明磨削正常，说明上述有关调整符合要求。

(5) 切削液的选择 选用乳化液切削液，切削液要清洁，供应要充足。

(6) 操作步骤

1) 操作前的检查、准备。

① 调整导轮在垂直平面内的倾斜角，取 $\alpha = 4°$。

② 修整导轮。取导轮修整器的金刚石笔滑座在水平面内的回转角度 $\alpha = 3°50'$，金刚石笔偏移量 $h_1 = 9$mm。

③ 粗修整磨削轮。

④ 调整托板。工件中心高出砂轮中心的数值 $h=10$mm，托板安装高度 $H=219$mm。

⑤ 调整导板。

2）试磨。观察火花状况，若正常，可开始粗磨；若磨削火花不均匀，则重新修整磨削轮和导轮。

3）粗磨。分三次粗磨，每次磨削余量约为 0.05mm，留精磨余量 0.05mm 左右。粗磨后检查工件的圆柱度误差，应不大于 0.003mm，表面粗糙度值应达到 $Ra0.8 \sim 0.4\mu m$。

4）精修整磨削轮。必要时调整、修整导轮，并调整托板和导板。

5）精磨外圆柱面至尺寸要求。使外圆柱面达到 $\phi 30_{-0.013}^{\ 0}$ mm，圆柱度误差不大于 0.003mm，保证表面粗糙度值不大于 $Ra0.4\mu m$。为保证表面粗糙度值，最后可作一次光磨。

4. 切入磨削法磨削实训

（1）图样和技术要求分析　图 5-24 所示为固定销，材料为 45 钢，热处理淬硬 48 ~ 52HRC；需磨削外圆柱面 $\phi(8\pm0.0045)$mm，表面粗糙度值要求为 $Ra0.4\mu m$，磨削余量为 0.25 ~ 0.3mm；工件为批量生产。

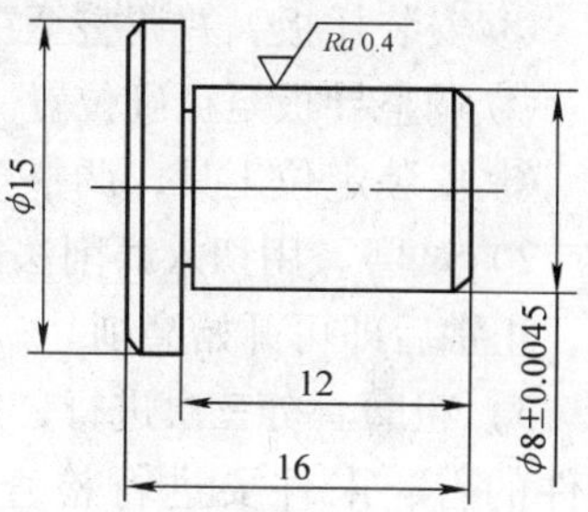

技术要求
材料45钢，热处理淬硬48～52HRC。

图 5-24　固定销

（2）砂轮的选择和调整　工件采用 M1040 无心外圆磨床加工。磨削轮的特性为 A（F60 ~ F80）（J ~ P）V 双面凹砂轮，导轮的特性为 A（F80 ~ F120）（P ~ R）砂轮。修整砂轮用金刚石修整笔。

调整导轮，使导轮在垂直平面内的倾斜角 $\alpha=30'$，按表 5-3 选取工件安装中心高出量 $h=4$mm，金刚石修整笔偏移量取 $h_1=3.8$mm，将导轮修整器调整至修整状态修整导轮，并用磨削轮修整器修整磨削轮。

（3）装夹方法　工件装夹在托板和导板之间，须认真调整托板和前、后导板至正确位置。

由于工件带有轴肩，故需在工件端面加上挡销和其他定位装置。该工件为批量生产，为此采用了专用的定位工具（图 5-25）。

该定位工具由圆柱 1 和定位凸台 2 组成。将该定位工具安放在后导板上，并调整至适当高度，使定位凸台支承在工件端面上（图 5-26）。此工具结构简单、使用方便。磨削时，工件受到一微小的切削力，将其端面顶在定位凸台上，经安装调整后该定位工具可用于批量生产。

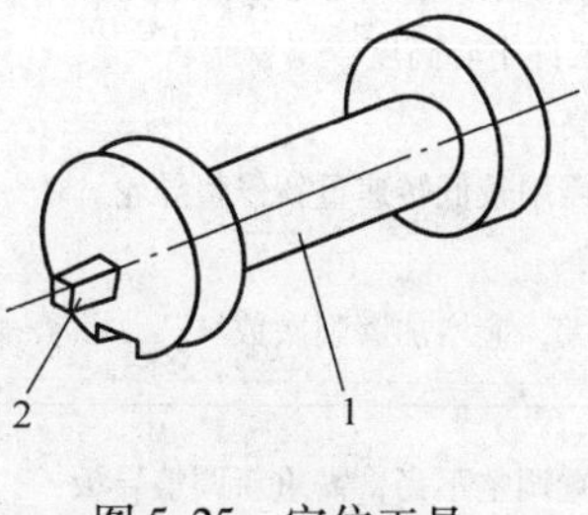

图 5-25　定位工具
1—圆柱　2—定位凸台

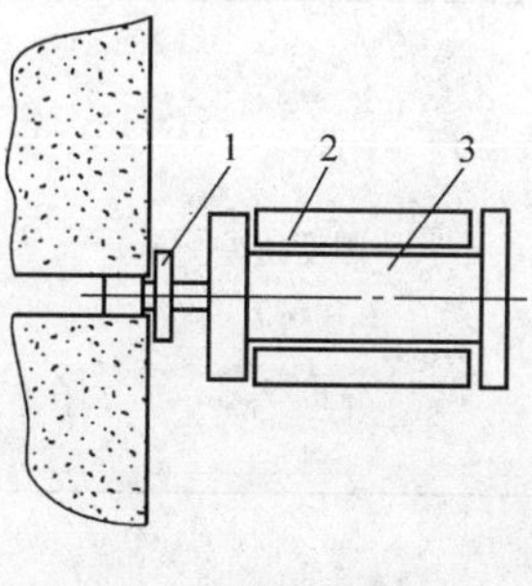

图 5-26　定位工具的安装
1—工件　2—导板　3—定位工具

(4) 磨削方法　采用切入磨削法磨削，划分粗、精加工。粗磨三次，磨去 0.20 ~ 0.25mm 余量，留精磨余量 0.05 ~ 0.06mm。粗磨前应作试磨，观察火花正常后方可继续磨削。

(5) 切削液的选择　选用乳化液切削液，切削液须清洁、供应充足。

(6) 操作步骤

1) 操作前的检查、准备。选用 M1040 型无心外圆磨床，进行调整。

① 调整导轮倾斜角，取 $\alpha=30'$；调整导轮修整器转角 $\alpha=30'$；调整金刚石修整笔偏移量，取 $h_1=3.8$mm，修整导轮。

② 修整磨削轮。

③ 安装托板，并调整至正确位置。

④ 调整导板至正确位置。

⑤ 安装定位工具，调整至适当高度。

2) 试磨。用切入磨削法试磨外圆柱面，取横向进给量为 0.02 ~ 0.04mm。观察火花情况，正常后即可开始磨削。

3) 粗磨。分三次进行，每次磨削余量为 0.05mm 左右。横向进给要缓慢、均匀。每组工件的首、末件要进行检查，发现问题应及时调整，以保证磨削正常进行。粗磨后留 0.05mm 精磨余量。

4) 精修整导轮和磨削轮。

5) 精磨。使外圆柱面尺寸达到 $\phi(8\pm0.0045)$ mm，表面粗糙度值达到 $Ra0.4\mu m$。磨削时要注意：导轮横向切入时要慢而均匀；导轮应调整至工作状态的转速；磨削轮表面要平整；当工件表面粗糙度值增高时，应及时修整磨削轮。

5. 无心外圆磨削质量分析

无心外圆磨削中常会发生一些缺陷，如圆度、圆柱度超差，表面粗糙度超差，以及表面外观缺陷等。产生缺陷的主要原因是机床调整不当，如砂轮的选择、工件安装的中心高、托板和导板的调整等不太合理；工艺方法不当，如磨削余量分配不均匀，工件的贯穿速度太快等；工件本身的缺陷引起的，如几何形状误差太大、材质不均匀等。对于产生的缺陷要认真分析其原因，并采取切实有效的防止和解决办法，以提高磨削质量。无心外圆磨削中的常见缺陷、产生原因见表 5-5。

表 5-5　无心外圆磨削中的常见缺陷、产生原因

常见缺陷	产生原因
圆度超差	1. 工件中心高度不恰当，奇数棱圆时可增加工件中心高度；偶数棱圆时降低工件中心高度 2. 砂轮硬度过高 3. 导轮不圆，需用较低转速重新修整导轮 4. 砂轮不平衡 5. 毛坯误差太大，应增加磨削次数
圆柱度超差	1. 前后导板位置调整不当，需重新调整导板 2. 磨削区域火花不正常，需重新调整、修整砂轮

（续）

常见缺陷	产生原因
表面粗糙度超差	1. 砂轮粒度太粗，修整速度太快 2. 工件贯穿速度太快，可减小导轮倾斜角 3. 切削液不清洁
表面外观缺陷（带状、直条状、螺旋状直条纹）	1. 导板松动或过紧，需重新调整导板 2. 砂轮不圆或振动，需重新调整砂轮

复习思考题

1. 试述无心外圆磨削的特点。

2. 用贯穿磨削法磨削时，如何选择导轮在垂直平面内的倾斜角？如何计算工件的纵向进给速度和圆周进给速度？

3. 切入磨削法和强迫贯穿磨削法各适用于磨削哪些零件？

4. 在无心外圆磨床上修整直径为 ϕ350mm 的导轮，试求修整器调整参数：金刚石偏移量，金刚石滑座的回转角度（已知工件直径为 ϕ30mm，工件安装中心高度为 10mm，导轮在垂直平面内的倾角 5°）？

5. 已知无心外圆磨床导轮直径为 ϕ350mm，转速为 50r/min，导轮在垂直平面内的倾角 3°，试求工件的圆周进给速度和纵向进给速度？

6. 如何选择导轮？为什么导轮应修整成双曲面？修整导轮时如何调整机床？

7. 如何选择、调整托板和导板？

8. 无心外圆磨削时，工件常会产生哪些缺陷？应如何防止？

第六单元　圆锥面磨削

项目一　圆锥的基本知识

一、学习目标

1. 了解圆锥面配合的特点、圆锥的形式及各部分名称。
2. 掌握圆锥各部分尺寸的计算方法。
3. 了解标准圆锥。

二、学习任务

1. 项目任务

本项目的主要任务是学习圆锥各部分尺寸的计算方法。

2. 任务流程图

圆锥面配合的特点→圆锥的形式及各部分名称→圆锥的各部分尺寸计算→标准圆锥

三、学习过程

在机床和工具中，有许多使用圆锥面配合的场合，如磨床头架主轴孔和尾座锥孔跟顶尖的配合，磨床砂轮架主轴与砂轮法兰盘的配合，车床主轴锥孔与顶尖的配合，车床尾座锥孔与麻花钻锥柄的配合等，如图6-1所示。常见的圆锥面零件有锥齿轮、锥形主轴、带锥孔的齿轮、锥形手柄等，如图6-2所示。

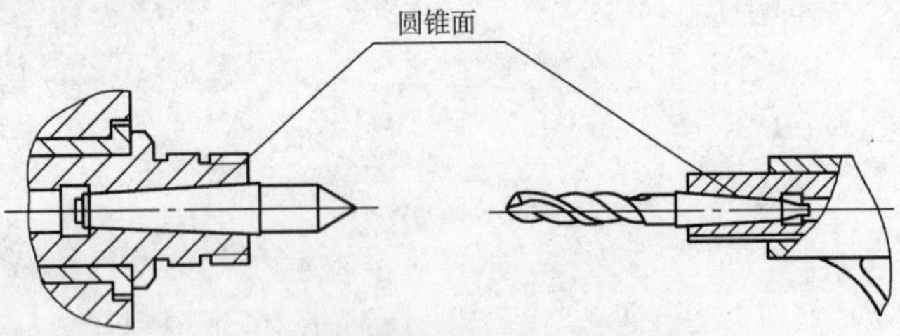

图6-1　圆锥面零件配合实例

1. 圆锥面配合的特点

1）当圆锥角较小（3°以下）时，可以传递很大的转矩。

2）圆锥面配合同轴度较高，能做到无间隙配合。

3）装卸方便，且虽经多次装卸，仍能保证精确的定心作用。

加工圆锥面时，除了尺寸精度、几何精度和表面粗糙度具有较高要求外，还有角度（或锥度）的精度要求。角度的精度用加、减角度的分或秒表示。对于精度要求较高的圆锥面，常用涂色法检验。检验时，精度以接触面的大小来评定。

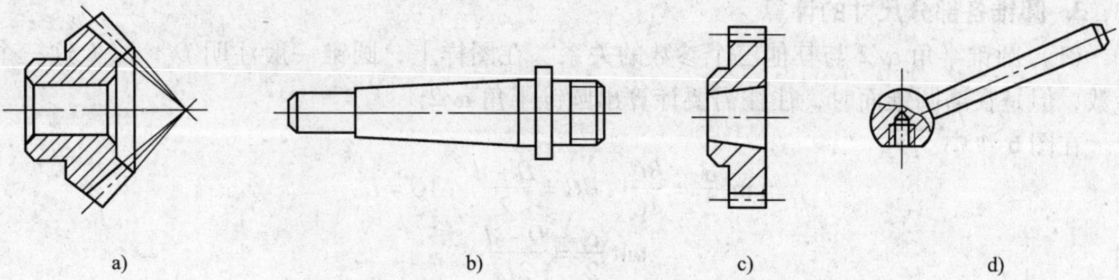

图 6-2 常见的圆锥面零件

a）锥齿轮 b）锥形主轴 c）带锥孔的齿轮 d）锥形手柄

2. 圆锥的形式及各部分名称

圆锥可分为外圆锥和内圆锥两种，通常把外圆锥称为外锥体，内圆锥称为圆锥孔。

与轴线成一定角度，且一端相交于轴线的直线段 *AB*（母线），围绕着该轴线 *AO* 旋转形成的表面，称为圆锥面。其中，直线段 *AB* 称为圆锥母线（图 6-3a）。如果截去圆锥的尖端即成为截锥体（图 6-3b）。

圆锥的各部分名称如图 6-4 所示。

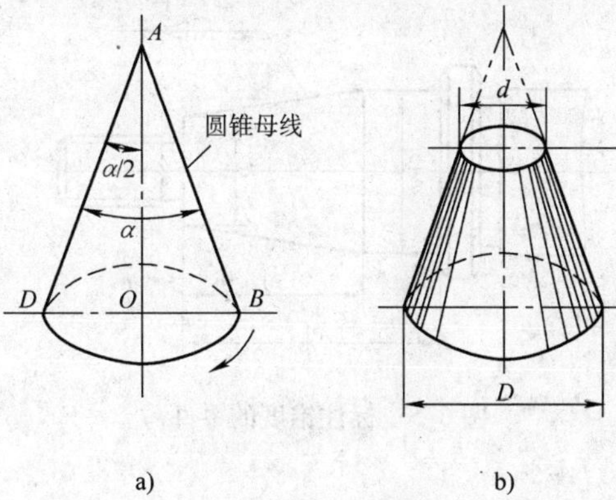

图 6-3 圆锥面的形成

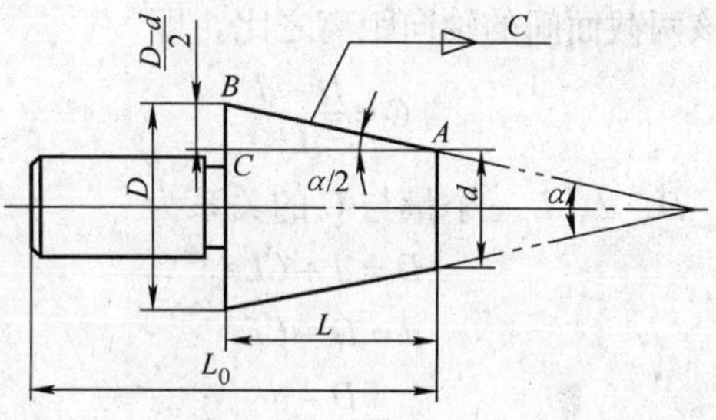

图 6-4 圆锥各部分名称

图 6-4 中：D——最大圆锥直径（简称大端直径，mm）；

d——最小圆锥直径（简称小端直径，mm）；

α——圆锥角（°）；

$\alpha/2$——圆锥半角（°）；

L——最大圆锥直径与最小圆锥直径之间的轴向距离（简称锥形部分长度，mm）；

L_0——工件全长（mm）；

C——锥度。

圆锥有以下四个基本参数。

1）圆锥半角（$\alpha/2$）或锥度（C）。

2）最大圆锥直径（D）。

3）最小圆锥直径（d）。

4）锥形部分长度（L）。

3. 圆锥各部分尺寸的计算

（1）圆锥半角 $\alpha/2$ 与其他三个参数的关系　在图样上，圆锥一般注明 D、d、L 这三个参数，但是在磨圆锥面时，往往需要计算出圆锥半角 $\alpha/2$。

在图 6-4 中：

$$\tan\frac{\alpha}{2}=\frac{BC}{AC}\quad BC=\frac{D-d}{2}\quad AC=L$$

则

$$\tan\frac{\alpha}{2}=\frac{D-d}{2L}$$

其他三个参数与圆锥半角 $\frac{\alpha}{2}$ 的关系为

$$D=d+2L\tan\frac{\alpha}{2}$$

$$d=D-2L\tan\frac{\alpha}{2}$$

$$L=\frac{D-d}{2\tan\frac{\alpha}{2}}$$

（2）锥度（C）与其他三个参数的关系　有很多零件，在圆锥面上标注的是锥度符号，如图 6-5 所示。

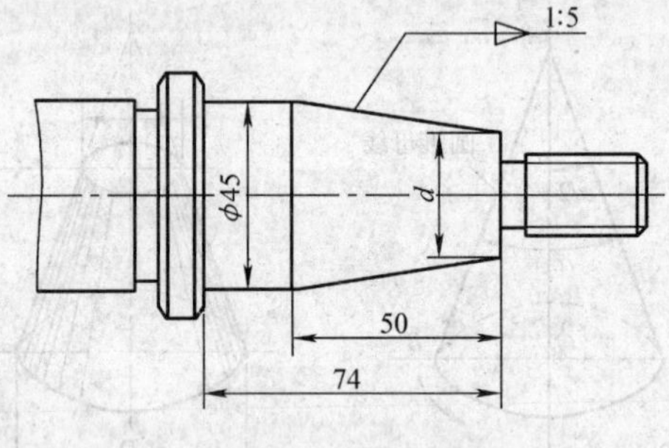

图 6-5　标注锥度的零件

锥度是两个垂直于圆锥轴线的截面的直径差与该两截面间的轴向距离之比，即

$$C=\frac{D-d}{L}$$

D、d、L 三个量与 C 的关系为

$$D=d+CL$$

$$d=D-CL$$

$$L=\frac{D-d}{C}$$

圆锥半角 $\alpha/2$ 与锥度 C 的关系为

$$\tan\frac{\alpha}{2}=\frac{C}{2}$$

$$C=2\tan\frac{\alpha}{2}$$

例 6-1　有一圆锥，已知 $D=26\text{mm}$，$d=24\text{mm}$，$L=30\text{mm}$，试求圆锥半角 $\alpha/2$。

解：根据式　$\tan\frac{\alpha}{2}=\frac{D-d}{2L}=\frac{26\text{mm}-24\text{mm}}{2\times30\text{mm}}\approx0.03333$

得

$$\frac{\alpha}{2}=1°54'$$

例 6-2　有一个圆锥，已知圆锥半角 $\alpha/2=7°7'30''$，$D=56\text{mm}$，$L=44\text{mm}$，试计算小端直径 d。

解：由公式得　$d=D-2L\tan\frac{\alpha}{2}=56\text{mm}-2\times44\text{mm}\times\tan7°7'30''$

$=45\text{mm}$

例 6-3　图 6-5 所示为磨床主轴圆锥。已知锥度 $C=1:5$，大端直径 $D=45\text{mm}$，圆锥长

度 $L=50\text{mm}$，求小端直径 d 和圆锥半角 $\alpha/2$。

解：根据式　$d=D-CL=45\text{mm}-\frac{1}{5}\times50\text{mm}=35\text{mm}$

根据式　$\tan\frac{\alpha}{2}=\frac{C}{2}=\frac{1}{5}\times\frac{1}{2}=0.1$

得　$\frac{\alpha}{2}=5°42'38''$

4. 标准圆锥

为了使用方便、降低生产成本，常用的工具、刀具上的圆锥都已标准化。也就是说，圆锥的各部分尺寸按照规定的几个号码来制造，使用时只要号码相同，就能紧密配合和互换。

常用的标准工具圆锥有下列两种。

（1）莫氏圆锥　莫氏圆锥是机械制造业中应用最广泛的一种圆锥，如磨床主轴孔、顶尖、钻头柄、铰刀柄等都是用莫氏圆锥。莫氏圆锥分为7个号码，即0、1、2、3、4、5和6号。其中0号最小，6号最大。莫氏圆锥是从英制单位换算过来的，号数不同，圆锥角和尺寸就不同。

（2）米制圆锥　米制圆锥有8个号码，即4、6、80、100、120、140、160和200号。号码指的是圆锥的大端直径，锥度固定不变，为 $C=1:20$。它的优点是锥度不变、使用方便。

项目二　圆锥面磨削的方法

一、学习目标

1. 掌握外圆锥面的磨削方法。
2. 掌握内圆锥面的磨削方法。

二、学习任务

1. 项目任务

本项目的任务是学习外圆锥面和内圆锥面的磨削方法。

2. 任务流程图

外圆锥面的磨削方法→锥度尺寸的控制方法→外圆锥面磨削实训→内圆锥面的磨削方法→锥孔磨削实训

三、环境设备

学习所需设备及附件、量具和实训材料清单见表6-1。

表6-1　学习所需设备及附件、量具和实训材料

分类	名称	型号规格	数量
设备及附件	万能外圆磨床	M1432A	1
	三爪自定心卡盘或四爪单动卡盘		1
	顶尖		2

（续）

分类	名称	型号规格	数量
量具	外径千分尺		1
	游标万能角度尺		1
	标准莫氏环规	莫氏 3 号	1
	钢球		2
实训材料	45 钢圆锥轴		1
	45 钢锥孔轴套		1

四、学习过程

从圆锥体的形成原理可知，圆锥的特点是圆锥母线与圆锥轴线之间相交了一个圆锥半角。因此，磨削圆锥面时，一般只要使工件的旋转轴线相对于工作台运动方向偏转一个圆锥半角即可。

1. 外圆锥面的磨削方法

外圆锥面一般在外圆磨床或万能外圆磨床上磨削。根据工件形状及锥度的大小，外圆锥面可用以下三种方法进行磨削。

（1）转动工作台磨削外圆锥面　磨削时，把工件装在两顶尖之间，再根据工件圆锥半角 $\alpha/2$ 的大小，将上工作台相对下工作台逆时针转过 $\alpha/2$ 角即可（图 6-6）。

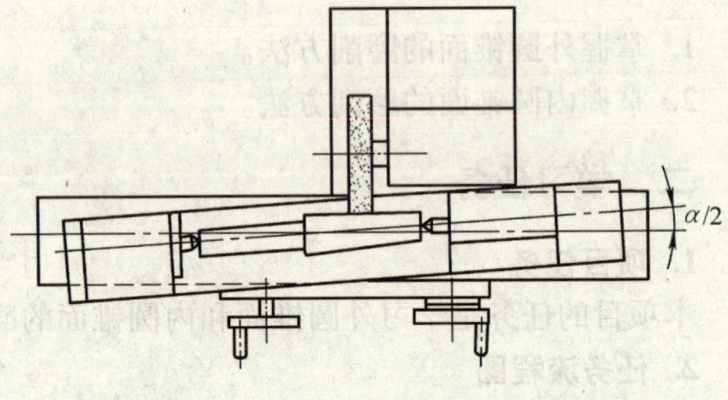

图 6-6　转动工作台磨削外圆锥面

磨削时，一般采用纵向磨削法，也可采用综合磨削法。在转动工作台前，首先要了解工作台圆锥刻度标尺上刻度的含义。通常工作台圆锥刻度标尺上的刻度有两种表示方法，即右边为锥度，左边为角度（图 6-7）。在顶尖距为 1m 的外圆磨床上，工作台最大回转角度，逆时针一般为 6°～9°，顺时针为 3°，故利用此法只能磨削圆锥角为 12°～18°的外圆锥面。

用转动工作台方法磨削外圆锥面，因机床调整方便、工件装夹简单、精度容易控制，故磨削质量好。因此，除工件圆锥半角过大，受工作台转动角度限制的情况外，一般都应采用这种方法磨削外圆锥面。

（2）转动头架磨削外圆锥面　当工件的圆锥半角超过工作台所能回转的角度时，可采用转动头架的方法来磨削外圆锥面。

这种方法是先把工件装夹在头架卡盘中，根据工件圆锥半角将头架逆时针转过同样大小的角度 $\alpha/2$，然后进行磨削（图 6-8a）。

头架转动的角度值可通过头架下面底座刻度盘上确定，但不是很精确，必须经试磨后进行调整。必须指出，用工作台进行微调要方便得多。

这种方法适用于磨削锥度较大和长度较短的工件。

有的工件伸出较长，砂轮架虽已退到极限位置，但工件与砂轮仍相碰不能磨削。这时，可把工作台也偏移一个角度，从而可使头架转动的角度比原来小些。这样，工件相对就退出了些（图6-8b），从而可以进行正常磨削。此时，头架转动的角度β_1与工作台转过的角度β_2之和等于工件的圆锥半角$\alpha/2$，即

$$\frac{\alpha}{2}=\beta_1+\beta_2$$

（3）转动砂轮架磨削外圆锥面　当磨削锥度较大且较长的工件时，只能用转动砂轮架的方法来磨削（图6-9）。因为工件锥度较大，超过工作台回转范围，所以不能用转动工作台的方法来磨削；又因为工件相当长，所以也不能把工件装夹在卡盘中，用转动头架的方法来磨削。

利用这种方法时，砂轮架转过的角度也应等于工件的圆锥半角$\alpha/2$。

这种方法很少被采用，原因如下。首先，磨削时工作台不能作纵向进给，只能用砂轮的横向进给来进行磨削。因此，工件的圆锥母线长度最好要小于砂轮的宽度，否则只能用分段接刀的方法进行磨削，这是比较困难的；其次，修整砂轮时必须将砂轮架转回到“零位”，调整机床比较麻烦；最后，由于磨削时工作台不能作纵向运动，故不易提高工件的加工精度和减小表面粗糙度。

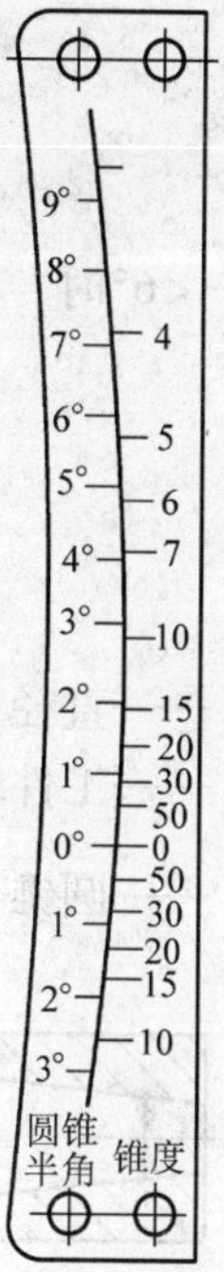

图6-7　工作台圆锥刻度标尺

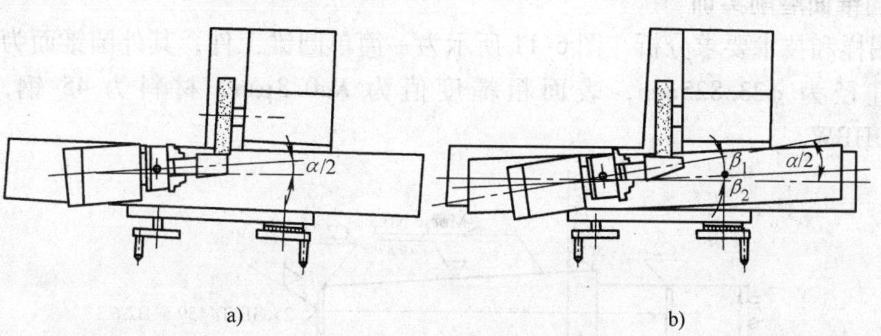

图6-8　转动头架磨削外圆锥面

a）只转动头架磨削外圆锥面　b）转动头架、工作台磨削外圆锥面

2. 圆锥尺寸的控制方法

磨削圆锥面时，当锥度已磨削准确，而大小端直径尺寸还未达到要求时，必须要进行再次磨削。圆锥大小端直径尺寸用一般通用量具很难测量正确，用量规只能测量出工件端面到量规台阶中间平面的距离a（图6-10）。要确定能使大小端直径尺寸合格的磨削余量，可按下式进行计算。

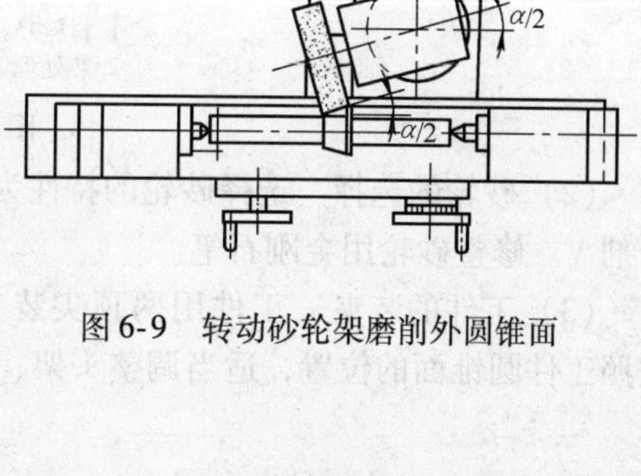

图6-9　转动砂轮架磨削外圆锥面

$$\frac{h}{2}=a\sin\frac{\alpha}{2}$$

$$h=2a\sin\frac{\alpha}{2}$$

当$\frac{\alpha}{2}<6°$时

$$\sin\frac{\alpha}{2}\approx\tan\frac{\alpha}{2}$$

因此

$$h=2a\sin\frac{\alpha}{2}\approx 2a\tan\frac{\alpha}{2}$$

又

$$\tan\frac{\alpha}{2}=\frac{C}{2}$$

则

$$h=aC$$

式中　h——直径上需要磨去的余量（mm）；

a——工件端面到量规台阶中间平面的距离（mm）；

$\frac{\alpha}{2}$——圆锥半角（°）。

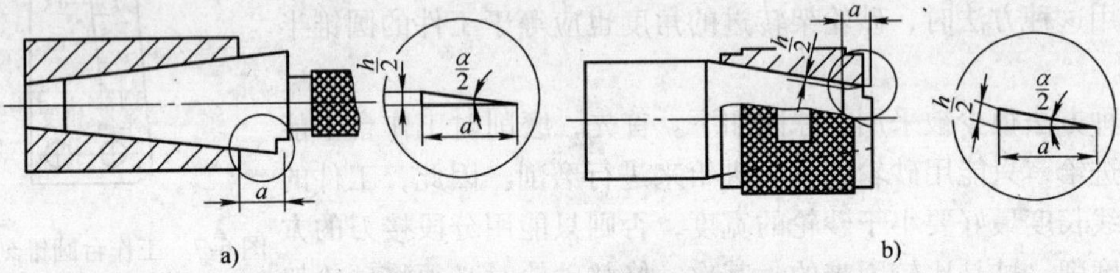

图6-10　圆锥尺寸的控制方法

a）控制内圆锥面尺寸　b）控制外圆锥面尺寸

3. 外圆锥面磨削实训

（1）图样和技术要求分析　图6-11所示为一简单圆锥工件，其外圆锥面为莫氏3号锥度，大端直径为ϕ23.825mm，表面粗糙度值为Ra0.8μm，材料为45钢，热处理调质220～250HBW。

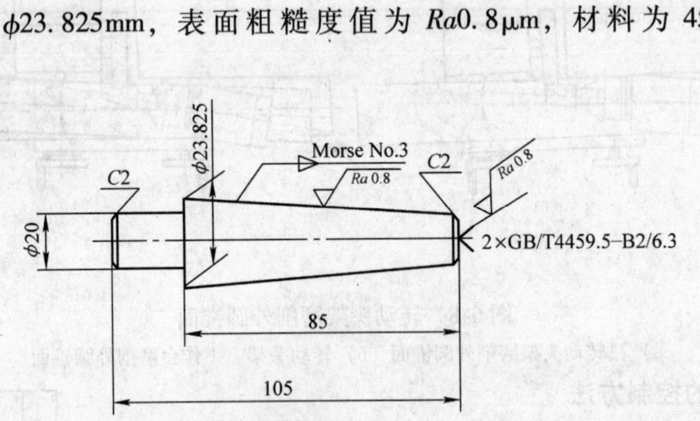

图6-11　圆锥轴

（2）砂轮的选择　选择砂轮的特性为：磨料A～WA，粒度F46～F60，硬度K～L，结合剂V。修整砂轮用金刚石笔。

（3）工件的装夹　工件用两顶尖装夹，装夹时应使工件圆锥大端朝向磨床头架方向。按照工件圆锥面的位置，适当调整头架、尾座的纵向位置，并注意中心孔的清理和润滑。

（4）磨削方法　采用转动工作台方法磨削外圆锥面，并用纵向磨削法。查出莫氏 3 号锥度对应的圆锥半角为 $\alpha/2=1°26'12''$，将工作台逆时针方向转动 $\alpha/2$，并用试磨法调整工作台。磨削时，按加工余量和加工要求，划分粗磨和精磨。

（5）检验方法　锥体用莫氏 3 号圆锥环规涂色法检验，接触面应大于 75%。大端直径尺寸直接用外径千分尺测量。

（6）切削液的选择　选用乳化液切削液，磨削过程中注意充分冷却。

（7）操作步骤　在 M1432A 型万能外圆磨床上进行操作。

1）操作前的检查、准备。

① 用两顶尖装夹工件，锥面大端靠近机床头架。装夹前清理中心孔，并加润滑脂。

② 找正工作台，使工件外圆锥面径向圆跳动误差不大于 0.005mm。

③ 逆时针方向转动工作台 1°26′12″后，锁紧工作台。

④ 检查外圆锥面加工余量。

⑤ 修整砂轮。

2）试磨外圆锥面。磨出即可，锥角用游标万能角度尺检验。

3）粗磨外圆锥面，留精磨余量 0.07～0.10mm，用圆锥套规检查并确认，并使表面粗糙度值不大于 $Ra0.8\mu m$。

4）精修整砂轮。

5）精磨外圆锥面。用圆锥套规涂色法检验，接触面应大于 75%。大端直径尺寸应为 $\phi(23.825\pm0.005)$ mm，表面粗糙度值应不大于 $Ra0.8\mu m$。

4. 内圆锥面的磨削方法

内圆锥面可以在内圆磨床或万能外圆磨床上进行磨削。内圆锥面的磨削原理与外圆锥面相同，方法一般有以下两种。

（1）转动工作台磨削内圆锥面　在万能外圆磨床上磨削内圆锥面的方法如图 6-12 所示。磨削时，将工作台转过一个与圆锥半角 $\alpha/2$ 相同的角度，并使工作台带动工件作纵向往复运动，砂轮作横向进给运动即可。

这种磨削方法由于受到工作台转角的限制，因此仅限于磨削圆锥角在 18°以下、长度较长的内圆锥面。

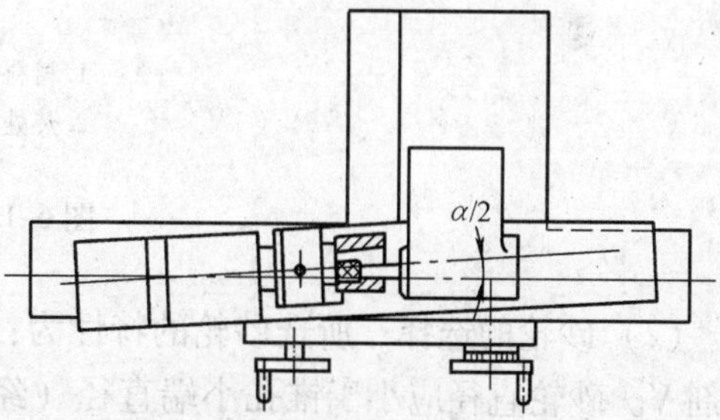

图 6-12　转动工作台磨削内圆锥面

（2）转动头架磨削内圆锥面　磨削时，将头架转过一个与圆锥半角 $\alpha/2$ 相同的角度，使工作台作纵向往复运动，砂轮作微量横向进给即可（图 6-13）。

利用这种方法，可以在内圆磨床上磨削各种锥度的内圆锥面，也可以在万能外圆磨床上磨削锥度较大的内圆锥面。一般长度较短、锥度较大的工件都采用这种方法进行磨削。

对于左右对称的高精度内圆锥面工件，可用如图 6-14 所示的方法磨削。磨削时，先把外端内圆锥面磨削正确，然后不变动头架角度，将内圆砂轮摇向对面，再磨削内圆锥面。

利用这种方法，工件不需拆下，不但能使两对称内圆锥面的锥度相等，而且能使两内圆锥面获得很高的同轴度。

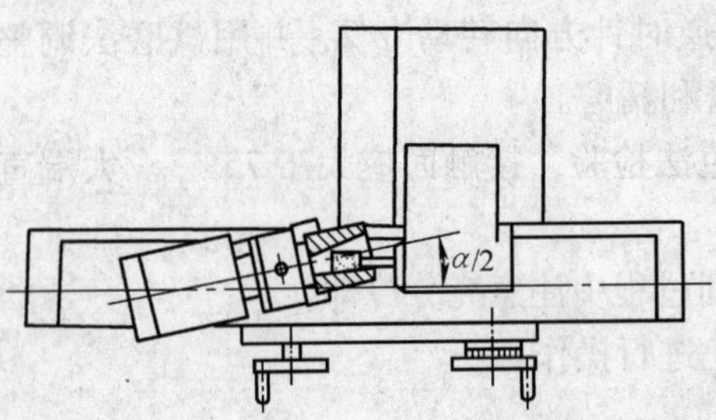

图 6-13 转动头架磨削内圆锥面

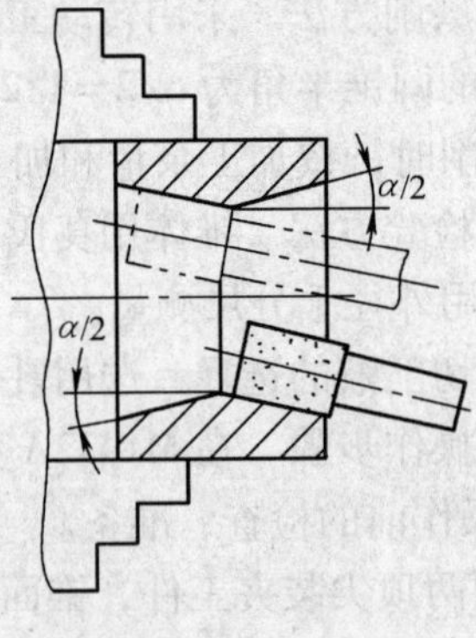

图 6-14 磨削左右对称内圆锥面的方法

5. 内圆锥面磨削实训

（1）图样和技术要求分析　图 6-15 所示为锥孔轴套，材料为 45 钢，调质 220 ~ 250HBW，内孔锥度为 1∶10，径向圆跳动公差为 0.005mm，表面粗糙度值为 *Ra*0.8μm，工件锥孔大端直径尺寸为 $\phi 29.5^{+0.05}_{0}$ mm。

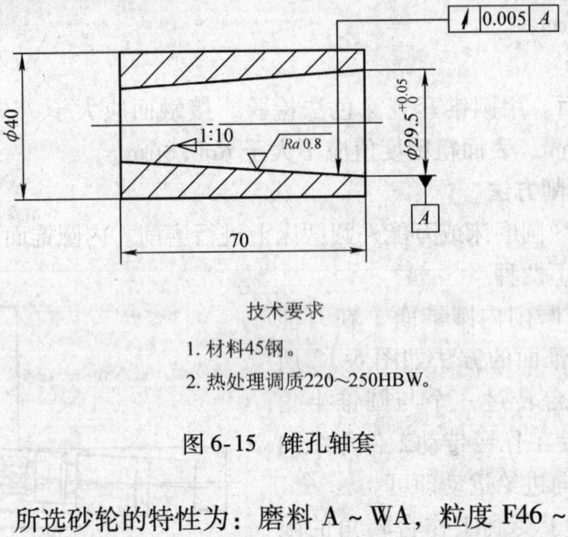

技术要求
1. 材料45钢。
2. 热处理调质220～250HBW。

图 6-15 锥孔轴套

（2）砂轮的选择　所选砂轮的特性为：磨料 A ~ WA，粒度 F46 ~ F60，硬度 K ~ L，结合剂 V。砂轮直径应小于锥孔小端直径（经计算，小端直径为 φ22.5mm），故选用 φ20mm、宽度为 40mm 的平形砂轮。修整砂轮用金刚石笔。

（3）装夹方法　采用三爪自定心卡盘或四爪单动卡盘装夹工件。装夹后需找正外圆径向圆跳动量，误差应不大于 0.005mm，并使砂轮主轴轴线与工件回转轴线等高度，误差不大于 0.02mm。

（4）磨削方法　用纵向磨削法磨削，转动工作台磨削内圆锥面。1∶10 锥度的圆锥半角 $\alpha/2$ 为 2°51′45″，工作台应顺时针转动同样的角度。磨削时，应调整工作台行程挡铁的位置，控制砂轮出口长度。磨削时应划分粗、精加工阶段。

（5）检验方法　用钢球测量内锥孔与大端直径。

（6）切削液的选择　选用乳化液切削液，并注意充分冷却。

（7）操作步骤　在 M1432A 型万能外圆磨床上进行磨削。

1）操作前的检查、准备。

① 用三爪自定心卡盘装夹工件左端。

② 找正外圆柱面，使径向圆跳动量不大于0.005mm。

③ 使砂轮主轴轴线与工件回转轴线等高度，误差不大于0.02mm。

④ 将工作台顺时针方向转动2°51′45″。

⑤ 调整工作台行程挡铁位置，使砂轮出口长度为15～20mm。

⑥ 修整砂轮。

⑦ 检查内圆锥面磨削余量。

2）粗磨内圆锥面，留余量0.08～0.10mm。磨削时，用游标万能角度尺检查圆锥半角。粗磨后，用钢球测量内圆锥面的锥度与大端直径，圆锥面的径向圆跳动误差应不大于0.005mm，表面粗糙度应不大于$Ra0.8\mu m$。

3）精修整砂轮。

4）精磨内圆锥面。使其径向圆跳动误差不大于0.005mm，表面粗糙度值不大于$Ra0.8\mu m$。锥孔用钢球测量，圆锥半角误差应为0～30″，大端直径尺寸应为$\phi 29.5^{+0.05}_{0}$mm。

项目三　圆锥面的精度检验与质量分析

一、学习目标

1. 掌握锥度（角）的检验方法。
2. 掌握圆锥尺寸的检验方法。
3. 掌握用钢球测量内圆锥面的方法。
4. 学会分析磨削圆锥面时废品产生的原因，并能提出预防措施。

二、学习任务

1. 项目任务

本项目的任务是学习圆锥面的精度检验与质量分析。

2. 任务流程图

锥度（角）的检验→圆锥尺寸的检验→用钢球测量内圆锥面→圆锥面磨削时产生废品的原因及预防方法

三、环境设备

学习所需量具清单见表6-2。

表6-2　学习所需量具

名称	游标万能角度尺	角度样板	圆锥量规	正弦规	钢球
数量	1	1	1	1	2

四、学习过程

圆锥面的精度检验包括：锥度（角）的检验和圆锥尺寸的检验。

1. 锥度（角）的检验

锥度和锥角的检验方法有以下几种。

(1) 用游标万能角度尺检验　游标万能角度尺有Ⅰ型和Ⅱ型两种。

1) Ⅱ型游标万能角度尺。Ⅱ型游标万能角度尺的结构原理如图6-16所示。它由直尺、主尺、游标和基尺等组成。直尺可沿其长度方向在任意位置上固定。

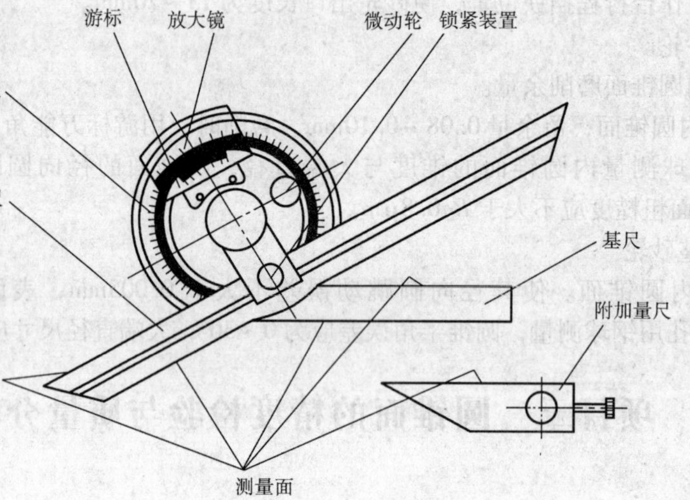

图6-16　Ⅱ型游标万能角度尺的结构原理

游标读数值为5′的Ⅱ型游标万能角度尺的读数原理如图6-17a所示。主尺每格的分度值为1°，游标上自0°起，左右各12等分。游标上12等分的总角度是23°，所以游标上每格的分度值为

$$\frac{23°}{12}=115'=1°55'$$

主尺两格与游标一格之间相差

$$2°-1°55'=5'$$

即这种游标万能角度尺的游标读数值为5′。

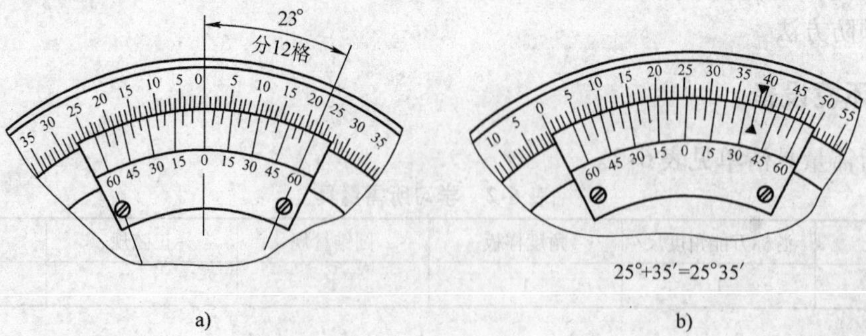

图6-17　5′精度Ⅱ型游标万能角度尺的读数原理及读法

a) 读数原理　b) 读法

游标读数值为2′的Ⅱ型游标万能角度尺的读数原理如图6-18a所示。主尺每格的分度值为1°，游标总角度为29°，等分成30格，每格的分度值为

$$\frac{29°}{30}=58'$$

主尺一格与游标一格之间相差

$$1°-58'=2'$$

游标万能角度尺的读数方法与游标卡尺相似，图6-17b所示读数为25°35′，图6-18b所示读数为32°22′。

2）Ⅰ型游标万能角度尺。Ⅰ型游标万能角度尺的结构原理如图6-19所示，用它可以测量0°~320°范围内的任意角度。

Ⅰ型游标万能角度尺由主尺1、基尺5、游标尺3、直角尺2、直尺6、卡块7、锁紧装置4等组成。基尺5可带动主尺1沿着游标尺3转动，转到所需角度时，可用锁紧装置4锁紧。卡块7可将直角尺2和直尺6固定在所需的位置上。

测量时，可转动捏手8，通过小齿轮9转动扇形齿轮10，使基尺5改变角度。

Ⅰ型游标万能角度尺的使用方法如图6-20所示。

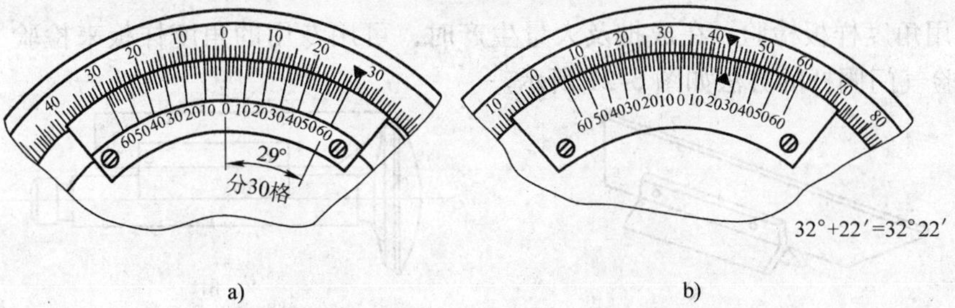

图6-18　2′精度Ⅱ型游标万能角度尺的读数原理及读法
a）读数原理　b）读法

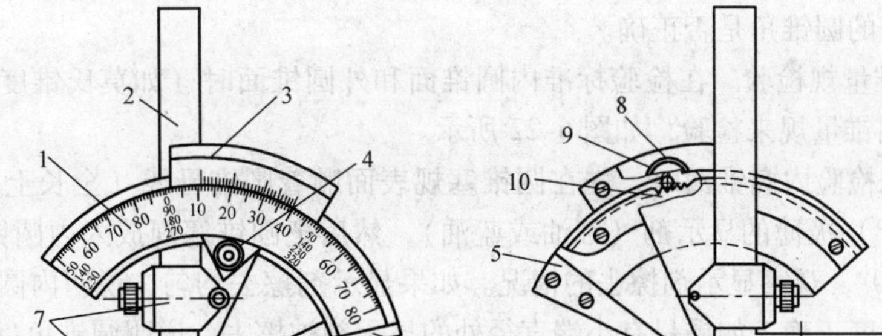

图6-19　Ⅰ型游标万能角度尺的结构原理
1—主尺　2—直角尺　3—游标尺　4—锁紧装置　5—基尺
6—直尺　7—卡块　8—捏手　9—小齿轮　10—扇形齿轮

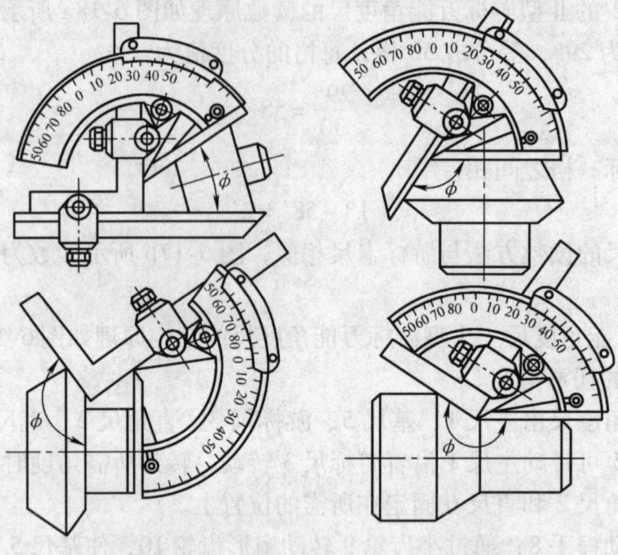

图 6-20　I 型游标万能角度尺的使用方法

（2）用角度样板检验　在成批及大量生产时，可用专用的角度样板来检验工件。用角度样板检验气门阀杆的方法如图 6-21 所示。

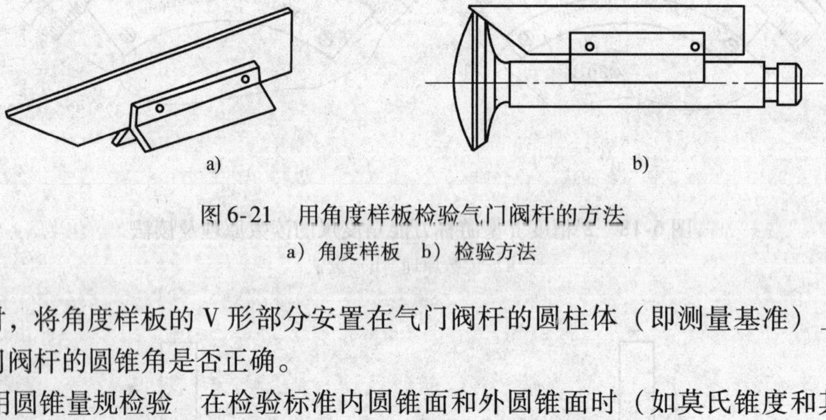

图 6-21　用角度样板检验气门阀杆的方法

a）角度样板　b）检验方法

测量时，将角度样板的 V 形部分安置在气门阀杆的圆柱体（即测量基准）上，用透光法检验气门阀杆的圆锥角是否正确。

（3）用圆锥量规检验　在检验标准内圆锥面和外圆锥面时（如莫氏锥度和其他标准锥度）时，可用圆锥量规来检验，如图 6-22 所示。

用圆锥塞规检验内圆锥面时，先在圆锥塞规表面顺着圆锥母线（全长上）涂三条（线与线相隔约 120°）极薄的显示剂（红油或蓝油），然后把圆锥塞规放入内圆锥面中逆时针、顺时针转动约 30°，观察显示剂擦去的情况。如果显示剂擦去均匀，说明内圆锥面与圆锥塞规接触良好，锥度正确；如果只有小端直径处的显示剂被擦去，说明圆锥角过大；反之，就说明圆锥角过小。

检验外圆锥面的方法与上面相同，但显示剂应涂在工件上。

用涂色法检验锥度时，接触长度不低于以下规定。

高精度：接触长度不低于工件长度的 85%。

精密：接触长度不低于工件长度的 80%。

普通：接触长度不低于工件长度的 75%。

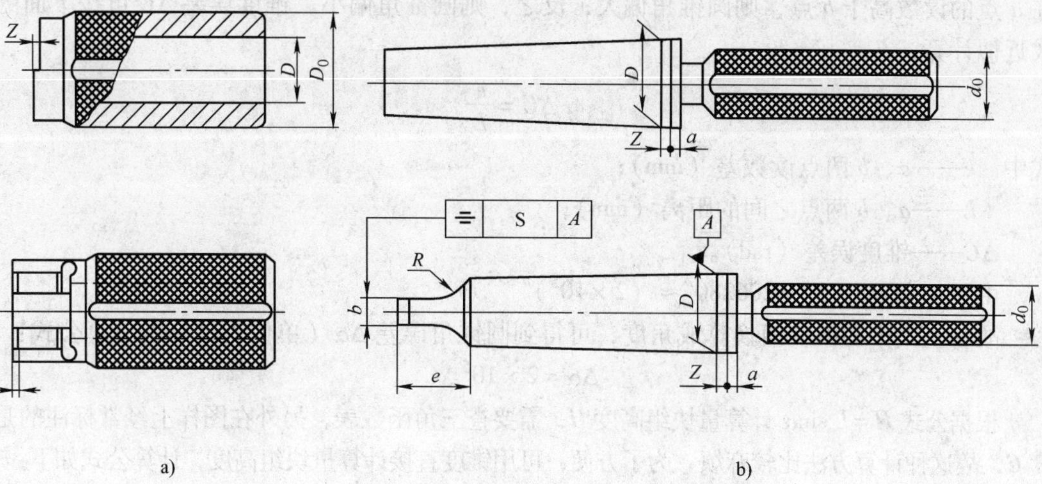

图 6-22　圆锥量规
a）圆锥环规　b）圆锥塞规

（4）用正弦规检验　正弦规是利用三角函数中的正弦关系来检验角度的一种精密量具，由一个精密钢质长方体和两个精密圆柱组成（图 6-23a）。

测量时，将正弦规安放在精密平板上、工件放在正弦规的平面上，工件下面垫上量块组，如图 6-23b 所示。量块组的高度可根据被测工件的圆锥角进行精确计算获得。然后用千分表检验工件圆锥体两端的高度。如果读数相同，则说明圆锥角正确。

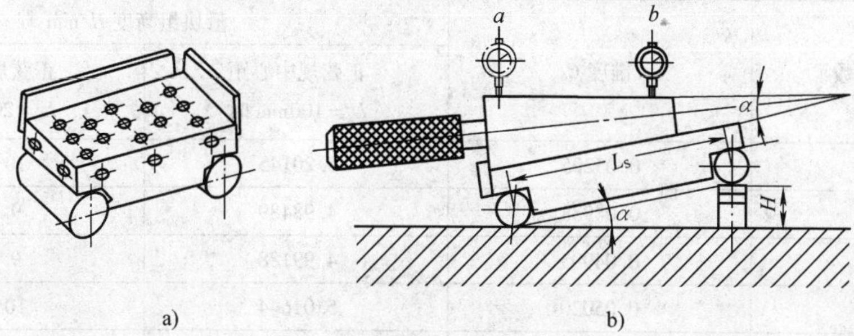

图 6-23　正弦规
a）正弦规　b）测量方法

已知圆锥角 α，计算量块组高度 H 的公式如下：

$$H = L_s \sin\alpha$$

已知量块组高度，计算圆锥角的公式如下：

$$\sin\alpha = \frac{H}{L_s}$$

式中　α——圆锥角（°）；

L_s——正弦规两圆柱中心距，有 100mm 和 200mm 两种。

测量时，如果千分表在 a、b 两处读数不同（图 6-23b），则说明锥度有误差。若千分表

在 a 点的读数高于 b 点，则圆锥角偏大；反之，则圆锥角偏小。锥度误差 ΔC 可按下面的公式近似计算：

$$\Delta C=\frac{e}{L}$$

式中 e——a、b 两点读数差（mm）；

L——a、b 两点之间的距离（mm）；

ΔC——锥度误差（rad）。

由于 $1\text{rad}=57.3°=206280''\approx(2\times10^5)''$

故将上式中的弧度值换算成角度，可得到圆锥角误差 $\Delta\alpha$（单位为秒）的计算公式：

$$\Delta\alpha=2\times10^5\Delta C$$

根据公式 $H=L_s\sin\alpha$ 计算量块组高度 H，需要查三角函数表，另外在图样上经常标注的是锥度 C，故这种计算方法比较麻烦。为了方便，可用锥度直接计算量块组高度，计算公式如下：

$$H=\frac{4L_sC}{C^2+4}$$

式中 H——垫进正弦规的量块组高度（mm）；

L_s——正弦规两圆柱的中心距（mm）；

C——锥度。

为了更方便，用正弦规测量锥度（角）时，垫进量块组的高度可从表 6-3、表 6-4 中直接查出。

表 6-3　检验莫氏锥度时量块组高度尺寸

莫氏锥度号数	锥度 C	量块组高度 H/mm	
		正弦规中心距 $L_s=100\text{mm}$ 时	正弦规中心距 $L_s=200\text{mm}$ 时
0	0.05205	5.20145	10.4029
1	0.04988	4.98489	9.9697
2	0.04995	4.99188	9.9837
3	0.05020	5.01644	10.0338
4	0.05194	5.19023	10.3806
5	0.05263	5.25901	10.5180
6	0.05214	5.21026	10.4205

表 6-4　检验标准锥度时量块组高度尺寸

锥度 C	$\tan\alpha$	量块组高度 H/mm	
		正弦规中心距 $L_s=100\text{mm}$ 时	正弦规中心距 $L_s=200\text{mm}$ 时
1:200	0.005	0.5000	1.0000
1:100	0.010	1.0000	2.0000
1:50	0.0199	1.9998	3.9996

（续）

锥度 C	$\tan\alpha$	量块组高度 H/mm	
		正弦规中心距 $L_s=100\text{mm}$ 时	正弦规中心距 $L_s=200\text{mm}$ 时
1:30	0.0333	3.3324	6.6648
1:20	0.0499	4.9969	9.9938
1:15	0.0655	6.6593	13.3185
1:12	0.0831	8.3189	16.6378
1:10	0.0997	9.9751	19.9501
1:8	0.1245	12.4514	24.9027
1:7	0.1421	14.2132	28.4264
1:5	0.1980	19.8020	39.6040
1:3	0.3243	32.4324	64.8649

2. 圆锥尺寸的检验

圆锥的大小端直径可用圆锥量规来检验。圆锥量规如图 6-22 所示，它除了有一个精确的圆锥表面外，在塞规和套规上分别具有一个台阶 Z（或刻线 Z）。这些台阶（或刻线）之间的距离就是圆锥大小端直径的公差范围。

检验工件时，工件的端面在圆锥量规台阶（或刻线）之间才算合格（图 6-24）。

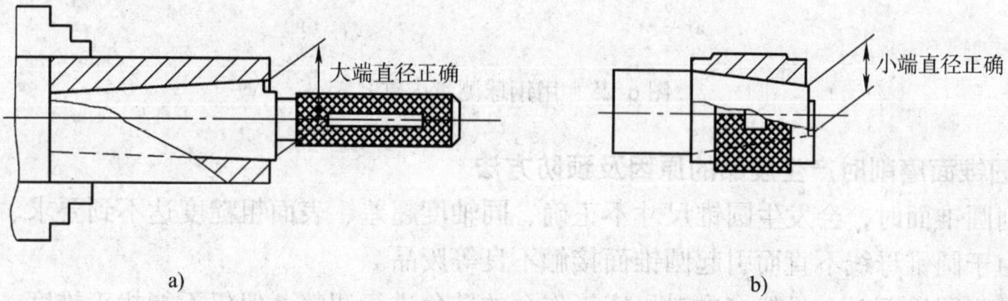

图 6-24　用圆锥量规检验
a）测量内圆锥面　b）测量外圆锥面

3. 用钢球测量内圆锥面

用钢球不仅可以测量内圆锥面的锥度，而且能同时测量内圆锥面的大端直径。用钢球测量的方法是，选用两个直径不同而圆度较好的标准钢球，先后将其放入工件的锥孔，使小钢球面略高于锥孔小端端面、大钢球面略低于大端端面（图 6-25a），然后测量出图 6-25 中的 H 和 h，用下式计算锥孔锥度：

$$\sin\frac{\alpha}{2}=\frac{D_0-d_0}{2(H-h)+d_0-D_0}$$

$$D=D_0\left(\tan\frac{\alpha}{2}+\frac{1}{\cos\frac{\alpha}{2}}\right)+2h\tan\frac{\alpha}{2}$$

式中　D_0——大钢球直径（mm）；

d_0——小钢球直径（mm）；

H——小钢球上顶点至锥孔大端端面的距离（mm）；

h——大钢球上顶点至锥孔大端端面的距离（mm）；

D——工件锥孔大端直径（mm）；

$\alpha/2$——圆锥半角（°）。

测量时，如果大钢球露出锥孔大端端面（图 6-25b），则按下式计算：

$$D = D_0\left(\tan\frac{\alpha}{2} + \frac{1}{\cos\frac{\alpha}{2}}\right) - 2h\tan\frac{\alpha}{2}$$

用钢球测量的方法适用于测量精度要求不高的锥孔和单件小批量生产的工件。

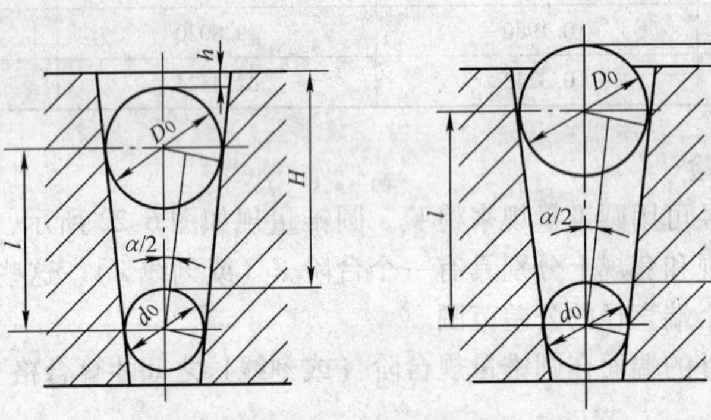

图 6-25　用钢球测量内锥孔

4. 圆锥面磨削时产生废品的原因及预防方法

磨削圆锥面时，会发生圆锥尺寸不正确、同轴度超差、表面粗糙度达不到要求、锥度不准确及由于圆锥母线不直而引起圆锥面接触不良等废品。

在磨削圆锥面时，虽然多次对机床工作台的转角进行调整，但仍不能找正锥度；当用圆锥环规测量外圆锥面时，发现两端将显示剂擦去，而中间不接触；当用圆锥塞规测量内圆锥面时，发现中间显示剂被擦去，而两端没有被擦去。以上几种情况的出现，一般是因砂轮架旋转轴线与工件旋转轴线不等高引起的，从而使磨出的圆锥母线不直，形成了双曲线误差（图 6-26）。

磨削圆锥面时产生废品的种类、产生原因及预防方法见表 6-5。

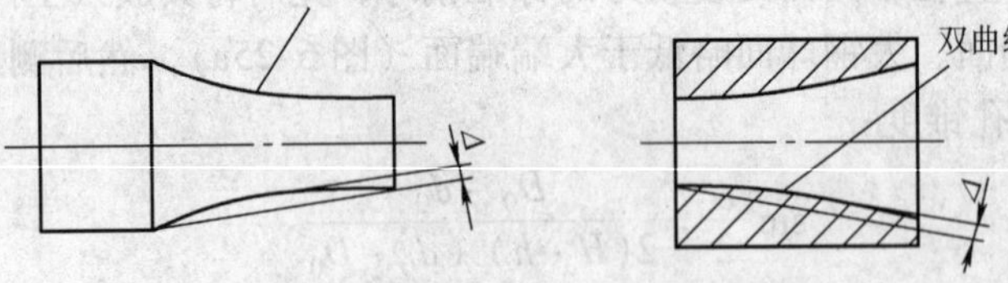

图 6-26　圆锥面的双曲线误差

表 6-5　磨削圆锥面时产生废品的种类、产生原因及预防方法

废品种类	产生原因	预防方法
锥度不正确	磨削时，显示剂涂得太厚；用圆锥量规测量时摇晃，造成测量误差	显示剂应涂得薄且均匀；用圆锥量规测量时不能摇晃，转动的角度要在 ±30°以内
	没有将工作台、头架或砂轮架角度调整正确	仔细调整工作台、头架或砂轮架角度，固定后再进行磨削
	砂轮磨钝，因弹性变形的影响，使锥度发生变动	经常修整砂轮，精磨时需光磨到火花基本消失为止
	接长轴刚性差，砂轮圆周速度低引起磨削能力差	接长轴尽量选得短而粗，减小砂轮宽度，精磨余量留少些
圆锥母线不直（双曲线误差）	砂轮架（或内圆砂轮轴）的旋转轴线与工件旋转轴线不等高	修理或调整机床，使砂轮架（或内圆砂轮轴）的旋转轴线与工件旋转轴线等高

复习思考题

1. 试述圆锥的各部分名称和计算方法。圆锥面的配合有哪些特点？

2. 什么是锥度？写出其计算公式。

3. 根据下列已知条件，用查三角函数表的方法计算出圆锥半角 $\alpha/2$。

（1）$D=26\text{mm}$，$d=20\text{mm}$，$L=48\text{mm}$。

（2）$D=65\text{mm}$，$d=60\text{mm}$，$L=100\text{mm}$。

（3）$C=1:5$。

（4）$C=1:20$。

（5）$C=1:12$。

4. 根据下列已知条件用近似公式计算圆锥半角 $\alpha/2$。

（1）$D=26\text{mm}$，$d=24\text{mm}$，$L=40\text{mm}$。

（2）$C=1:50$。

5. 外圆锥面的磨削方法有哪几种？各有什么特点？

6. 欲磨锥度为 1:20 的外圆锥面主轴，采用哪种磨削方法最合理？为什么？此时机床调整角度应为多大？

7. 简述磨削一般外圆锥面的操作步骤。

8. 内圆锥面的磨削方法有哪几种？各有什么特点？

9. 简述磨削一般内圆锥面的操作步骤。

10. 锥度（角）的检验方法有哪几种？具体如何检验测量？

11. 用两圆柱中心距为 100mm 的正弦规测量圆锥半角 $\alpha/2=1°25'26''$的圆锥体，试求垫入的量块组高度。

12. 圆锥尺寸如何检验？

13. 在磨削锥度为 1:12 的外圆锥面时，用圆锥环规测量，工件小端离环规台阶中间平面还差 3mm，试问在直径方向还留有多少余量？

14. 磨削圆锥面时常见的废品种类有哪几种？

15. 圆锥面磨削时，产生锥度（角）不正确的原因有哪些？

16. 试述磨削圆锥面时双曲线误差的产生原因及预防方法。

第七单元 刀具刃磨

项目一 万能工具磨床的操作与调整

一、学习目标

1. 了解 MQ6025A 型万能工具磨床各主要部件的名称和作用。
2. 了解 MQ6025A 型万能工具磨床的附件及其使用方法。
3. 掌握 MQ6025A 型万能工具磨床的操作与调整。

二、学习任务

1. 项目任务

本项目的任务是学习 MQ6025A 型万能工具磨床的操作与调整。

2. 任务流程图

MQ6025A 型万能工具磨床各主要部件的名称和作用→MQ6025A 型万能工具磨床的附件及使用方法→MQ6025A 型万能工具磨床的操作与调整→容易产生的问题和注意事项

三、环境设备

学习所需设备及附件清单见表 7-1。

表 7-1 学习所需设备及附件

名 称	型号规格	数 量
万能工具磨床	MQ6025A	1
左、右顶尖座		各 1
万能夹头		1
万能齿托架		1
中心规		1
吸尘器		1

四、学习过程

刀具的刃磨通常在刃磨机床上进行，常用的刃磨机床为 M6025A 型万能工具磨床。它装上附件后，可以刃磨铰刀、铣刀、丝锥、拉刀、插齿刀等，也可以用来磨削内、外圆柱面、圆锥面及平面等。

1. MQ6025A 型万能工具磨床各主要部件的名称和作用

MQ6025A 型万能工具磨床主要由床身 11、磨头架 16、工作台 6、横向溜板 7 等部件组成（图 7-1）。

（1）床身 床身 11 是一个箱形整体结构铸件，其上部前面有一组纵向 V 形导轨和平导轨，在后面有一组横向的 V 形导轨和平导轨。纵向导轨上装有工作台，横向导轨上装有横向溜板，床身左侧门及后门内装有电气元件等。

（2）工作台 工作台 6 分上工作台与下工作台两部分。下工作台装在床身纵向导轨上，纵向导轨上装有圆柱滚针，能使工作台轻便、均匀地快速移动。工作台前后共有四个操作手轮，以便于在不同位置操作工作台进行磨削。当工作台需要以较慢速度移动时，可将结合子 8 拉出，摇动工作台纵向进给手轮 9，通过行星结构减速，使工作台慢速移动。慢速移动时，手轮 9 转一圈，工作台移动约 12mm（此时摇动其他手轮，工作台不会移动）。当工作台需要快速移动时，可将结合子 8 推进，摇动工作台纵向进给手轮 13 或 9，可使工作台作快速移动。此时，手轮转一圈，工作台移动 126mm。

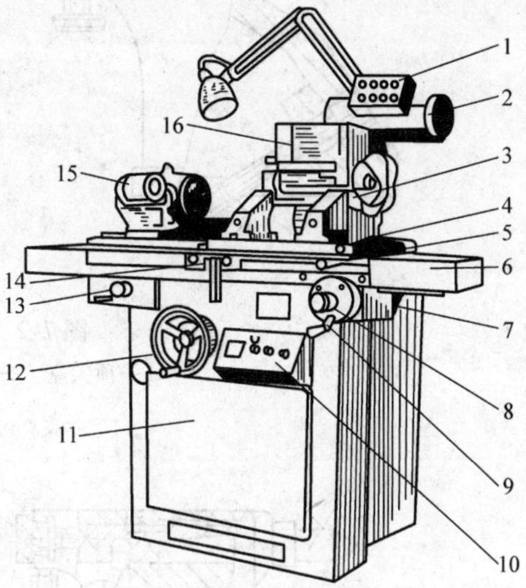

图 7-1 MQ6025A 型万能工具磨床
1—电器操作板 2—砂轮架垂向进给手轮
3—左、右顶尖座 4—工作台定位手轮
5—调整角度手柄 6—工作台 7—横向溜板
8—结合子 9、13—工作台纵向进给手轮
10—电器控制面板 11—床身
12—横向进给手轮 14—限位挡块
15—万能夹头 16—磨头架

上工作台装在下工作台上面，转动调整角度手柄 5 可使上工作台绕轴心转 ±9°。当需要磨削锥度很大的工件或刀具时，可转动工作台定位手轮 4，使上工作台的插销上升脱开滑板，从而可使上工作台绕轴心转 ±60°。在上工作台上可装顶尖座（图 7-2、图 7-3）、万能夹头（图 7-4）、万能齿托架等附件，以刃磨各种刀具及进行其他加工。

（3）横向溜板 横向溜板 7 装在床身横向导轨上，横向导轨之间有圆柱滚针。横向溜板的横向移动由横向进给手轮 12 通过梯形螺杆和螺母传动。横向进给手轮转一圈，横向溜板横向移动 3mm；横向进给手轮转动一小格，横向溜板横向移动 0.01mm。由于横向进给手轮 12 与床身后面的手轮装在同一根丝杠上，因此站在机床前面和后面均可进行操作。在横向溜板上装有磨头架及升降机构，摇动横向进给手轮 12，磨头架作横向进给。

（4）磨头及其升降机构 磨头电动机采用标准型 A1—7132 电动机。零件套装而成，机壳与磨具壳体铸成一个整体；电动机定子由内压装改成外压装，采用微型 V 带带动磨头主轴转动。磨头主轴两端的锥体均可安装砂轮进行磨削，转速有 4200r/min、5600r/min 两挡。磨头电动机可根据磨削的需要作正反向运转，由转向选择开关控制。

磨头的升降机构采用圆柱形导轨，由斜键导向。磨头升降分手动和机动两种。手动升降时，转动砂轮架垂向进给手轮 2，通过蜗杆副减速及一对齿轮升速，通过螺母、螺杆使导轨

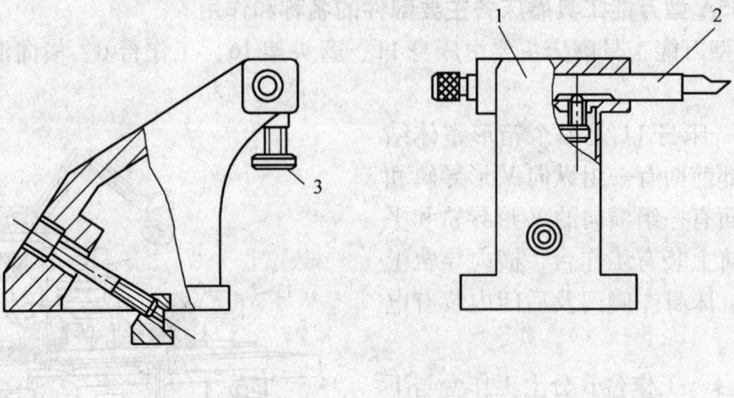

图 7-2 左顶尖座

1—顶尖座 2—左顶尖 3—螺钉

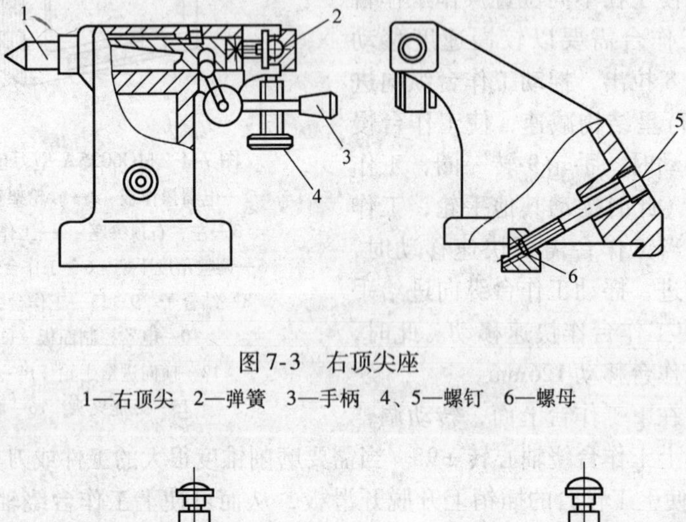

图 7-3 右顶尖座

1—右顶尖 2—弹簧 3—手柄 4、5—螺钉 6—螺母

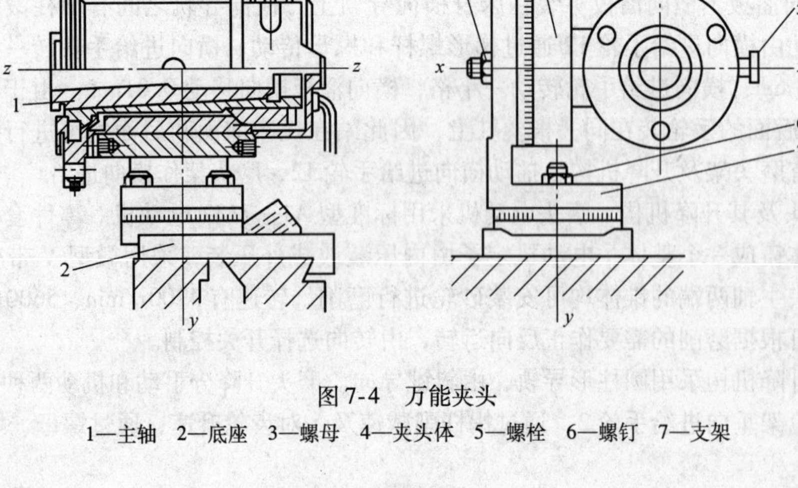

图 7-4 万能夹头

1—主轴 2—底座 3—螺母 4—夹头体 5—螺栓 6—螺钉 7—支架

上升或下降。机动升降时，按升降按钮（电器操作板上的机动按钮），电动机起动，使导轨升或降。

在圆柱形导轨顶面装有接盘，接盘与磨头体的偏心盘连接，磨头装在偏心盘上面。偏心盘可绕接盘轴作360°任意旋转。圆柱形导轨可在套筒上作上下移动，套筒外面装有防护罩，以防止灰尘侵入。

2. MQ6025A型万能工具磨床的附件及其使用方法

MQ6025A型万能工具磨床的附件较多，分常用附件与特殊附件两类。常用附件有顶尖座、万能夹头、万能齿托架（又称为万能支片架）、中心规等，特殊附件有万向顶尖座、正弦规、万向平口钳、内圆磨具等。

（1）顶尖座　顶尖座主要用来装夹带中心孔的刀具及需要用心轴装夹的刀具。左顶尖2可在顶尖座1的孔中移动，并可用螺钉3锁紧（图7-2）。右顶尖1在弹簧2的作用下向外顶紧工件，手柄3可使顶尖缩进座孔内，以便装卸工件。螺钉4可用于锁紧顶尖。工作台定位槽是斜T形，固定顶尖座时，先在槽内放进定位螺母6，然后将螺钉5旋进螺孔内拉紧，使顶尖座紧靠T形槽一侧，将其固定在工作台上（图7-3）。

（2）万能夹头　万能夹头主要用来装夹面铣刀、立铣刀、三面刃铣刀、角度铣刀等刀具，以刃磨其端面齿或锥面齿。万能夹头装上电动机后，由传动带带动万能夹头主轴旋转，用来磨削内、外圆柱面及插齿刀的前刀面。

万能夹头主要由底座2、支架7、夹头体4、主轴1等组成（图7-4）。

底座2在工作台上定位压紧的方法与顶尖座的定位压紧方法相同。夹头体4可在支架7上绕$x—x$轴线作360°回转，并用螺钉6固定其位置。装夹工件的主轴1又可在夹头体中绕$z—z$轴线作360°回转，并用螺钉6固定其位置。这样，装在主轴上的刀具就能在空间旋转任意角度。万能夹头的主轴锥孔为莫氏5号锥度，可以装夹顶尖及其他心轴类工具。万能夹头除了在刃磨刀具时使用外，还可以代替头架磨削内、外圆柱面。它由9DSZ52直流伺服电动机通过传动带带动主轴旋转，可作30～300r/min的无级变速调节。

（3）万能齿托架　万能齿托架由支架14、支杆10、齿托片8等组成（图7-5）。

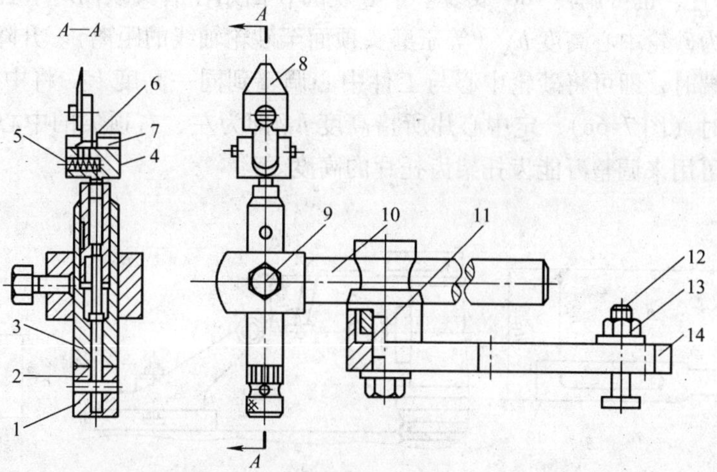

图7-5　万能齿托架

1—把手　2—螺杆　3—杆　4—座　5—弹簧　6—小轴　7—螺钉
8—齿托片　9、11、12—螺钉　10—支杆　13—螺母　14—支架

万能齿托架的用途是使刀具的刀齿相对于砂轮处于正确的位置，以刃磨出正确的刀具角度。支架14用螺钉12、螺母13固定在磨床工作台、磨头顶面或万能夹头上。转动或移动杆3或支杆10，可使齿托片8撑至刀具适当的位置上，调整好位置后可用螺钉9、11将其锁紧。转动带刻度盘的把手1，用微调螺杆2可精确地调整齿托片的高低位置。齿托片可绕座4上的小轴6转动较小的角度，这样磨好一刀齿转动刀具时，齿托片可稍后让出。弹簧5能使齿托片紧靠在螺钉7上，从而使齿托片每次转动后仍能回复至原来正确的位置上。

齿托片的种类很多，供刃磨各种刀具时选用。几种常用的齿托片见表7-2。

表7-2　几种常用的齿托片

名　称	图　示	应　用
直齿齿托片	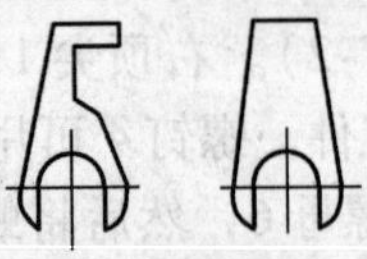	适合刃磨直槽尖齿刀具，如铰刀、角度铣刀、锯片铣刀等
斜齿齿托片	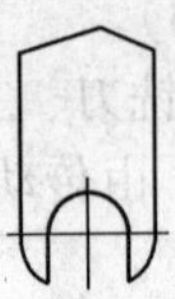	适合刃磨各种交错齿三面刃铣刀等
螺旋齿齿托片		适合刃磨各种螺旋槽刀具，如柱面铣刀、锥柄立铣刀等

（4）中心规　中心规（图7-6）是用来确定砂轮或顶尖中心高度的工具，由主体3、定中心片1等组成。主体3的A、B两个平面经过精加工，平行度误差较小。定中心片可装成图7-6a所示位置，也可调转180°安装。中心规的A面贴住磨头顶面时（图7-6b），定中心片所指高度即为砂轮中心高度h_A（等于磨头顶面至砂轮轴线的距离）。升降磨头将定中心片对准顶尖的尖端时，即可将砂轮中心与工件中心调整到同一高度上。将中心规的B面放在磨床工作台上时（图7-6c），定中心片所指高度h_B即为左、右顶尖的中心高度，其与金属直尺配合，就可用来调整万能齿托架齿托片的高度。

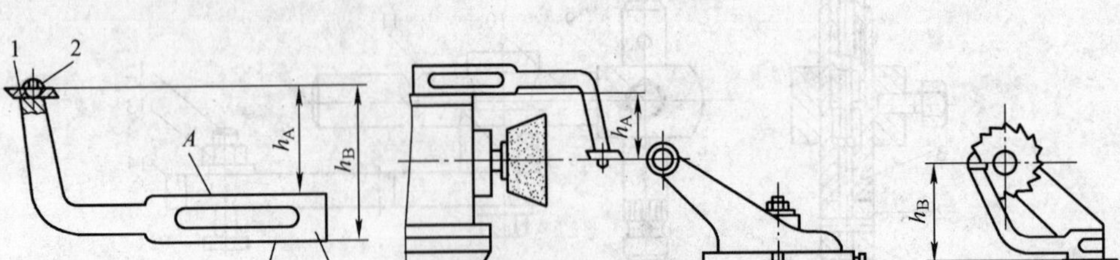

图7-6　中心规及其应用

1—定中心片　2—螺钉　3—主体

3. 机床的操作与调整

图 7-7 所示为 MQ6025A 型万能工具磨床的操作示意图。

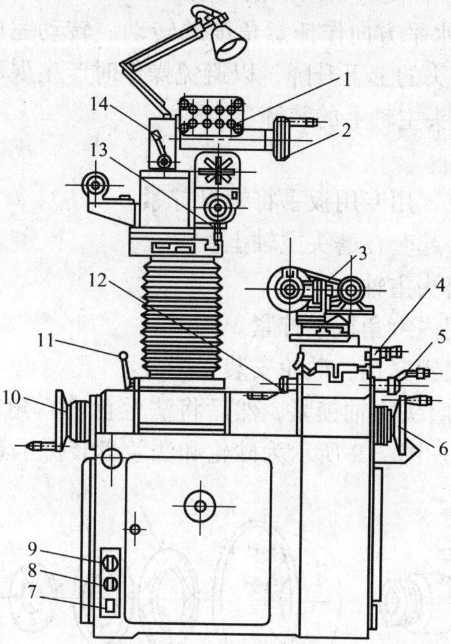

图 7-7　MQ6025A 型万能工具磨床操作示意图

1—电器操作板　2—磨头升降手轮　3—万能夹头　4—限位挡块　5、12—工作台纵向进给手轮　6、10—工作台横向进给手轮　7—头架电动机的电源插座　8—切削液泵电动机插座　9—吸尘器电源插座　11—手柄　13—锁紧销　14—锁紧手柄

（1）工作台的操作和调整

1）操作者站立位置的选择。利用万能工具磨床磨削内、外圆柱面时，由于工作台操作手柄位于机床前面右侧，因此操作者应站在机床前面，这样便于操作和观察。进行刀具刃磨时，由于磨削形式的不同，为了便于操作和观察，操作者应站在机床工作台后面左侧或右侧（图 7-8）。

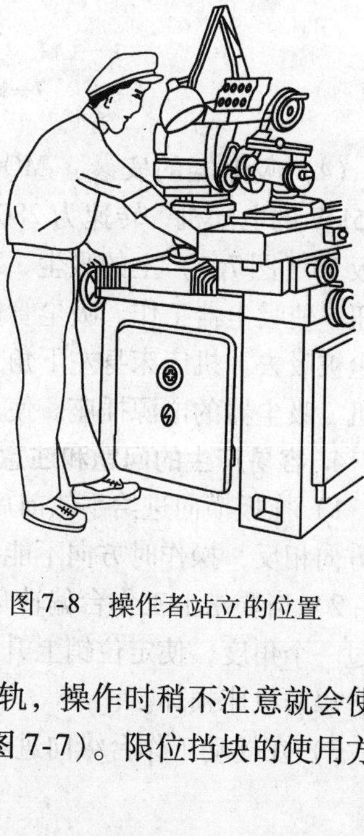

图 7-8　操作者站立的位置

2）操作手轮的选择和操作方法。根据磨削形式选择操作手轮，磨削内、外圆柱面时，将结合子 8 拉出，操作工作台纵向进给手轮 5 或 12，工作台作慢速均匀移动（图 7-1）。刃磨刀具时，将结合子 8 推进，操作工作台纵向进给手轮 5 或 12，工作台作快速移动（图 7-7）。由于刃磨刀具时工作台是快速手动操作，因此要注意各手指的用力大小和动作的协调。

3）工作台行程距离的调整。由于工作台采用圆柱滚针导轨，操作时稍不注意就会使行程过头；在磨削时为了控制行程，可用限位挡块 4 来限位（图 7-7）。限位挡块的使用方法与外圆磨床挡铁的使用方法基本相同。

（2）磨头位置的调整和操作　在进行刀具刃磨时，磨头应从图7-7位置（外圆柱面磨削位置）顺时针方向旋转90°，使磨头主轴轴线垂直于工作台轴线。磨头升降手轮2和电器操作板1可根据操作需要在水平方向作任意角度的转动。转动完毕，可转动锁紧手柄14锁紧。转动手柄11，可断开磨头的上下升降，以避免操作时产生误动作。

（3）砂轮与法兰盘在磨头主轴上的装卸

安装步骤如下。

1）把砂轮装到法兰盘上，用专用扳手将螺母拧紧。

2）把法兰盘连同砂轮一起套在磨头主轴上。

3）插入锁紧销，锁紧磨头主轴。

4）旋上内六角螺钉，用内六角扳手拧紧。

5）装上防护罩壳，拔出锁紧销，砂轮安装完毕。

拆卸法兰盘时，须先将磨头主轴锁紧，然后将法兰盘内六角螺钉卸下，旋上拆卸扳手，将法兰盘从磨头主轴上顶出。图7-9所示为砂轮和法兰盘装拆示意图。

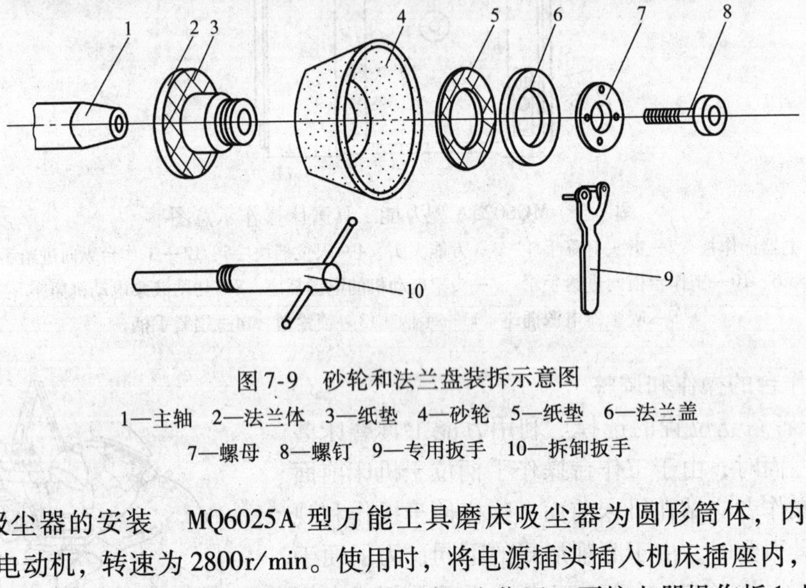

图7-9　砂轮和法兰盘装拆示意图

1—主轴　2—法兰体　3—纸垫　4—砂轮　5—纸垫　6—法兰盖
7—螺母　8—螺钉　9—专用扳手　10—拆卸扳手

（4）吸尘器的安装　MQ6025A型万能工具磨床吸尘器为圆形筒体，内装有功率为0.55kW的电动机，转速为2800r/min。使用时，将电源插头插入机床插座内，将电器控制面板10（图7-1）上的吸尘、冷却预选开关转到吸尘位置，再按电器操作板1上的吸尘起动按钮，使吸尘器工作。吸尘管固定在磨头架偏心盘的T形槽内，管口对准火花，使大部分灰尘被吸去。机床床身左下角三只插座7、8、9（图7-7）分别为头架电动机、切削液泵电动机、吸尘器的电源插座。使用时，可根据需要将电源插入相应的插座内。

4. 容易产生的问题和注意事项

1）拖板横向进给手轮前后均可以操作，由于两手轮连接在一根螺杆上，因此两手轮进给方向相反，操作时方向不能搞错。

2）当要求上工作台偏转角度大于9°时，微调手柄已无法调整。此时应将插销定位手柄转过一个角度，使定位销上升离开滑板槽，然后移动上工作台至需要角度，切不可硬敲工作台，以防机床损坏。

3）在摇动工作台纵向进给手轮使工作台作纵向进给时，要将手轮向里推紧，使结合子紧密啮合，以防止手轮转动过程中结合子脱开、工作台停止移动，影响磨削精度。

项目二　铰刀的刃磨

一、学习目标

1. 了解直齿圆柱形铰刀的结构和几何角度。
2. 掌握铰刀刃磨的装夹方法
3. 掌握铰刀的刃磨方法。

二、学习任务

1. 项目任务

本项目的任务是学习铰刀的刃磨。

2. 任务流程图

直齿圆柱形铰刀的结构和几何角度→铰刀的装夹和工作台位置的调整→铰刀刃磨实训

三、环境设备

学习所需设备及附件、装备、实训件清单见表 7-3。

表 7-3　学习所需设备及附件、装备、实训件

分类	名　称	型号规格	数　量
设备及附件	万能工具磨床	MQ6025A	1
	顶尖		2
	万能齿托架		1
	中心规		1
装备	碟形砂轮		1
	碗形（或杯形）砂轮		1
	金刚石修整笔		1
	多刃角尺		1
	游标高度卡尺		1
	表面粗糙度样块		1
实训件	铰刀		1

四、学习过程

1. 直齿圆柱形铰刀的结构和几何角度

常用的直齿圆柱形铰刀如图 7-10 所示，由工作部分、柄部及颈部组成，主要参数有直径 D、切削锥角 κ_r、前角 γ_o、后角 α_o、齿数 z 等。

工作部分最前端的 45°倒角，便于把铰刀放进孔内，并可使切削刃不易被碰坏。紧接 45°倒角的斜角为 κ_r 的部分是切削刃，铰削主要由这段切削刃进行。一般机用铰刀 $\kappa_r = 5° \sim$

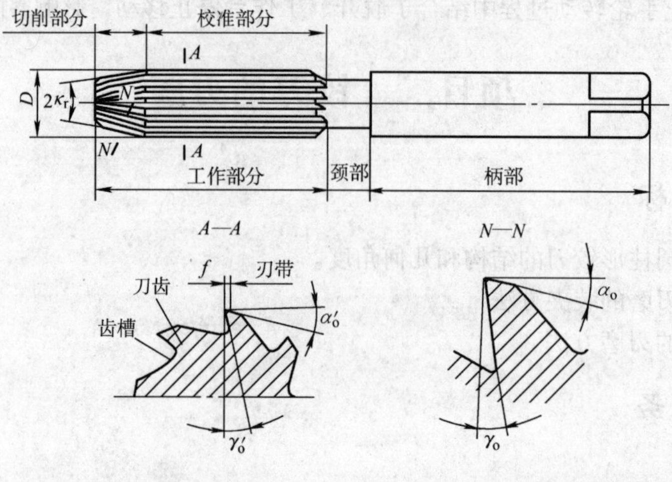

图 7-10 直齿圆柱形铰刀

15°，手用铰刀 $\kappa_r=30'\sim1°30'$。校准部分（机用铰刀有圆柱校准部分和倒锥校准部分两段，手用铰刀只有倒锥校准部分）起修光孔壁、校准尺寸的作用，是切削部分的后备部分。机用铰刀的倒锥量一般为 0.04 ~0.08mm，手用铰刀的倒锥量一般只有 0.005 ~0.008mm。

铰刀的前角 γ_o 一般为0°。切削部分的后角 $\alpha_o=10°\sim14°$，校准部分的后角 $\alpha_1=8°\sim12°$。校准部分的切削刃上留有宽为 0.1 ~0.2mm 的圆弧刃带。

2. 铰刀的装夹和工作台位置的调整

（1）铰刀的装夹 铰刀一般用左右顶尖装夹，装夹步骤如下。

1）把左、右顶尖座装到工作台上，根据铰刀的长度，调整顶尖座之间的距离。

2）紧固左顶尖座，将左顶尖伸出一半长度，然后拧紧锁紧螺钉。

3）装上铰刀，调整右顶尖座的位置及顶尖的顶紧力，然后紧固右顶尖座（图 7-11）。

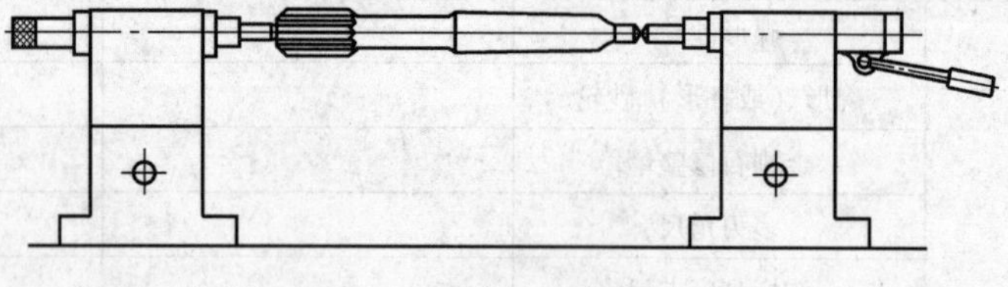

图 7-11 铰刀的装夹

（2）工作台位置的调整 刃磨铰刀前，必须先找正工作台的零位。找正的具体步骤如下。

1）如图 7-12 所示，在工作台左、右顶尖座间装夹一根试棒，将百分表吸附在砂轮架体壳上，使表头与试棒侧素线接触。

2）摇动工作台，观察百分表指针所指的数值，确定调整方向。

3）松开工作台压紧螺钉，转动工作台调整角度手柄，使上工作台旋转。

4）观察调整后的误差情况，根据误差值继续进行调整。通过多次调整，使误差值基本为零。

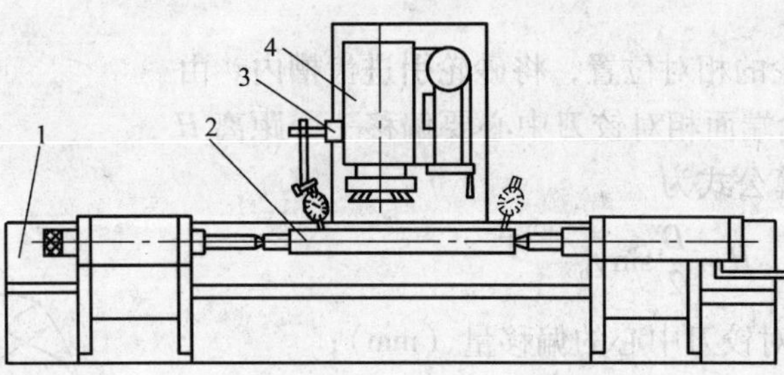

图 7-12 工作台位置的调整

1—工作台 2—试棒 3—磁性表架 4—砂轮架体壳

3. 铰刀刃磨实训

（1）图样和技术要求分析 图 7-13 所示为机用铰刀。铰刀工作部分材料为 W18Cr4V，工作部分淬硬 60 ~ 63HRC，直径为 $\phi 15^{+0.042}_{+0.036}$mm，切削锥角 $2\kappa_r = 20°$，刀齿前角 $\gamma_o = 3°$，切削部分的后角 $\alpha_o = 10°$，校准部分的后角 $\alpha_o' = 8°$，圆弧刃带宽 $f = 0.25$mm，齿数 $z = 6$，刀齿表面粗糙度值为 $Ra0.63\mu m$，工作部分和柄部的径向圆跳动公差为 0.03mm。

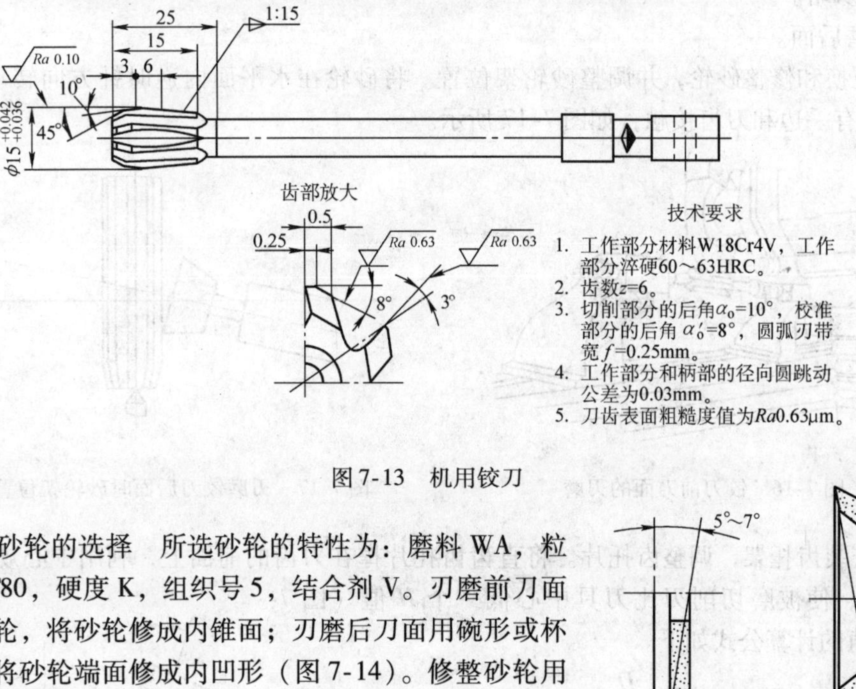

图 7-13 机用铰刀

（2）砂轮的选择 所选砂轮的特性为：磨料 WA，粒度 F46 ~ F80，硬度 K，组织号 5，结合剂 V。刃磨前刀面用碟形砂轮，将砂轮修成内锥面；刃磨后刀面用碗形或杯形砂轮，将砂轮端面修成内凹形（图 7-14）。修整砂轮用金刚石修整笔。

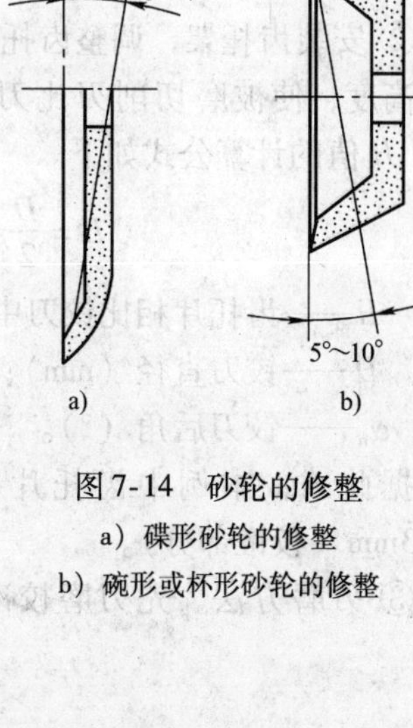

图 7-14 砂轮的修整

a）碟形砂轮的修整

b）碗形或杯形砂轮的修整

（3）装夹方法 将铰刀装夹在前、后顶尖间，装夹前检查中心孔。顶尖的顶紧力大小要适当。

（4）磨削方法 先刃磨前刀面，再磨削校准部分的外圆、倒锥及切削部分圆锥面，最后刃磨后刀面。

1）磨前面。

① 装夹后，将磨头转过 2°，使砂轮在齿槽间刃磨时

只与齿槽单边接触。

② 调整铰刀与砂轮的相对位置，将砂轮引进齿槽内。由于前角 $\gamma_o=3°$，故砂轮端面相对铰刀中心要偏移一个距离 H（图 7-15）。H 值的计算公式为

$$H=\frac{D}{2}\sin\gamma_o$$

式中 H——砂轮端面对铰刀中心的偏移量（mm）；

D——铰刀直径（mm）；

γ_o——铰刀前角（°）。

据此式可计算出砂轮端面对铰刀中心的偏移量 $H=0.39$mm。

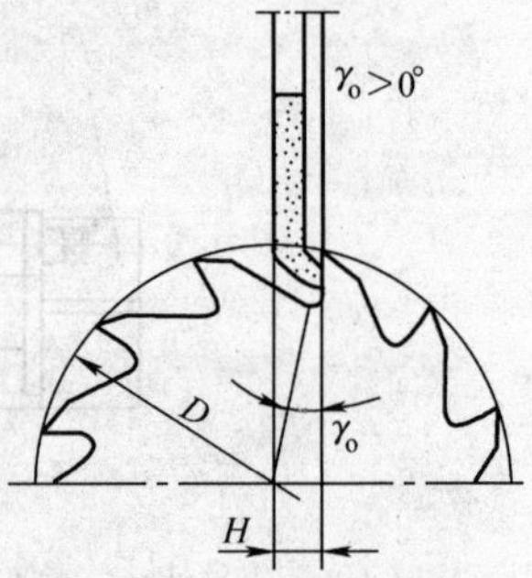

图 7-15 砂轮端面对铰刀中心偏移量的计算

③ 刃磨方法：右手扶住铰刀，使刀齿前刀面靠在砂轮端面上；左手转动工作台纵向进给手轮，使工作台作纵向运动。起动砂轮，用手给铰刀一个横向作用力，使砂轮刃磨前刀面。磨完一齿再磨另一齿，直至磨完全部刀齿，如图 7-16 所示。

2）磨校准部分外圆、倒锥和切削部分的圆锥面。这些部位的磨削均应在外圆磨床上进行，此处从略。

3）磨后面。

① 更换和修整砂轮，并调整砂轮架位置。将砂轮在水平面内逆时针方向转动 1°～3°，使砂轮只有一边和刀齿接触，如图 7-17 所示。

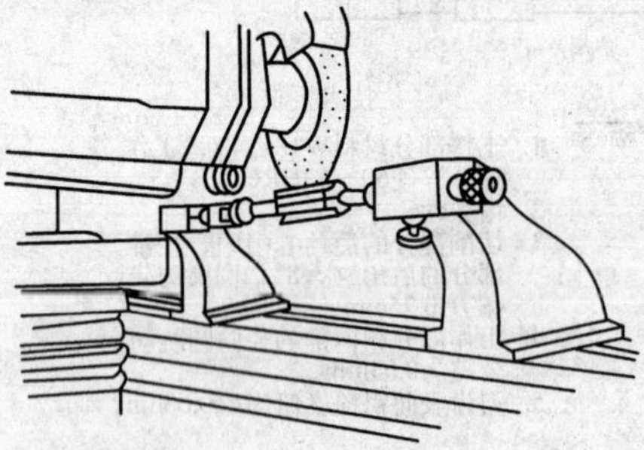

图 7-16 铰刀前刀面的刃磨

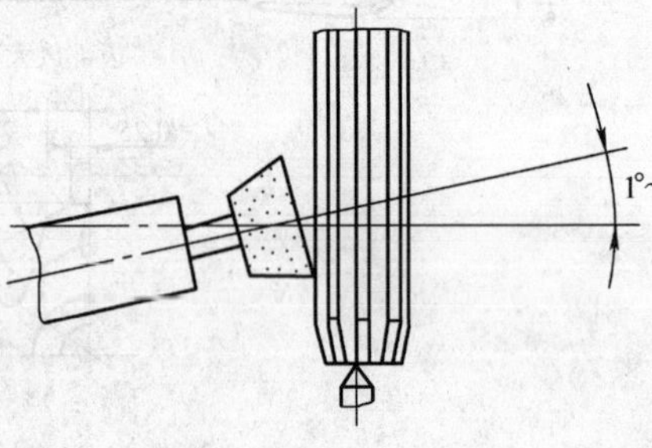

图 7-17 刃磨铰刀后面时砂轮架位置的调整

② 安装齿托架，调整齿托片。将直齿齿托片撑在刀齿的前面上，利用中心规调整齿托片的高度，使被磨切削刃比刀具中心低一个 H 值（图 7-18）。H 值的计算公式如下。

$$H=\frac{D}{2}\sin\alpha_o$$

式中 H——齿托片相比铰刀中心下降的高度（mm）；

D——铰刀直径（mm）；

α_o——铰刀后角（°）。

据此式，本例中齿托片相比铰刀中心下降值 $H=1.043$mm（校准部分）。

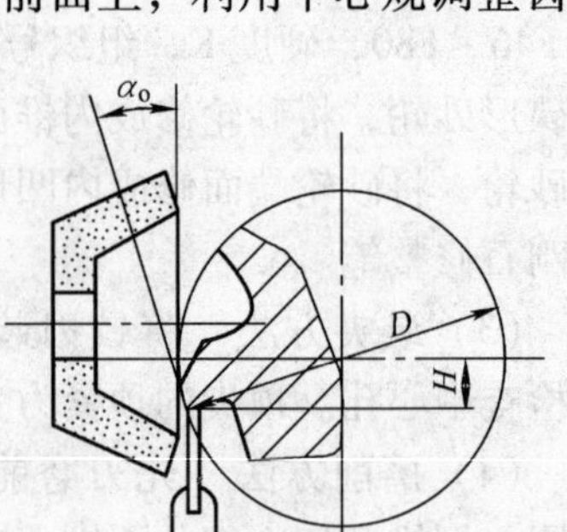

图 7-18 齿托片的安装位置

③ 刃磨方法。先刃磨校准齿后角，再刃磨切削齿后

角。

刃磨校准齿后角时，右手扶住铰刀，使刀齿的前刀面紧贴齿托片的顶部；左手转动工作台横向进给手轮，使砂轮逐渐接近刀齿后刀面，接触后停止横向进给。左手换握到工作台纵向进给手轮上，转动手轮，使工作台作纵向进给。一齿磨好后，铰刀顺时针方向转动，使齿托片撑到第二个齿的前刀面上。移动工作台刃磨第二个齿的后刀面，逐齿刃磨。磨完全部刀齿后砂轮作一次横向进给，再逐齿磨削，直至符合要求，如图 7-19 所示。

刃磨校准部分刀齿的后刀面时，应保证刀齿上圆弧刃带宽 $f = 0.25\text{mm}$。

校准部分的刀齿磨好后，将工作台顺时针方向转过 κ_r 角，即 10°，并调整齿托片比刀具中心低 $H = (15\text{mm}/2) \times \sin 10° = 1.303\text{mm}$，然后用同样的方法磨削切削部分刀齿的后刀面。

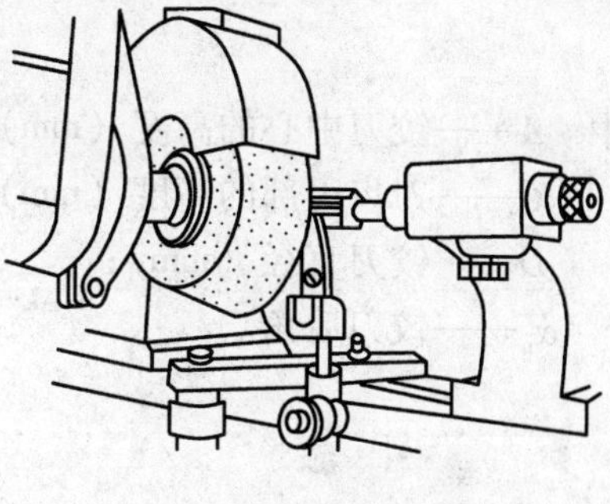

图 7-19　铰刀后刀面的刃磨

（5）检查方法　刃磨铰刀的前、后刀面是为了形成前角和后角。铰刀前角和后角的检查方法分述如下。

1）铰刀前角的检查。前角可用多刃角尺检测（图 7-20a）或用游标高度卡尺测量（图 7-20b）计算得出角度值。

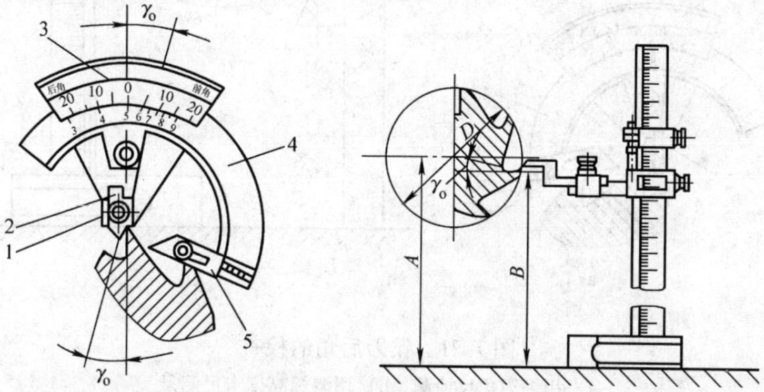

a)　b)

图 7-20　铰刀前角的检查

a）用多刃角尺检测　b）用游标高度卡尺测量

1—测块　2—量尺　3—扇形刻度游标　4—半圆尺　5—靠尺

多刃角尺类似于游标万能角度尺。把测块 1 和靠尺 5 放在铰刀相邻的两齿上，使测块与铰刀的轴线垂直。转动扇形刻度游标 3，使量尺 2 的测量面与刀齿的前面全部接触，即可从刻度游标上读出铰刀前角的度数。

用游标高度卡尺测量铰刀前角的方法，是先使卡尺的弯头测量面与刀齿的前刀面吻合，然后测出 A 和 B 的尺寸，再按下式计算前角 γ_o。

$$\sin\gamma_o = 2(A - B)/D$$

式中　A——铰刀中心的高度（mm）；

B——刀齿前面的高度（mm）；

D——铰刀直径（mm）；

γ_o——铰刀前角（°）。

2）铰刀后角的检查。后角也可用多刃角尺或游标高度卡尺检查测量（图 7-21）。

用多刃角尺测量铰刀后角的方法，与测量前角的方法基本相同。不同之处在于测块 1 的工作面需和后刀面呈吻合状态，再从扇形刻度游标上读出后角的度数，如图 7-21a 所示。

用游标高度卡尺测量铰刀后角如图 7-21b 所示。当测得高度 A 和 C 后，可按下式计算。

$$\sin\alpha_o = \frac{2(C-A)}{D}$$

式中 A——铰刀中心的高度（mm）；

C——刀齿刃部的高度（mm）；

D——铰刀直径（mm）；

α_o——铰刀后角。

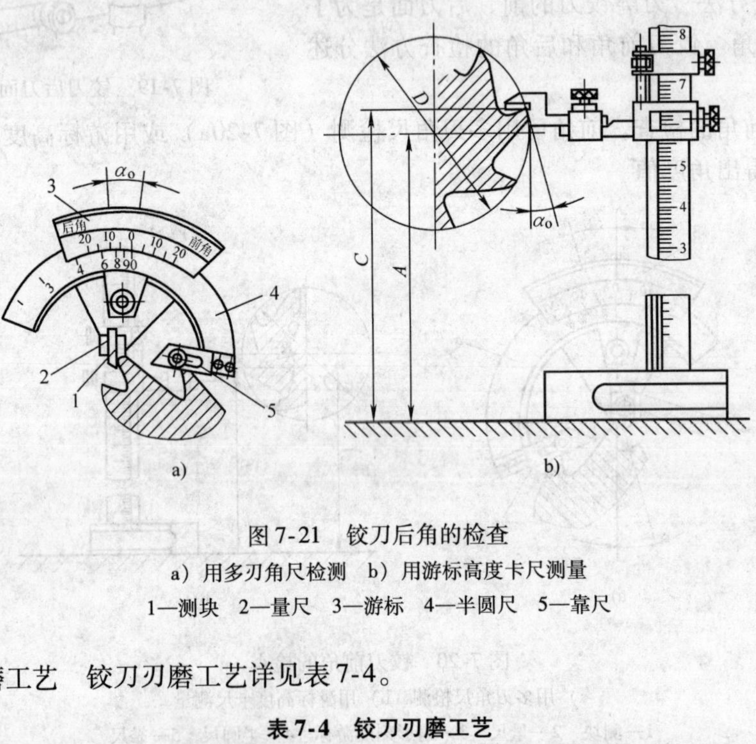

图 7-21 铰刀后角的检查

a）用多刃角尺检测 b）用游标高度卡尺测量

1—测块 2—量尺 3—游标 4—半圆尺 5—靠尺

（6）刃磨工艺 铰刀刃磨工艺详见表 7-4。

表 7-4 铰刀刃磨工艺

序号	内容及要求	机床	装备	切削用量
1	操作前的检查、准备 1）修整砂轮，将其端面修成内凹形 2）装夹工件于两顶尖间，装夹前检查中心孔 3）调整砂轮架位置，将磨头转过 2°左右 4）调整砂轮位置，使砂轮端面与铰刀中心线偏移 0.39mm 5）检查刃磨余量	MQ6025A	碟形砂轮、金刚石笔	$a_p = 0.005 \sim 0.01$mm
2	刃磨前刀面，逐齿刃磨	MQ6025A	—	$a_p = 0.001 \sim 0.015$mm

（续）

序号	内容及要求	机床	装备	切削用量
3	精修整砂轮	MQ6025A	—	a_p = 0.003 ~ 0.005mm
4	精磨前刀面，保证前角 γ_o = 3°，表面粗糙度值不大于 Ra0.63μm	MQ6025A	多刃角尺、游标高度卡尺、表面粗糙度样块	a_p = 0.005 ~ 0.01mm
5	磨削校准部分的外圆、倒锥及切削部分的外圆锥面，保证径向圆跳动误差不大于0.03mm，外圆留研磨量0.01 ~ 0.02mm	M1432A	—	—
6	更换砂轮并修整砂轮，将其端面修整成内凹形；装夹工件；调整砂轮架和砂轮位置，将砂轮端面转过约2°的斜角	MQ6025A	碗形（或杯形）砂轮	a_p = 0.005 ~ 0.01mm
7	安装齿托片，使齿托片顶端低于铰刀中心1.043mm	MQ6025A	中心规	—
8	刃磨校准部分刀齿的后角。保证后角 α_o' = 8°；保证圆弧刃带宽 f = 0.25mm，前后宽窄一致；保证表面粗糙度值不大于 Ra0.63μm	MQ6025A	多刃角尺、游标高度卡尺、表面粗糙度样块	a_p = 0.005 ~ 0.01mm
9	将工作台顺时针方向转过10°。调整齿托片，使之低于铰刀中心1.303mm	MQ6025A	—	—
10	刃磨切削部分后角，保证后角 α_o' = 10°，表面粗糙度值不大于 Ra0.63μm 以内	MQ6025A	多刃角尺、游标高度卡尺、表面粗糙度样块	

项目三　铣刀的刃磨

一、学习目标

1. 了解圆柱形铣刀的结构和几何角度。
2. 掌握刃磨圆柱形铣刀的装夹方法。
3. 掌握圆柱形铣刀的刃磨方法。
4. 掌握三面刃铣刀的刃磨方法。

二、学习任务

1. 项目任务

本项目的任务是学习圆柱形铣刀和三面刃铣刀的刃磨方法。

2. 任务流程图

圆柱形铣刀的结构和几何角度→圆柱形铣刀的装夹→圆柱形铣刀刃磨实训→三面刃铣刀刃磨实训

三、环境设备

学习所需设备及附件、装备、实训件清单见表7-5。

表7-5 学习所需设备及附件、装备、实训件

分类	名　称	型号规格	数量
设备及附件	外圆磨床	M1320A	1
	万能工具磨床	MQ6025A	1
	顶尖		2
	万能夹头		1
	万能齿托架		1
	中心规		1
装备	杯形砂轮		1
	碗形或平形陶瓷砂轮		1
	金刚石修整笔		1
	多刃角尺（或专用后角量具）		1
	表面粗糙度样块		1
实训件	圆柱形铣刀		1
	三面刃铣刀		1

四、学习过程

1. 圆柱形铣刀的结构和几何角度

圆柱形铣刀用于铣削平面。图7-22所示为圆柱形铣刀的外形和切削角度。常用的圆柱形铣刀只在圆柱面上有刀齿，切削刃是螺旋线。

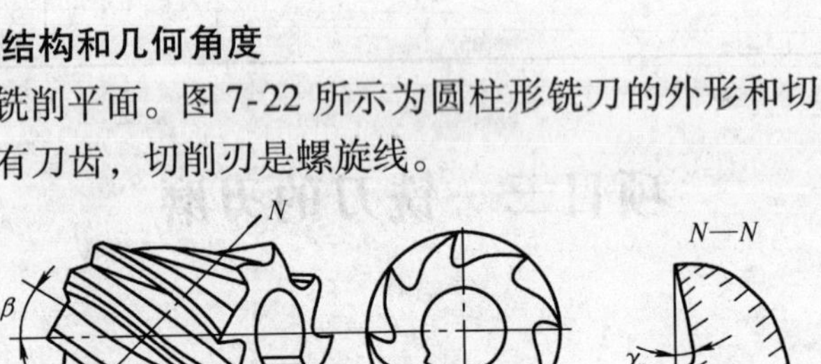

图7-22 圆柱形铣刀

加工铸铁的圆柱形铣刀的法向前角 $\gamma_o=5°\sim15°$、后角 $\alpha_o=12°\sim16°$、螺旋角 $\beta=40°\sim45°$。

2. 圆柱形铣刀的装夹

（1）圆柱形铣刀的装夹　圆柱形铣刀一般选用内孔定位、端面夹紧的心轴进行装夹，心轴定位外圆与铣刀定位孔为间隙配合。装夹时，先把铣刀套进心轴内，使铣刀端面与心轴台阶端面靠平，然后套上调整垫圈，最后用螺母夹紧（图7-23）。铣刀装好后连同心轴一起装在左、右顶尖之间。装夹前需检查心轴中心孔。

（2）工作台位置的调整　刃磨前，应将砂轮架转动2°~3°，以避免已磨好的切削刃碰

到砂轮边缘。

3. 圆柱形铣刀刃磨实训

(1) 图样和技术要求分析 图 7-24 所示为一圆柱形铣刀，因磨损需刃磨后刀面。材料为 W18Cr4V，热处理淬硬 63 ~ 66HRC；铣刀外径 $\phi 63_{-0.05}^{0}$ mm，螺旋角 $\beta = 40°$，端面前角 $\gamma_p = 15°$，端面后角 $\alpha_p = 12°$，齿数 $z = 8$；切削刃对轴线的径向圆跳动公差要求：相邻切削刃为 0.03mm，一周为 0.06mm，刃磨面的表面粗糙度值要求为 $Ra6.3\mu m$。

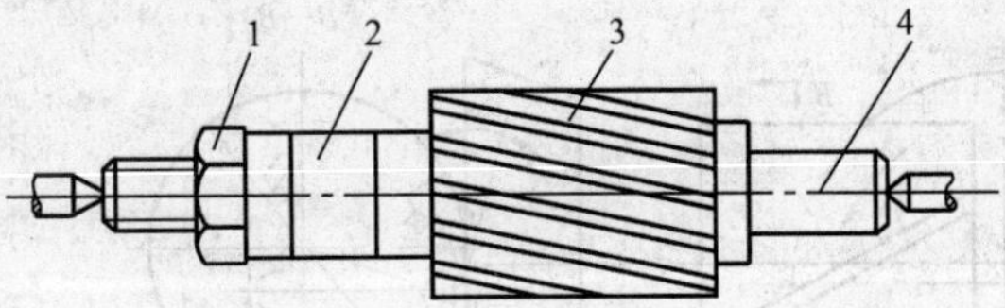

图 7-23 圆柱形铣刀的装夹

1—螺母 2—垫圈

3—圆柱铣刀 4—心轴

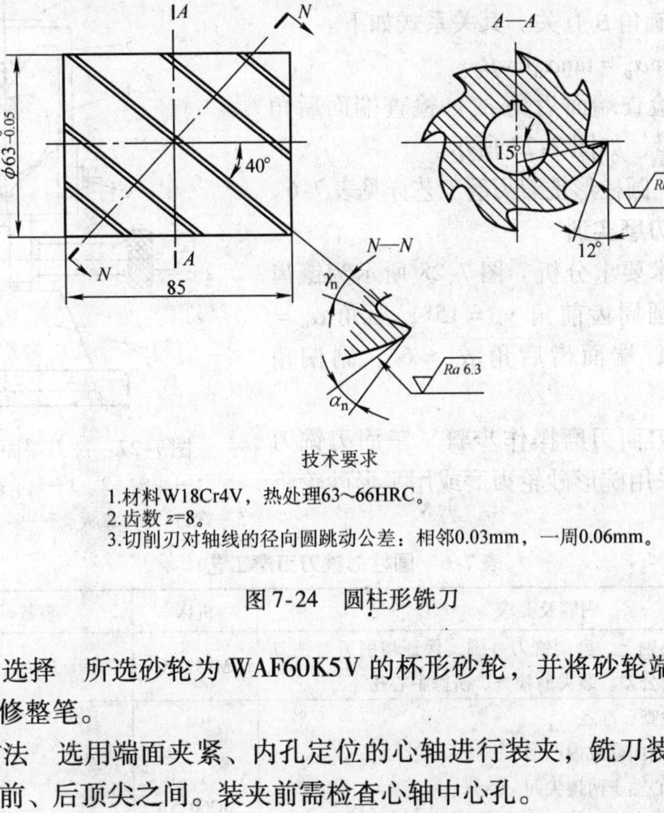

图 7-24 圆柱形铣刀

(2) 砂轮的选择 所选砂轮为 WAF60K5V 的杯形砂轮，并将砂轮端面修成内凹形。修整砂轮用金刚石修整笔。

(3) 装夹方法 选用端面夹紧、内孔定位的心轴进行装夹，铣刀装夹在心轴上后连同心轴一起装夹在前、后顶尖之间。装夹前需检查心轴中心孔。

(4) 刃磨方法 刃磨铣刀前应先用心轴装夹修磨外圆、调整好砂轮与铣刀的相对位置；利用中心规将砂轮中心和两顶尖中心调整到同高；将砂轮架转动 2° ~ 3°，以避免已磨好的切削刃碰到砂轮边缘；将万能齿托架安装在砂轮架上。然后将砂轮中心调低，并使齿托片顶端低于铣刀中心 $H = (D/\sin\alpha_p)/2 = (63mm \times 0.208)/2 = 6.55mm$ (图 7-25)。由于铣刀为螺旋齿，故采用圆弧形齿托片。

刃磨时，将铣刀的一齿槽引进齿托片，并使其前刀面紧贴齿托片顶端。左手摇动工作台纵向进给手轮，使工作台作纵向进给；右手扶住铣刀心轴，从而使铣刀随工作台作纵向进给的同时也作圆周运动即形成螺旋运动。起动砂轮，缓慢地作横向进给，刃磨刀齿的后刀面。磨好一齿后，退出齿托片，将铣刀转过一齿继续刃磨，逐齿磨至要求，如图 7-26 所示。

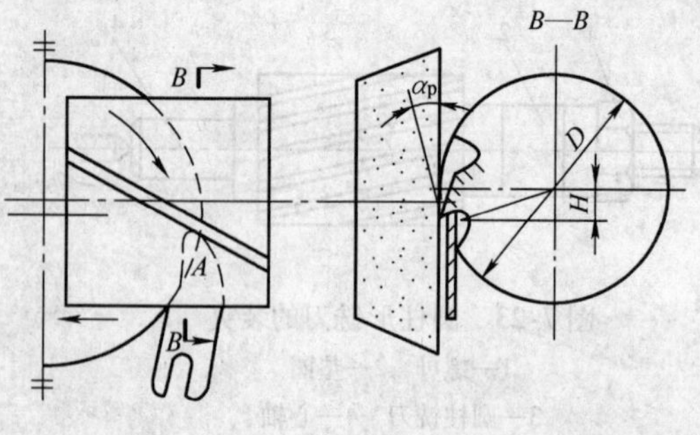

图 7-25 圆柱形铣刀齿托片的安装位置

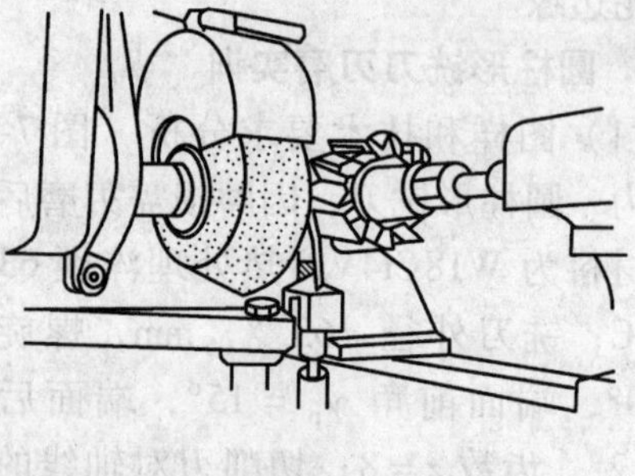

图 7-26 圆柱形铣刀的刃磨

（5）检查方法 圆柱铣刀有端面后角 α_p 和法向后角 α_n，它们与螺旋角 β 有关。其关系式如下。

$$\tan\alpha_p = \tan\alpha_n \cos\beta$$

刃磨后一般只检查端面后角 α_p。检查端面后角时可用多刃角尺测量，如图 7-27 所示。

（6）刃磨工艺 圆柱形铣刀刃磨工艺详见表 7-6。

4. 三面刃铣刀刃磨实训

（1）图样和技术要求分析 图 7-28 所示为镶齿错齿三面刃铣刀，圆周齿前角 $\gamma_o = 15°$，后角 $\alpha_o = 10°$，刀片斜角 30°，端面齿后角 $\alpha_o = 6°$，副偏角 $\kappa_r' = 1°$。

（2）圆周齿后刀面刃磨操作步骤 三面刃铣刀的后刀面较大，常采用碗形砂轮刃磨或用平形砂轮将后刀面磨成凹形。

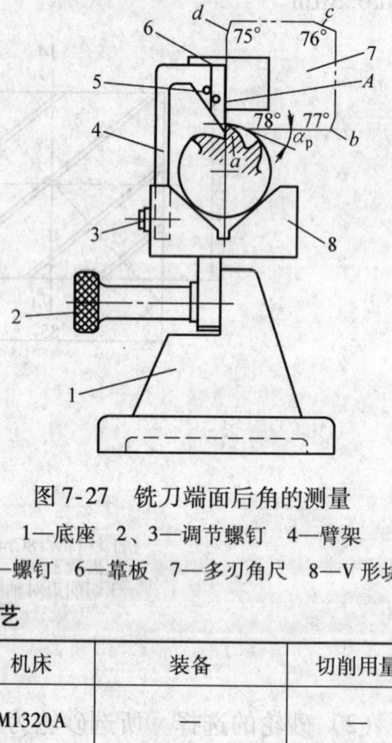

图 7-27 铣刀端面后角的测量

1—底座 2、3—调节螺钉 4—臂架 5—螺钉 6—靠板 7—多刃角尺 8—V 形块

表 7-6 圆柱形铣刀刃磨工艺

序号	内容及要求	机床	装备	切削用量
1	将铣刀装夹在心轴上，磨削铣刀外圆，保证切削刃对铣刀中心的径向圆跳动公差。装夹前检查、研修中心孔	M1320A	—	—
2	刃磨操作前的检查、准备 1）修整砂轮，端面修成内凹形 2）装夹铣刀及心轴于两顶尖间 3）调整砂轮架及砂轮与铣刀的相对位置，砂轮架转动2°～3°。安装调整齿托片，使其顶端比铣刀中心低 6.55mm，使齿托片支撑在待磨齿前面上	MQ6025A	—	$a_p = 0.01$～0.02mm
3	刃磨后面，逐齿刃磨	MQ6025A	—	$a_p = 0.01$～0.015mm
4	精修整砂轮	MQ6025A	金刚石笔	$a_p = 0.002$～0.01mm
5	精磨刀齿后面，逐齿刃磨至要求，保证端面后角 $\alpha_p = 12°$，表面粗糙度 Ra 值为 0.63μm	MQ6025A	多刃角尺（或专用后角量具），表面粗糙度样块（样板）	$a_p = 0.005$～0.01mm

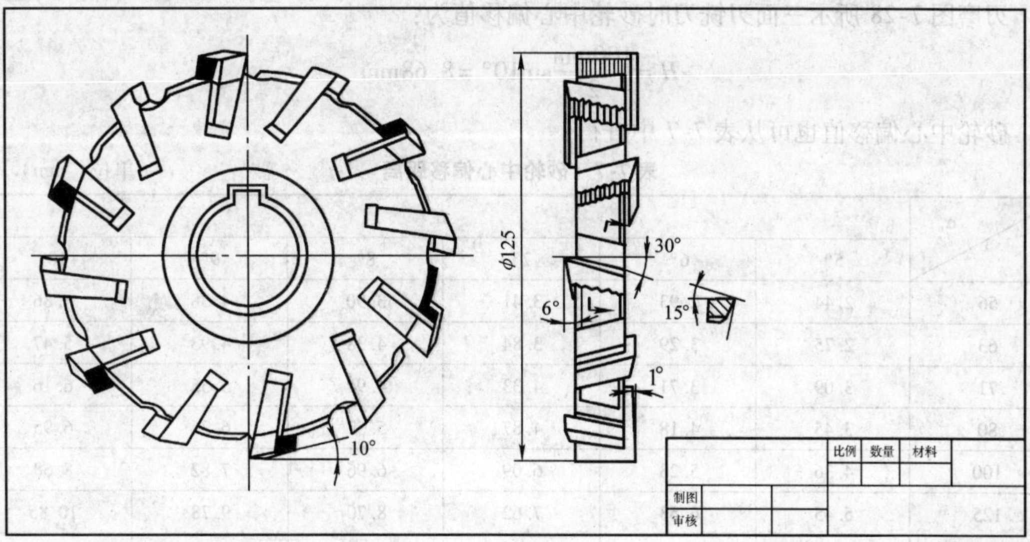

图 7-28 镶齿错齿三面刃铣刀

1）铣刀的装夹和调整。三面刃铣刀可装夹在万能夹头上，或用心轴装夹在两顶尖之间。刃磨直齿三面刃铣刀时可将齿托片直接安装在万能夹头上（图 7-29）；齿托片应安装在磨头上，以便磨出 30°斜角。

2）用平面后刀面法或中凹齿背法刃磨后刀面。按 $H = D_0\sin\alpha_o/2$ 计算出齿托片偏移距离 $H = (125\text{mm} \times \sin10°)/2 = 10.85\text{mm}$。确定齿托片偏移距离后，即可刃磨后刀面。为了保证刀齿的圆跳动公差，可在刃磨前先磨出圆周切削刃的棱边，再在刃磨时磨去。刃磨时要注意两手操作的协调，要防止刀齿突然与齿托片脱开。

图 7-30 所示为中凹齿背法，即用平形砂轮的圆周面将铣刀的后刀面磨成凹面。刃磨时，使切削刃与铣刀中心保持等高，将砂轮中心偏移 H 值。偏移值 H 可按下式计算：

$$H = \frac{D}{2}\sin\alpha_o$$

式中 H——砂轮中心偏移距离（mm）；

D——平行砂轮直径（mm）；

α_o——三面刃铣刀后角（°）

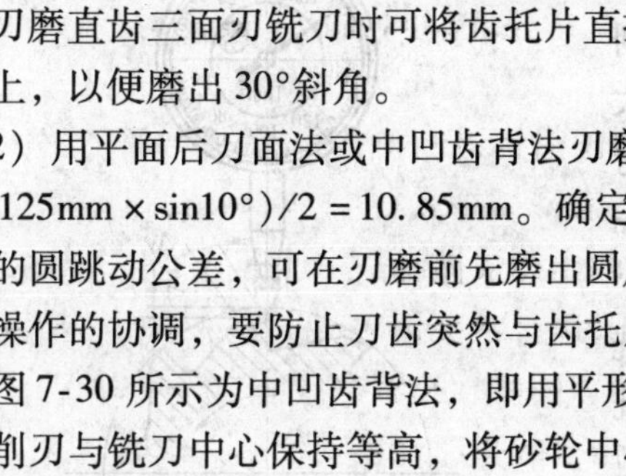

图 7-29 齿托片直接安装在万能夹头上

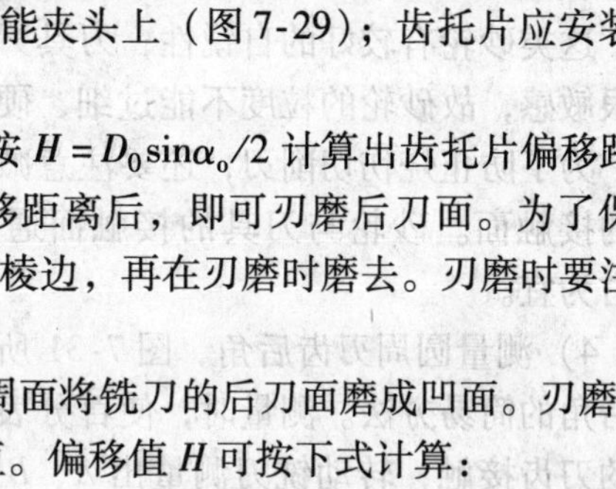

图 7-30 中凹齿背法

刃磨图 7-28 所示三面刃铣刀时砂轮中心偏移值为：

$$H=\frac{100\text{mm}}{2}\sin10^\circ=8.68\text{mm}$$

砂轮中心偏移值也可从表 7-7 中查得。

表 7-7　砂轮中心偏移距离　　（单位：mm）

D \ α_o	H					
	5°	6°	7°	8°	9°	10°
56	2.44	2.93	3.41	3.90	4.38	4.86
63	2.75	3.29	3.84	4.38	4.93	5.47
71	3.09	3.71	4.33	4.94	5.55	6.16
80	3.45	4.18	4.87	5.57	6.26	6.95
100	4.36	5.23	6.09	6.96	7.82	8.68
125	5.45	6.53	7.62	8.70	9.78	10.85
150	6.54	7.84	9.14	10.44	11.73	13.02

3）砂轮的选择与修整。刃磨三面刃铣刀常用碗形或平形陶瓷砂轮，特性为 WAF60J 或 WAF60K 等。这类砂轮有较好的自锐性；刀具刃磨时对磨削热很敏感，故砂轮的粒度不能过细，硬度也不能太硬。为了防止烧伤切削刃，还要注意减小砂轮与刀具的接触面。砂轮与刀具的接触面通常以 1.5mm 左右为宜。

4）测量圆周刃齿后角。图 7-31 所示为测量铣刀后角的简易方法。测量时，使百分表的测头与铣刀的刀齿接触，转动铣刀测量出 A、B 两点的读数差 Δh，由齿背长度 ΔL 可计算出所测的后角。

$$\tan\alpha_o=\frac{\Delta h}{\Delta L}$$

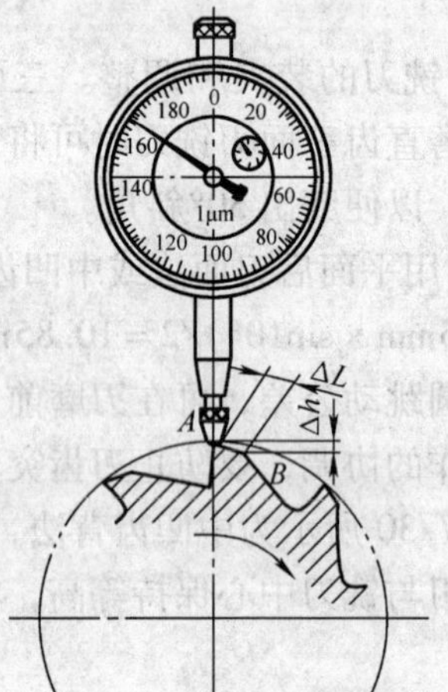

图 7-31　测量铣刀后角的简易方法

后角也可由表 7-8 查出。

表 7-8　铣刀后角与 Δh、ΔL 关系表　　（单位：mm）

ΔL \ α_o	Δh					
	4°	5°	6°	7°	8°	9°	10°
3	0.21	0.26	0.31	0.36	0.42	0.47	0.53
4	0.28	0.35	0.42	0.49	0.56	0.63	0.70
5	0.35	0.44	0.53	0.61	0.70	0.79	0.88
6	0.42	0.53	0.63	0.73	0.84	0.95	1.05
7	0.49	0.61	0.73	0.86	0.98	1.10	1.23
8	0.56	0.70	0.84	0.98	1.12	1.27	1.41
9	0.63	0.78	0.94	1.10	1.26	1.42	1.58
10	0.69	0.88	1.05	1.23	1.40	1.58	1.76

（3）端齿后刀面刃磨操作步骤　如图 7-32 所示，将铣刀用万能夹头装夹。先把铣刀的端面切削刃调整至水平位置，然后将万能夹头在垂直方向旋转一后角 $\alpha_o=6°$，再将万能夹头在水平方向转过一副偏角 $\kappa_r'=1°$，起动砂轮开始刃磨。磨完一齿以后，转动万能夹头的主轴，使齿托片支撑相邻刀齿的前刀面继续刃磨。磨削另一端面的刀齿时，由于刀齿倾斜的方向不同，故需重新调整齿托片，磨削的步骤则相同。刃磨端面齿时，由于没有棱边可以控制端面齿的圆跳动误差，故通常应划分粗、精磨来控制加工精度，以将端面刀齿的圆跳动误差控制在 0.03mm 内。

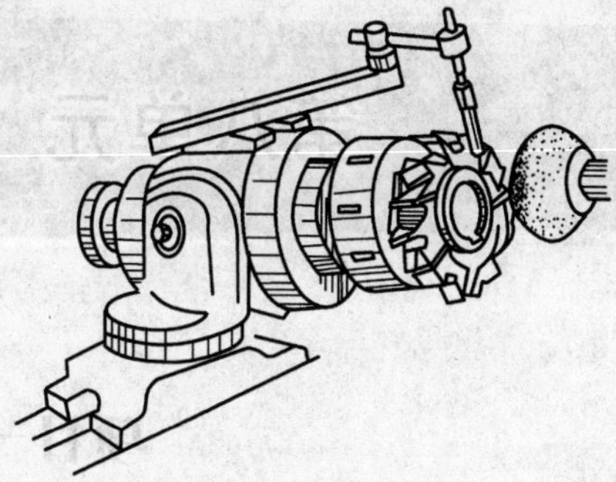

图 7-32　用万能夹头装夹铣刀

复习思考题

1. 怎样刃磨铰刀？
2. 怎样刃磨圆柱形铣刀？
3. 刃磨铰刀前刀面时，已知铰刀直径 $D=25$mm，$\gamma_o=3°$，试求砂轮端面对铰刀中心的偏移量 H。
4. 刃磨铰刀后刀面时，已知铰刀直径 $D=30$mm，$\alpha_o=10°$，试求齿托片相比铰刀中心下降的高度 H。
5. 怎样测量铰刀的前角、后角？

第八单元　复杂工件的磨削

项目一　细长轴磨削

一、学习目标

1. 了解细长轴磨削的特点。
2. 掌握细长轴的磨削方法。

二、学习任务

1. 项目任务

本项目的任务是学习细长轴的磨削方法。

2. 任务流程图

细长轴磨削的特点→细长轴的磨削方法→磨削实训Ⅰ：磨削细长轴→磨削实训Ⅱ：不用中心架磨削细长轴

三、环境设备

学习所需设备、附件、装备及实训件清单见表8-1。

表8-1　学习所需设备、附件、装备及实训件

分　类	名　称	型号规格	数　量
设备及附件	万能外圆磨床	M1432B型	1
	中心架		1
	顶尖		2
装备	砂轮	PAF60K6V、WAF60K6V	各1
	金刚石修整笔		1
	鸡心夹头		1
实训件	预制细长轴		2

四、学习过程

1. 细长轴磨削的特点

细长轴通常是指长度与直径的比值（简称长径比）大于25的轴。

长径比大于25的细长轴刚性较差，在磨削力的作用下工件会产生弯曲变形，从而使工件产生形状误差（如腰鼓形）、多角形振痕和径向圆跳动误差等。因此，磨削细长轴的关键是：减小磨削力、提高工件的支承刚度。

磨削细长轴时应对操作和安装方法作如下改进。

1）消除工件残余应力。工件在磨削前，应增加校直和消除应力的热处理工序，以避免磨削时内应力使工件弯曲。

2）合理选择砂轮。选用粒度较粗、硬度较软的砂轮，以提高砂轮的自锐性。为了减小磨削力，也可将较宽的砂轮修窄。

3）合理修整砂轮。用于粗磨的砂轮一定要修整得锋利，要选用尖角的金刚石修整笔用较大的纵向进给量修整。磨削过程中，要使砂轮保持锋利状态。

4）减小尾座顶尖顶紧力。尾座顶尖顶紧力应比一般磨削时小些，这样可以减小顶紧力引起的弯曲变形。

5）工件中心孔应有良好的接触面，应经过研磨。为了减少中心孔和顶尖间的摩擦，磨削过程中还要经常添加润滑油。

6）合理选择磨削用量。刚开始磨削时，工件呈弯曲状态，砂轮作间断的磨削，因此最初的几次横向进给量要小、进给速度要慢，以减小冲击力：粗磨时横向进给量取0.01～0.02mm，精磨时取0.0025～0.005mm。工件的转速应选得低些，以防止磨削时产生振动。磨削细长轴全长时，靠近轴的两端处可用稍大的纵向进给量；磨削中间部位时，进给可慢些，并可适当增加行程次数。

7）当工件加工精度要求较高且较长时，可采用中心架支承（图8-1）。中心架的构造如图8-2所示。

8）磨削过程中要充分冷却。

9）磨削好的工件要吊直存放，以免因其自重产生弯曲变形。

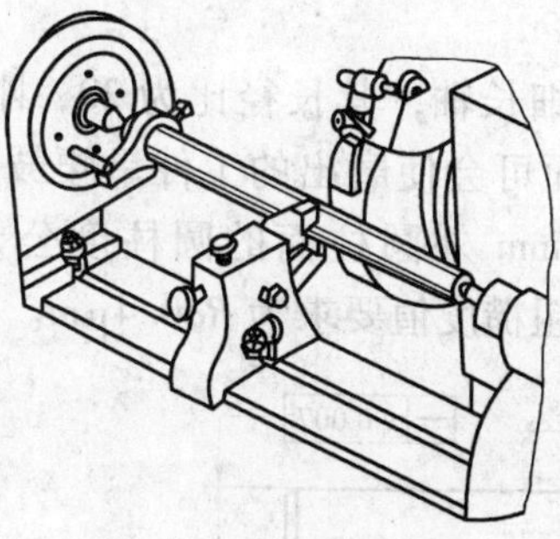

图8-1　用中心架支承

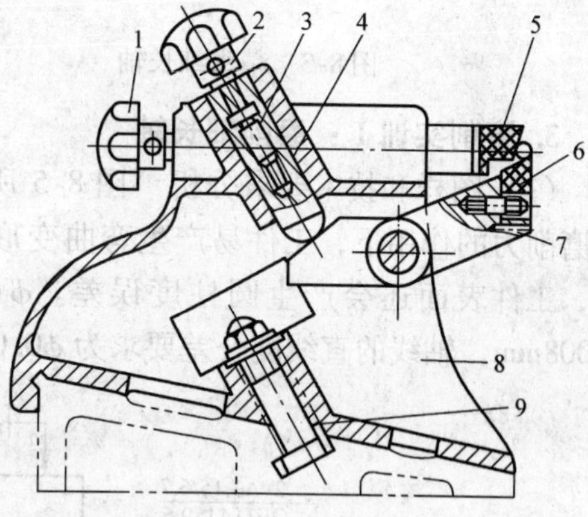

图8-2　中心架构造

1、2—捏手　3—螺杆　4—套筒　5—水平撑块
6—垂直支持块　7—双臂杠杆　8—架体　9—螺杆

2. 细长轴的磨削方法

（1）用中心架支承磨削细长轴　为了保证中心架的垂直支持块和水平撑块与工件的外圆柱面良好接触，可先在工件支承部位用切入磨削法磨出一小段外圆柱面，然后以此段外圆柱面作为中心架的支承圆柱面。此段外圆柱面应有较高的圆度，且应留有适当的精磨余量。

当支承圆柱面和工件全长接刀磨平后，随着工件直径的不断减小，需要周期性地调整中心架。

中心架数目的选择可参见表8-2。

表8-2 中心架数目的选择

工件直径/mm	工件长度/mm					
	300	450	700	750	900	1050
	中心架数目					
26~30	1	2	2	3	4	4
36~50	—	1	2	2	3	3
51~60	—	1	1	2	2	2
61~75	—	1	1	2	2	2
76~100	—	—	1	1	1	2

（2）不用中心架支承磨削细长轴　图8-3所示为一精密细长轴。磨削时将砂轮修整为内凹形，以减小工件的变形。图8-4所示为修整后的凹形砂轮，其磨削宽度只有原来的1/3，从而可使磨削时的径向力大为减小。工件粗磨以后再作半精磨、精磨，直线度公差可达到0.03mm以下。

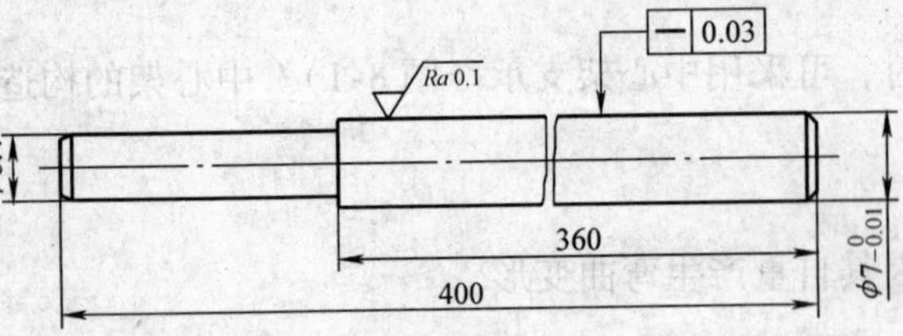

图8-3　精密细长轴

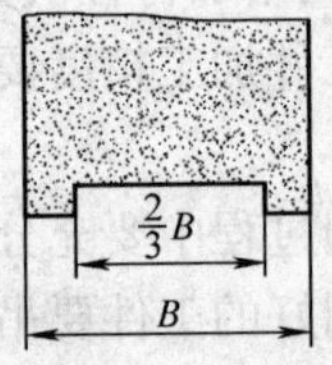

图8-4　凹形砂轮

3. 磨削实训Ⅰ：磨削细长轴

（1）图样和技术要求分析　图8-5所示为一精密细长轴，其长径比为20，刚度较低。在磨削力的作用下，工件易产生弯曲变形和振动，从而可会使磨出的工件呈腰鼓形或竹节形，工件表面还会产生圆柱度误差。$\phi(40\pm0.008)$mm外圆柱面的圆柱度公差要求为0.008mm，轴线的直线度公差要求为ϕ0.007mm，表面粗糙度值要求为Ra0.4μm。

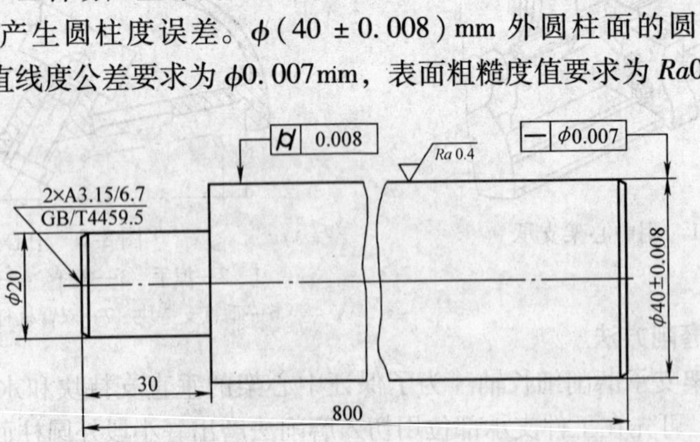

图8-5　细长轴

（2）磨削工艺　总磨削余量为0.65~0.70mm，分粗、精磨加工。磨削的关键工艺是设法减小工件的弯曲变形，以保证加工精度。减小工件的弯曲变形主要应从两方面着手：一方面可使用中心架，以增加工件的刚度，另一方面是减小磨削时的径向力。磨削细长轴时使用中心架，调整较方便，效果也较好。减小磨削时的径向力除了要减小背吃刀量外，还要提高砂轮的磨削性能。粗磨时要保持砂轮的锋利，不能用磨钝的金刚石修整砂轮。用磨钝的金刚石修整的砂轮没有锋利的微刃，而用带有尖角的金刚石修整的砂轮，则能获得锋利的微刃，从而可使砂轮具有良好的磨削性能，有利于减小径向力。

(3) 工件的定位夹紧 采用两顶尖装夹方式并用中心架支承，可以提高工件的支承刚度。中心架是辅助支承，使用时不能破坏顶尖对工件的定位。操作时，要仔细地调整中心架，以防止重复定位。

如图 8-6 所示，为了保证中心架能良好地支承，工件的支承部位应为一理想的圆柱面，故在用中心架支承工件前，应先将工件的支承部位磨削至一定精度。中心架应支承在工件的中部，磨削时，用切入磨削法将工件的支承部位磨削至径向圆跳动误差在 0.005mm 内，留精磨余量 0.05～0.08mm，表面粗糙度值达到 $Ra0.4\mu m$。支承圆柱面的长度略大于中心架的支承宽度即可。

a)

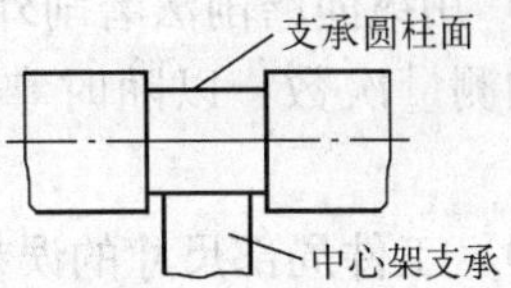

b)

图 8-6 中心架支承圆柱面

(4) 选择砂轮 选用砂轮的特性：WAF60K6V。

(5) 选择设备 选择 M1432B 型万能外圆磨床。

(6) 工件磨削步骤

1) 找正头架、尾座中心。清理工作台和导轨表面，移动尾座，找正头架、尾座中心，使之不允许有明显的偏斜。

2) 用硬质合金顶尖支顶工件。调整顶尖的顶紧力，顶尖的顶紧力要小。调整时用手轻轻转动工件，手感应较松；松手后，工件不会因鸡心夹头的偏重而自转，则说明顶紧力适当。

3) 调整中心架。

4) 在中心架支承处注入润滑油。

5) 粗磨 $\phi(40\pm0.008)$mm 外圆柱面，留精磨余量 0.07～0.08mm；将 $\phi(40\pm0.008)$mm 外圆柱面轴线的直线度误差控制在 $\phi0.015$mm 内。

6) 修整砂轮。

7) 调整中心架。重新磨削支承圆柱面至 $\phi40^{+0.015}_{+0.010}$mm，同时使支承圆柱面的径向圆跳动误差在 0.004mm 内。

8）精磨 $\phi(40\pm0.008)$mm 外圆柱面至尺寸。

（7）注意事项

1）磨削支承圆柱面时，砂轮切入速度要尽量慢。因支承圆柱面是工件刚度最低的部位，且工件毛坯有较大的误差，所以磨削时工件会产生较大变形和振动，应注意减小背吃刀量。

2）细长轴用中心架支承后刚度虽有所提高，但由于磨削力的作用，特别是背向力的作用，还会产生一定的变形。

3）工件中心孔的表面粗糙度值应不大于 $Ra0.4\mu m$，且应用涂色法检验中心孔，使中心孔与顶尖的接触面大于85%。中心孔内应涂充足的润滑油。

4）由于磨削过程中各种力的作用会使工件的顶紧力发生变化，所以操作时应时刻注意顶紧力的变化，及时调整，以使顶紧力适当。

5）调整中心架时要防止支承歪斜。

6）经常在中心架支承处注入润滑油，以减小支承处的摩擦阻力对加工的影响。

7）修整砂轮时应选用0.7ct（ct即克拉，1ct = 0.2g）的金刚石，金刚石尖角应为80°左右，以保证修整后的砂轮具有较强的磨削性能，减小磨削力的影响。

8）要随时检验工件的圆柱度误差，并相应地微调中心架水平撑块的位置。

9）用纵向磨削法磨削外圆柱面，且应适当增加行程次数。精磨时，要仔细调整中心架并增加测量次数，以随时掌握工件各部位直径尺寸的变化，使圆柱度误差控制在公差范围内。

10）工件局部尺寸的误差，可采用控制纵向进给量、增加磨削时间来消除。

11）可适当减小乳化液的浓度，以改善冷却条件。切削液要充分，但流速不宜太快。

12）工件磨好后要垂直吊放。

4. 磨削实训Ⅱ：不用中心架磨削细长轴

（1）图样和技术要求分析　图8-7所示为小直径精密细长轴。$\phi10h7$ 外圆轴线的直线度公差要求为 $\phi0.02$mm，表面粗糙度值要求为 $Ra0.2\mu m$。工件材料为45钢，热处理淬火硬度48HRC。

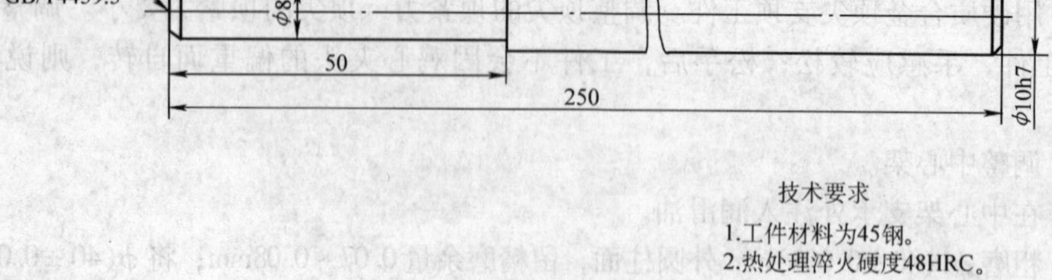

图8-7　小直径精密细长轴

（2）磨削工艺　加工的关键工艺是在不使用中心架的条件下，使工件的弯曲变形减至最小。磨削力是引起细长轴弯曲变形的主要因素。

磨削的总余量为0.45～0.50mm。工件经热处理后，弯曲已校直，而后用粗磨、半精磨、精磨加工工件至尺寸要求。

（3）工件的定位夹紧　该工件长径比较大、刚性较差，磨削时极易产生弯曲变形。由于工件外径小，不宜用中心架支承，故采用两顶尖装夹。

（4）选择砂轮　选用砂轮的特性：PAF60K6V。

（5）选择设备　选择 M1432B 型万能外圆磨床。

（6）工件磨削步骤

1）研磨中心孔。

2）修整砂轮。在砂轮宽度一定的条件下，可修整砂轮工作面的宽度，以减小磨削时的背向力。

3）装夹工件并调整顶尖顶紧力。

4）粗磨 ϕ10h7 外圆柱面，留半精磨余量 0.15mm。

5）半精磨 ϕ10h7 外圆柱面，使工件轴线的直线度误差在 ϕ0.015mm 以下，留精磨余量 0.05～0.06mm。

6）修整砂轮。

7）精磨 ϕ10h7 外圆柱面至尺寸。

（7）注意事项

1）当修整砂轮工作面的宽度后工件弯曲变形仍很明显时，可再减小砂轮的实际磨削宽度。

2）半精磨时，如工件轴线的直线度误差大于 ϕ0.02mm，则需增加校直工序。

3）半精磨时，要检查中心孔的精度。发现中心孔磨损时要及时修研后再使用。

4）半精磨时需把工件轴线的直线度控制在 ϕ0.01mm 内。

项目二　薄片、薄壁工件的磨削

一、学习目标

1. 了解薄片工件的磨削特点。
2. 了解薄壁零件的磨削特点。
3. 掌握薄片、薄壁工件的磨削方法。

二、学习任务

1. 项目任务

本项目的任务是学习薄片、薄壁工件的磨削方法。

2. 任务流程图

薄片工件的磨削→薄壁零件的磨削→磨削实训Ⅰ：磨削薄壁套→磨削实训Ⅱ：磨削尺寸较大的薄片零件→磨削实训Ⅲ：磨削带有凹槽的薄垫板

三、环境设备

学习所需设备、附件、装备及实训件清单见表 8-3。

表 8-3　学习所需设备、附件、装备及实训件

分类	名称	型号规格	数量
设备及附件	万能外圆磨床	M1432B 型	1
	平面磨床	M7120A 型	1
	电磁吸盘		1
装备	微锥心轴		1
	金刚石修整笔		1
	箍套		1
	通用夹具		1
	心轴		1
	专用夹具		1
实训件	薄片零件	45 钢	1
	薄壁套	60Si2Mn	1

四、学习过程

1. 薄片工件的磨削

（1）薄片工件磨削的特点　垫圈、摩擦片和镶钢导轨等厚度较薄或比较狭长的工件均称为薄片、薄板工件。这类工件的刚性差，磨削时很容易产生受热变形和受力变形。磨削这类工件时，首先要采取各种措施来减少工件的发热和变形，如选用硬度较软的砂轮并使其经常保持锋利、采用较小的磨削深度和较高的工作台纵向进给速度、供应充足的切削液等来改善磨削条件。同时，还必须从工艺和装夹方面来减小工件的受力变形。因为零件常常在磨削前就已具有平面度误差（淬火变形或上道工序所造成的弯曲变形），如直接用电磁吸盘吸住磨削，则工件会因刚性较差产生弹性变形。当磨削完毕松开时，工件又会恢复原状呈弯曲形平面。由图 8-8 可见，由于工件不均匀的线膨胀，使得工件被磨削成凹面。

（2）减小工件受力变形的方法

1）垫橡胶垫片。在磁性吸盘和工件之间垫一层厚度为 0.5～3mm 的橡胶垫片。当工件被吸紧时，橡胶垫片被压缩，使工件的弹性变形量减少，从而使磨出的工件比较平整（图 8-9）。将工件反复磨削几次，工件的平面度得到改善以后，可直接将其吸在电磁吸盘上磨削。

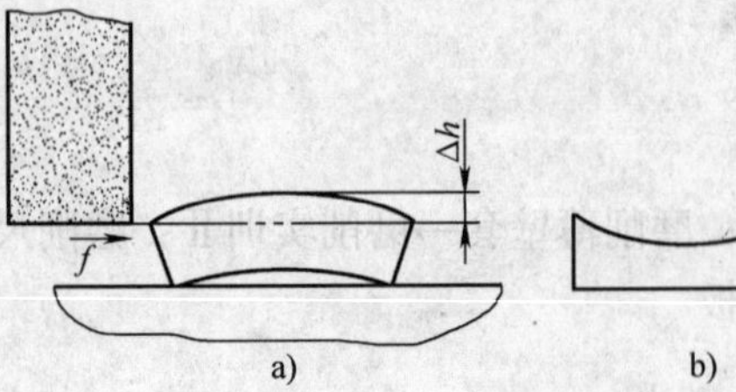

图 8-8　工件的热变形

a）工件不均匀线膨胀　b）工件被磨成凹面

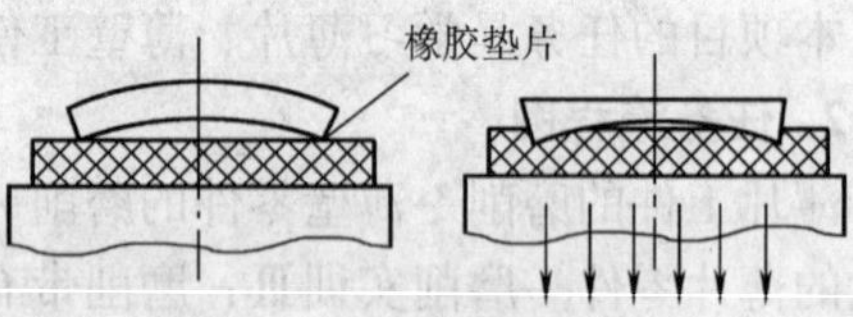

图 8-9　垫橡胶垫片

2）涂白蜡。方法是先在工件表面涂上一层白蜡，然后将其放在旧砂轮端面上摩削，将工件凸部的白蜡磨去、凹部的白蜡磨平，从而暂时形成无翘曲的定位面。此后，将工件装在电磁吸盘上磨削第一面，再以第一面为基准磨削第二面，最后反复磨削两平面，直至达到要求的平面度误差为止。

3）垫纸。这是一种常用的简易办法。先将工件放在平板上，用橡皮锤轻轻敲击，分辨出空音处（即工件与平板接触有空隙处），再将纸垫入空隙处填平空隙，以填平的面作为定位基准面，磨出第一个比较平的面，再将磨好的平面直接装夹在电磁吸盘上磨削另一面。以后反复翻身磨削几次，就能得到比较平的平面。

这种方法只能用于磨削毛坯翘曲变形不大的工件。

4）低熔点材料粘固。低熔点材料中，石蜡的熔点只有52℃，松香比石蜡稍高些，它们都有一定的粘结力。用低熔点材料粘固薄片工件的优点，是机械装夹法和电磁夹紧不能比拟的。因为工件被粘固后，几乎没有弹性变形（图8-10）。

石蜡的粘结力比松香小；松香性脆，不需要加热就能将其清除。石蜡和松香也可混合使用，其粘结力介于石蜡和松香之间。粘结的牢固程度与粘结面的面积成正比。用低熔点材料粘固法时，应注意以下几点。

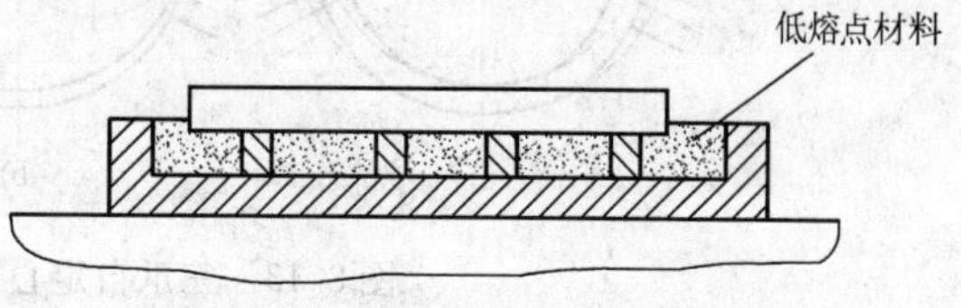

图8-10　工件用低熔点材料粘固

① 粘固前应将工件清洗干净，不得有油污，以免影响粘结力。

② 低熔点材料放在容器内加热，熔化温度应稍高于熔点。

③ 由于低熔点材料冷却速度较快，所以在粘固时应一次浇填满，以免影响粘固的牢度。

④ 磨削时应进行充分冷却，以免高温使石蜡和松香熔化。

5）改变夹紧力方向。磨削长条形薄片工件时，工件的弯曲变形大，在批量生产时可采用专用角铁式夹具装夹。如图8-11所示工件，可用压板从侧面将其夹紧（夹紧力为$\boldsymbol{F}$）。由于工件侧面宽度方向刚性大，故工件不会产生大的夹紧变形。待磨平一面后，再将工件吸附在电磁吸盘上磨削另一面。

6）减小电磁吸盘的吸附力。减小电磁吸盘吸附力的目的也是为了减小工件的弹性变形。使用这种方法时，须重新调整电磁吸盘的电路，并应采用一定的安全技术措施。

图8-12所示为减小电磁吸盘吸附力的另一种方法，即在电磁吸盘上放置一个导磁铁，由于磁力线长度增加，则磁力减弱。

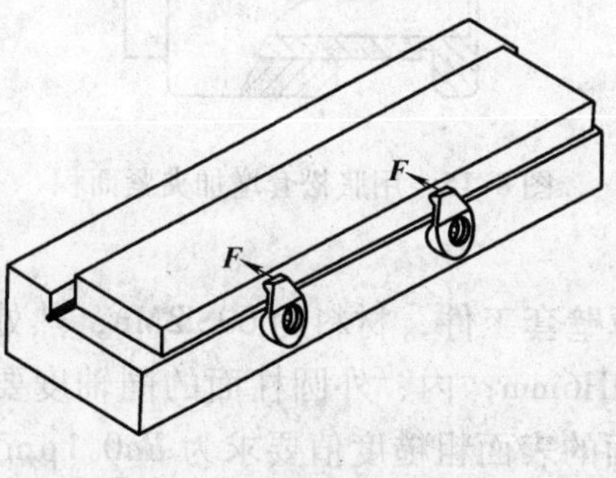

图8-11　专用角铁式夹具

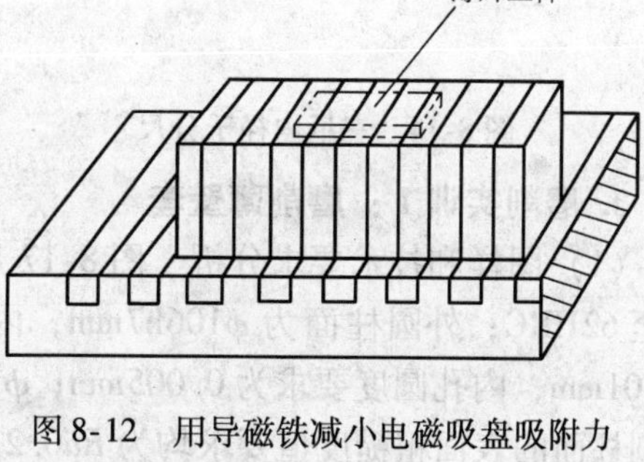

图8-12　用导磁铁减小电磁吸盘吸附力

2. 薄壁零件的磨削

（1）薄壁零件磨削的特点　在磨削中，薄壁零件常因夹紧力、磨削力、磨削热和内应力等因素的影响而产生变形，因此磨削时要设法减小工件的变形。

图 8-13a 所示为工件在三爪自定心卡盘上装夹时产生的弹性变形。磨削时，内孔虽被磨圆（图 8-13b），但卡盘放松后工件原有弹性变形消失，内孔会呈三角棱圆形，其等直径误差用通常方法很难测量。图 8-14 所示为三爪内径千分尺，用它可测量出工件的等直径误差。除了夹紧力外，磨削热常会使工件产生热变形，也会造成工件的加工误差。

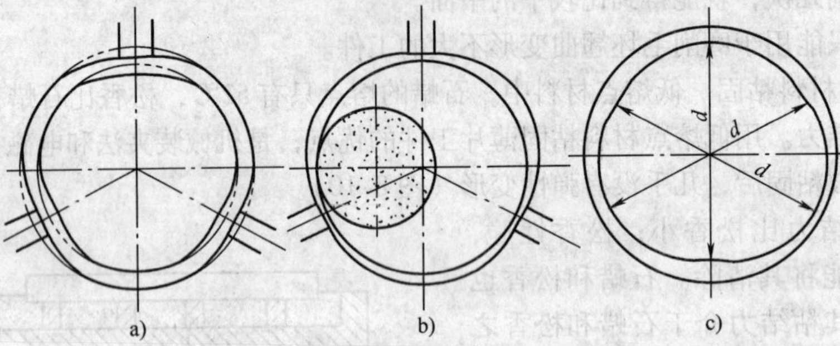

图 8-13　三爪自定心卡盘使工件产生变形

a）夹紧变形　b）内孔被磨圆　c）松夹后弹性变形

（2）减少薄壁零件变形的方法　通常可通过设法减小夹紧力、磨削力和减少磨削热的方法，来减少薄壁零件的变形。

1）选用粒度较粗、硬度较软的砂轮进行磨削，可减小切削力、减少磨削热。在工艺方面，可划分粗磨、半精磨和精磨，以逐步提高工件的加工精度。磨削时还要注意进行充分冷却，以减少工件的热变形。

2）改进工件的装夹方式。图 8-15 所示为用胀松套衬在卡爪和工件之间，以增加夹紧面积的装夹方法。由力学分析可知，工件的受力得到了改善，由原来卡爪的集中力变成了均匀分布的压力，从而减小了工件的变形。图 8-16 所示为专用夹具，工件装入以后，用螺套将工件夹紧在 *A* 面上；图 8-16b 则为用花盘装夹薄壁套的方法，工件用压板压紧在 *A* 面上。

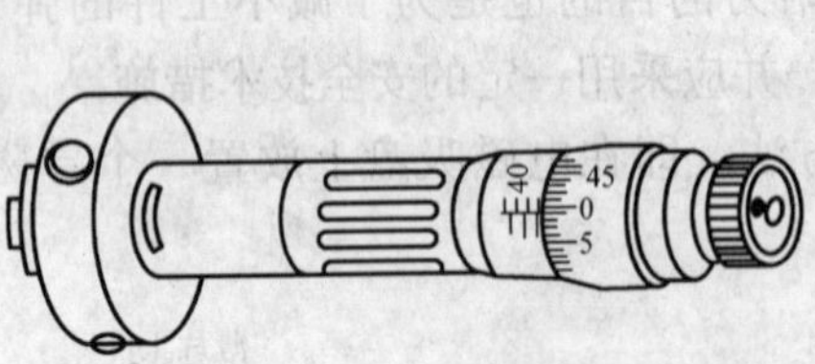

图 8-14　三爪内径千分尺

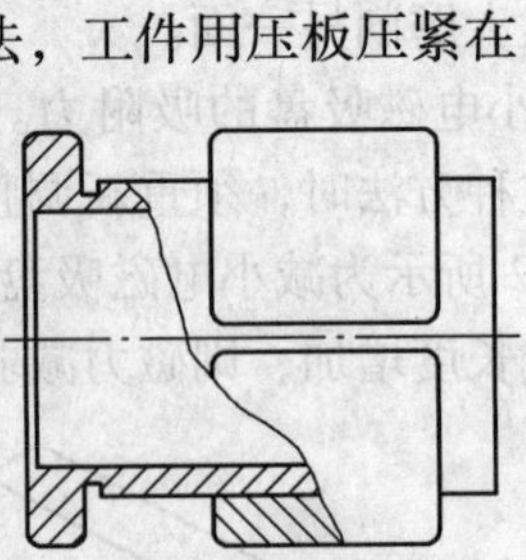

图 8-15　用胀松套增加夹紧面积

3. 磨削实训 I：磨削薄壁套

（1）图样和技术要求分析　图 8-17 所示为一薄壁套工件，材料为 60Si2Mn，热处理淬硬至 62HRC；外圆柱面为 ϕ106h7mm，内孔为 ϕ100H6mm；内、外圆柱面的同轴度要求为 ϕ0.01mm，内孔圆度要求为 0.005mm；ϕ105mm 端面的表面粗糙度值要求为 Ra0.1μm，内、外圆柱面的表面粗糙度值要求均为 Ra0.2μm。

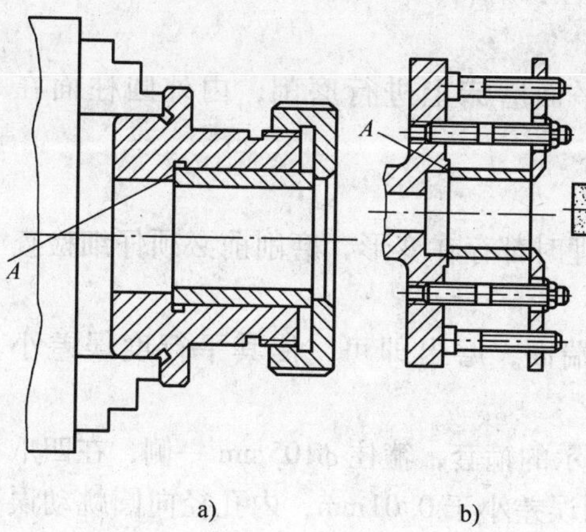

图 8-16　用螺套和花盘装夹薄壁套

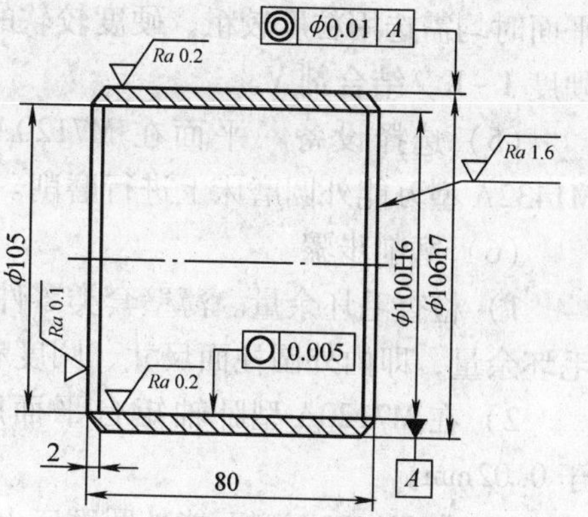

技术要求
1.材料为60Si2Mn。
2.热处理淬硬至62HRC。

图 8-17　薄壁套

（2）磨削工艺　平面磨削采用横向磨削法，内、外圆柱面均采用纵向磨削法，按工件的磨削余量划分粗、精磨，尽量采用较小的背吃刀量，以防变形。粗磨后、精磨前应安排除应力工序，以消除磨削时产生的内应力。

工件的生产批量不同，工件的装夹、磨削方法和步骤应有所不同。若为单件生产，应先磨两端面，再用箍套（或胀松套）装夹，用接刀磨削法分别粗磨出外圆柱面和内圆柱面。磨外圆柱面时也可带磨一端面，然后卸下工件，在平磨上磨出两端面，视端面和内外圆精度而定，最后用图 8-19 所示的花盘装夹精磨内孔，用微锥心轴装夹精磨外圆柱面。若为批量生产，则应先磨两端面，再粗磨内孔，然后用图 8-18 所示心轴装夹粗磨外圆柱面，最后用专用夹具装夹精磨内孔。

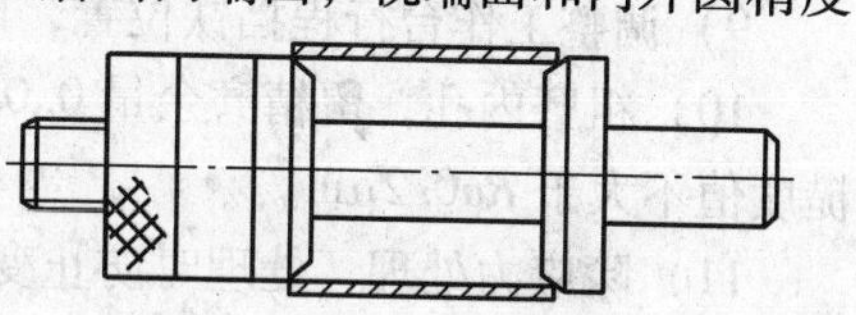

图 8-18　外圆心轴装夹

（3）工件的定位夹紧　磨削两端面时用电磁吸盘装夹，粗磨内外圆柱面时用简易箍套（图 8-20）装夹，精磨内孔时用图 8-19 所示的花盘装夹，精磨外圆柱面时用微锥心轴装夹。装夹时必须仔细找正。

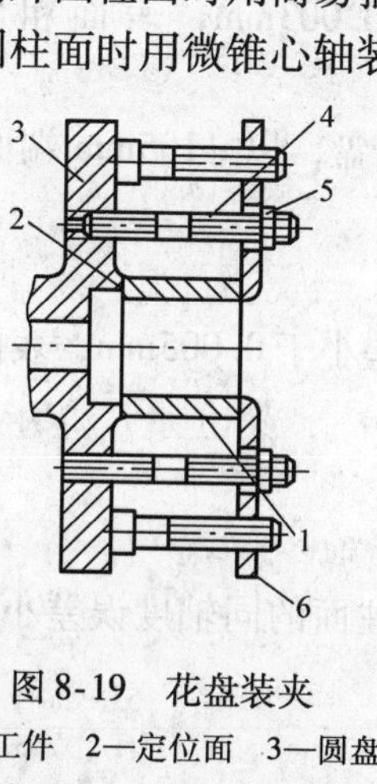

图 8-19　花盘装夹

1—工件　2—定位面　3—圆盘
4—螺栓　5—螺母　6—压板

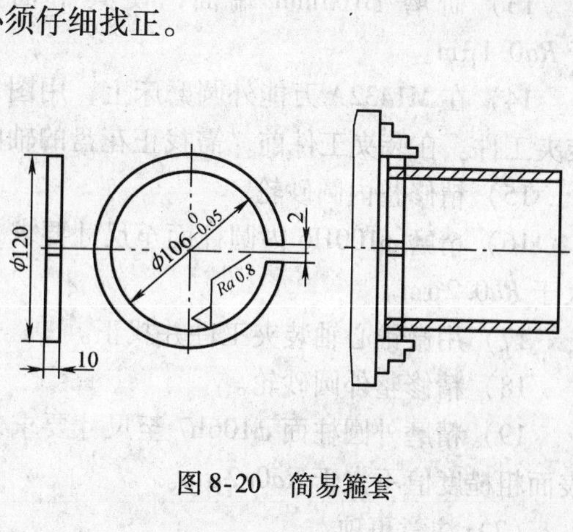

图 8-20　简易箍套

（4）选择砂轮　为减小磨削时工件因受热、受力而引起的变形，磨削内、外圆柱面及平面时均需选用粒度较粗、硬度较软的砂轮。砂轮特性：磨料 WA（PA），粒度 F36 ~ F46，硬度 J ~ K，结合剂 V。

（5）选择设备　平面在 M7120A 型卧轴矩台平面磨床上进行磨削，内外圆柱面在 M1432A 型万能外圆磨床上进行磨削。

（6）磨削步骤

1）检查毛坯余量。薄壁套类零件在车削和热处理时都存在变形，磨削前必须仔细检查毛坯余量，即内外圆柱面尺寸、圆度和同轴度等。

2）在 M7120A 型卧轴矩台平面磨床上磨削两端面，磨出即可，使其平行度误差小于 0.02mm。

3）在 M1432A 型万能外圆磨床上，用图 8-20 所示的箍套，箍住 ϕ105mm 一侧，在四爪单动卡盘上装夹。找正端面与内孔，使其轴向圆跳动误差小于 0.01mm，内孔径向圆跳动误差小于 0.05mm。

4）修整外圆砂轮。

5）调整工作台行程挡铁位置，以控制磨削长度。

6）粗磨外圆柱面，留精磨余量 0.04 ~ 0.06mm，使其表面粗糙度值不大于 Ra0.2μm。调头装夹，用百分表找正已磨好的外圆柱面，使径向圆跳动误差小于 0.01mm。接刀粗磨另一段外圆柱面，留精磨余量 0.04 ~ 0.06mm，并使表面粗糙度值不大于 Ra0.2μm。

7）翻下内圆磨具。

8）修整内圆砂轮。

9）调整工作台行程挡铁位置，以控制砂轮越出孔口的长度。

10）粗磨内孔，留精磨余量 0.05 ~ 0.07mm，使内孔的圆度误差小于 0.005mm、表面粗糙度值不大于 Ra0.2μm。

11）除应力处理，处理时防止变形。

12）在 M7120A 型卧轴矩台平面磨床上精磨两端面，使其平行度误差小于 0.01mm，使 ϕ105mm 端面的表面粗糙度值不大于 Ra0.2μm。

13）研磨 ϕ105mm 端面，使其平面度误差小于 0.003mm，表面粗糙度值不大于 Ra0.1μm。

14）在 M1432A 万能外圆磨床上，用图 8-19 所示的花盘，以 ϕ105mm 端面为定位基准装夹工件。在装夹工件前，需找正花盘的轴向圆跳动量。

15）精修整内圆砂轮。

16）精磨 ϕ100H6 内圆柱面至尺寸要求，使其圆度误差小于 0.005mm，表面粗糙度值不大于 Ra0.2μm。

17）用微锥心轴装夹工件并找正。

18）精修整外圆砂轮。

19）精磨外圆柱面 ϕ106h7 至尺寸要求，使其与内圆柱面的同轴度误差小于 ϕ0.01mm，表面粗糙度值不大于 Ra0.2μm。

（7）注意事项

1）用普通夹具装夹工件时，夹紧力不宜太大，否则工件仍会产生变形。

2）磨削中要合理分配粗精磨磨削余量，背吃刀量要小。砂轮磨钝后要及时修整，以使砂轮保持良好的磨削性能。

3）磨削中多作测量，且操作要正确。测量要从多个角度进行，以及时发现工件的形状误差。

4）磨削时冷却要充分，以减少磨削热变形。

4. 磨削实训Ⅱ：磨削尺寸较大的薄片零件

（1）图样和技术要求分析　图8-21所示为尺寸较大的薄片零件，材料为45钢，厚度为（1.5±0.01)mm，平行度误差要求为0.01mm，表面粗糙度值要求为*Ra*0.4μm。

（2）磨削工艺　采用横向磨削法，划分粗精磨。磨削时应合理控制磨削用量：工作台纵向进给开到最快挡；背吃刀量在粗磨时每次不应超过0.01mm，精磨时每次不应超过0.005mm；横向进给量在粗磨时每次进给3~4mm，精磨时每次进给2~3mm。

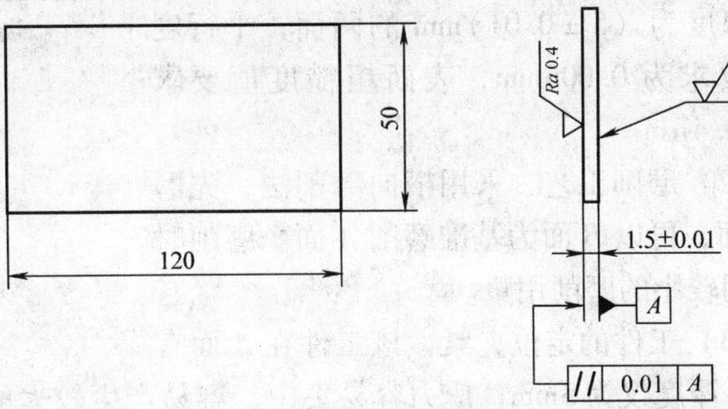

图8-21　薄片零件

（3）工件的定位夹紧　用电磁吸盘装夹工件，粗磨时以平面度较好的一面作为基准面，并在空隙处垫纸。

（4）选择砂轮　选择的砂轮特性：磨料WA（PA），粒度F36~F46，硬度J~K，结合剂V。

（5）选择设备　在M7120A型卧轴矩台平面磨床上进行磨削操作。

（6）磨削步骤

1）检查工件磨削余量并初校平面度误差。若工件翘曲较大，则应先将工件放在平板上，用铜棒敲击凸起部位校平（直），直至两面低凹处有磨削余量为止。检查和校平（直）后应清除毛刺。

2）选择基准面及垫纸。将已校平（直）的工件放在精密平板上，用千分表（或杠杆百分表）测量工件的平面度误差。选择误差较小的一面作为粗基准，并根据误差值及弯曲部位，垫入相应大小和厚度的纸片（一般用电容纸），用橡胶锤或手指敲击工件时，应无空音声。

3）修整砂轮。为使砂轮锋利，可将其修得粗些。

4）将垫入纸片的工件放在电磁吸盘上，粗磨上平面，磨出即可。翻身，磨另一面。磨出后，检查工件两平面的平行度误差。若误差较大，再垫纸磨削。若平行度误差在公差范围内，则继续磨削。磨削时反复翻身，控制厚度尺寸，留精磨余量0.05~0.07mm。

5）精修整砂轮。

6）先精磨一面，然后翻身精磨另一面。反复翻身磨削，直至图样要求。

（7）注意事项

1）磨削薄片前，先检查机床电磁吸盘台面有无毛刺或划痕。

2）磨削中严格控制磨削用量，以控制磨削力和磨削热。

3）磨削中应保持充分的冷却：切削液流量要大，要覆盖整个磨削平面，以免因磨削热过大使工件产生变形。

4）磨削过程中，砂轮应始终保持锋利，发现磨钝后应及时修整。如磨钝后仍继续磨削，很容易产生梗刀现象。

5）磨削薄片工件时应耐心、细致、谨慎，不可急躁，否则不但工件容易报废，而且容易产生其他意想不到的事故。

5. 磨削实训Ⅲ：磨削带有凹槽的薄垫板

（1）图样和技术要求分析　图8-22所示为带有凹槽的薄垫板，材料为45钢。需磨削厚度为（5±0.01）mm的两面，平行度公差要求为0.005mm，表面粗糙度值要求为$Ra0.4\mu m$。

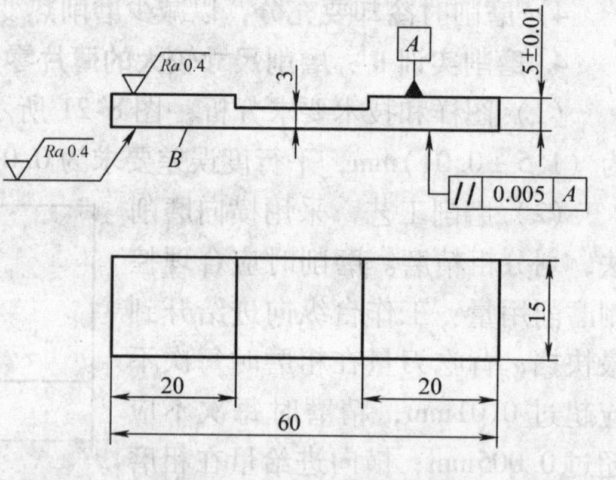

图8-22　带有凹槽的薄垫板

（2）磨削工艺　采用横向磨削法，先磨削B面，再以B面为基准磨削A面。磨削时应采用较小的磨削用量。

（3）工件的定位夹紧　该工件在A面有凹槽，厚度仅为3mm，应力容易集中，容易产生较大的变形。若直接用电磁吸盘吸住A面磨削B面，则会产生更大的变形。因此可采用低熔点材料粘固法装夹，先粘固凹槽及A面磨削B面，然后以B面为基准，用电磁吸盘装夹磨削A面。

（4）选择砂轮　选择的砂轮特性：磨料WA（PA），粒度F36～F46，硬度J～K，结合剂V。

（5）选择设备　在M7120A型卧轴矩台平面磨床上进行磨削操作。

（6）磨削步骤

1）清洗擦净毛坯及定位板腔体，浇注熔化后的低熔点材料。将工件凹槽及A面置于熔化的粘结剂中，校平B面，冷却后即粘牢，如图8-23所示。

2）将定位板连同粘固的工件装夹在电磁吸盘上。用百分表找正B面与工作台的平行度。若误差较大，可用垫纸法找正。

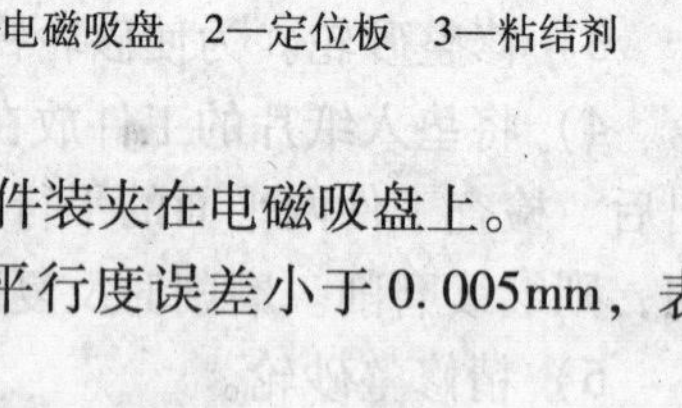

图8-23　低熔点材料粘固法装夹薄垫板

1—电磁吸盘　2—定位板　3—粘结剂

3）修整砂轮。

4）粗磨B面，留精磨余量0.02～0.04mm。

5）精修整砂轮。

6）精磨B面，使其表面粗糙度值不大于$Ra0.4\mu m$。

7）拆下工件，清除粘结剂和毛刺。以B面为基准，将工件装夹在电磁吸盘上。

8）粗、精磨A面至尺寸，即使厚度为（5±0.01）mm，平行度误差小于0.005mm，表面粗糙度值不大于$Ra0.4\mu m$。

（7）注意事项

1）粘固前应将工件清洗干净，不得有油污，以免影响粘结力。

2）粘固时，需将低熔点材料放在容器内加热，熔化温度应略高于熔点。

3）由于低熔点材料冷却速度较快，在浇填粘结时应一次浇满，以免影响粘结的牢固程度。

4）粘结的牢固程度与粘结的面积成正比。粘结时要将粘结剂均匀地浇填在工件的下部及四周。

5）薄垫板的上下两平面的平行度误差应控制在 0.005mm 内。

6）磨削时应充分冷却，以防止高温使粘结剂熔化。

7）虽然用低熔点材料粘固法装夹消除了工件装夹时的变形，但磨削力和磨削热仍会使工件产生一定的变形，故磨削时应减小磨削用量。

8）工件磨削完毕后，将工件取出并清除粘结材料。粘结面积大的工件一般用加热法取出。

项目三　偏心工件的磨削

一、学习目标

1. 掌握偏心工件的磨削方法。
2. 掌握曲轴的磨削方法。
3. 了解影响连杆轴颈圆度误差的主要因素。

二、学习任务

1. 项目任务

本项目的任务是学习偏心工件的磨削方法。

2. 任务流程图

偏心零件的磨削→曲轴的磨削→偏心轴磨削实训→曲轴磨削实训

三、环境设备

学习所需设备及附件、装备、量具和实训件清单见表 8-4。

表 8-4　学习所需设备及附件、装备、量具和实训件

分类	名称	型号规格	数量
设备及附件	万能外圆磨床	M1432B 型	1
	曲轴磨床	MQ8240 型	1
	三爪自定心卡盘		2
	四爪单动卡盘		1
装备	垂直样板		1
	水平样板		1
	金刚石修整笔		1
	顶尖		2
	砂轮	AF80M6V	1
量具	游标卡尺		
	千分尺	25～50mm、50～75mm	各 1
	百分表		1
实训件	偏心轴	45 钢	1
	三拐曲轴	QT800－2	1

四、学习过程

1. 偏心零件的磨削

偏心零件是一种较复杂的零件。通常，偏离零件旋转轴线的外圆柱面称为偏心圆柱面，偏心圆柱面的轴线与旋转轴线之间的距离称为偏心距。常见的偏心零件有偏心轴、偏心套和曲轴等。

一般偏心零件，可采用两顶尖、四爪单动卡盘和专用夹具装夹进行磨削。

（1）用两顶尖装夹磨削偏心零件　图 8-24 所示为有两个偏心圆柱面的轴，在工件两端有三对中心孔。磨削轴颈 1、4 时，用中心孔 *B* 定位；磨削偏心圆柱面 2 时，用中心孔 *A* 定位；磨削偏心圆柱面 3 时，用中心孔 *C* 定位。这种装夹方法的特点是工件的装夹较简单，偏心距由中心孔保证。

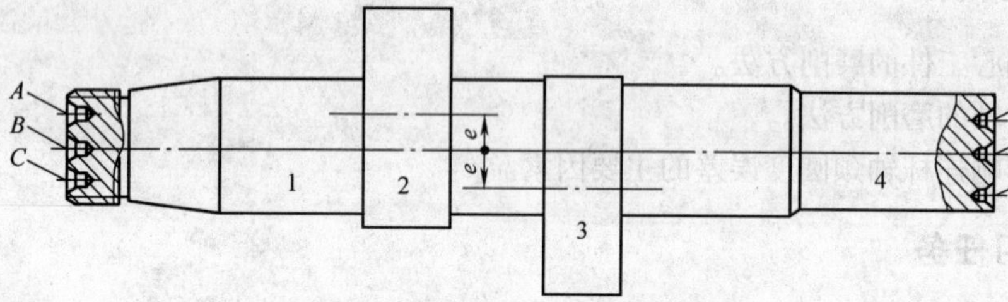

图 8-24　用两顶尖装夹磨削偏心零件

（2）用专用夹具装夹磨削偏心零件　图 8-25a 所示为一种带中心孔的偏心夹具。磨削时，将该夹具套装在工件已磨好的两端外圆柱面上，用夹具上的中心孔 *A* 和 *C* 磨削偏心圆柱面。图 8-25b 所示为一偏心套用偏心轴装夹的方法。专用夹具通常用于大批量生产中，可获得较高的加工精度和劳动生产率。

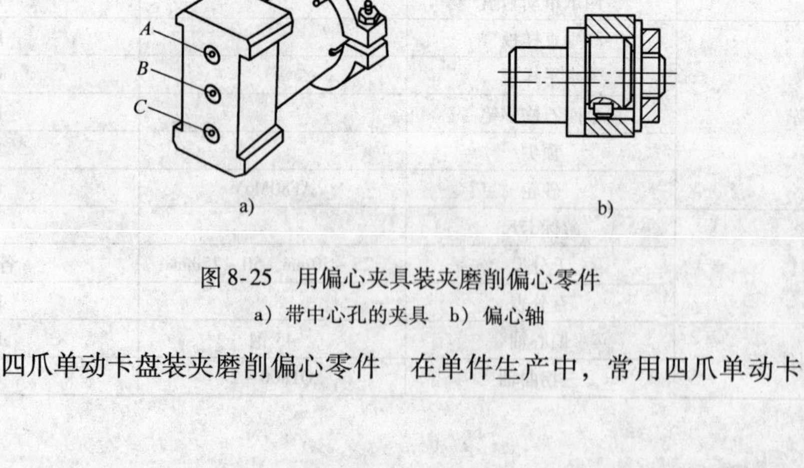

图 8-25　用偏心夹具装夹磨削偏心零件

a）带中心孔的夹具　b）偏心轴

（3）用四爪单动卡盘装夹磨削偏心零件　在单件生产中，常用四爪单动卡盘装夹，磨削长度较短的偏心零件。图 8-26a 所示为用四爪单动卡盘装夹工件的方法。工件装夹后，经精确测量偏心距，再精磨偏心圆柱面至尺寸，一般可达到较高的加工精度。图 8-26b 所示为粗磨偏心圆柱面后偏心距的测量方法。测量时用手转动工件，百分表偏摆量的一半即为工件的实际偏心距。测出的偏心距误差需在精磨调整卡盘时加以修正。

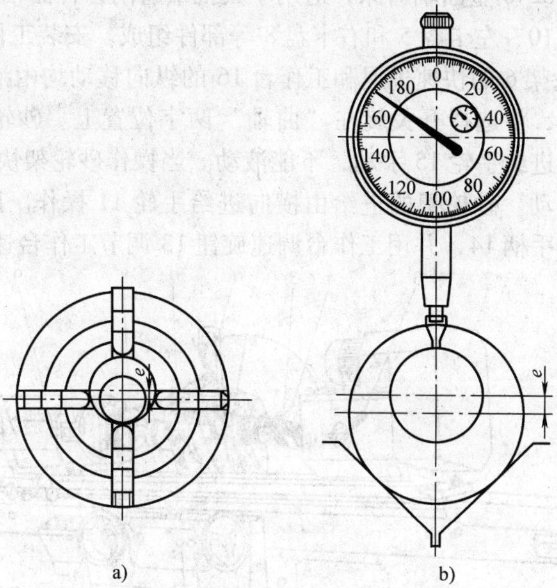

图 8-26　用四爪单动卡盘装夹工件的方法和偏心距的测量方法

2. 曲轴的磨削

用于汽车、拖拉机等的曲轴是一种形状复杂的偏心零件，其曲柄颈和主轴颈均有较高的加工精度和较小的表面粗糙度值要求。图 8-27 所示为曲轴简图。主轴颈尺寸全部为 ϕ75h6，

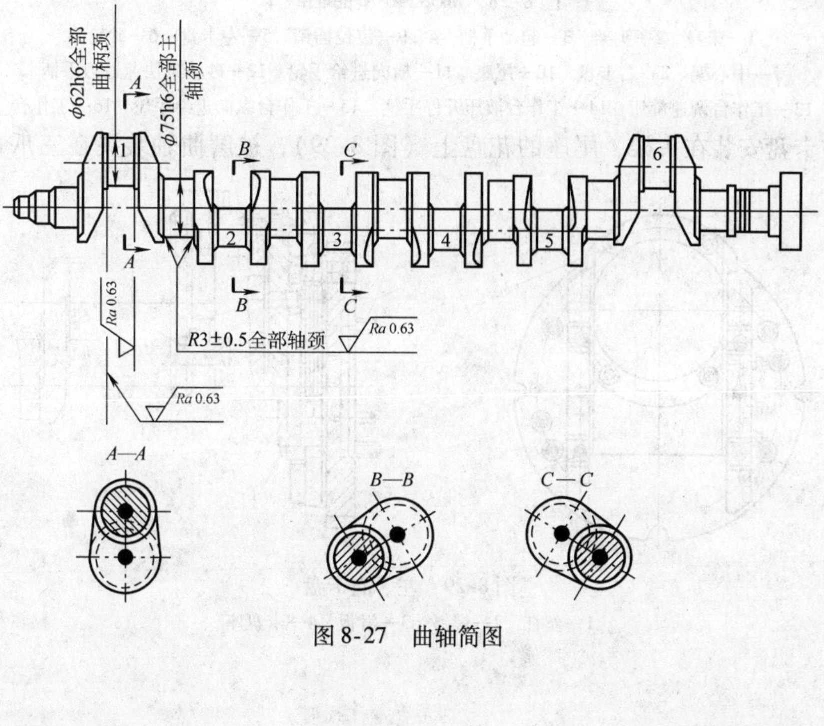

图 8-27　曲轴简图

曲柄颈尺寸全部为 ϕ62h6。六节曲柄颈分为三组相互成 120°角。图中 *A—A* 表示 1、6 曲柄颈，*B—B* 表示 2、5 曲柄颈，*C—C* 表示 3、4 曲柄颈。各主轴颈尺寸均可分为轴肩宽度尺寸和 *R*（3±0.5）mm 圆弧尺寸。为了保证曲轴上几个曲柄颈的相互位置精度，必须在曲轴磨床上采用能分度的卡盘在一次装夹中磨完全部轴颈。

图 8-28 所示为 MQ8240 型曲轴磨床，适用于大批量磨削各种曲轴。该磨床由床身 1、工作台 16、头架 2、尾座 10、左卡盘 5 和右卡盘 8 等部件组成。安装工件时，用卡盘定位插销 4、9 将卡盘固定，砂轮架 6 的快速进退和工作台 16 的纵向移动均由液压驱动。机床具有安全的联锁。加工曲轴时，将选择开关旋在“曲轴”两字位置上。砂轮架在磨削位置时，工作台只能由工作台纵向进给手轮 15 手动，不能液动。当操作砂轮架快速退刀手柄 12 使砂轮架后退时，工作台可液动。砂轮架的进给由横向进给手轮 11 操作。磨削一般外圆柱面时，可起动工作台液压开停手柄 14，并用工作台调速旋钮 13 调节工作台速度。

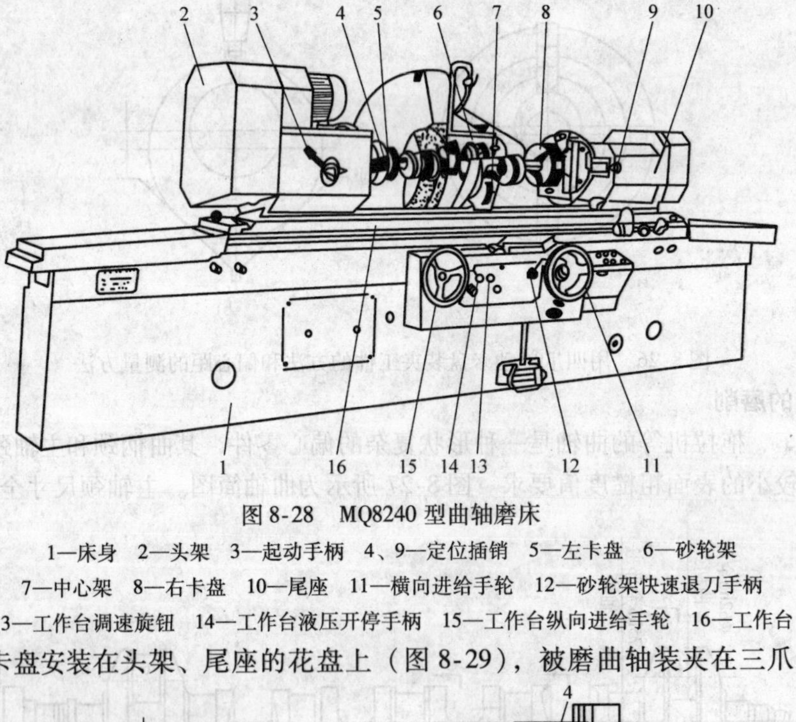

图 8-28 MQ8240 型曲轴磨床

1—床身 2—头架 3—起动手柄 4、9—定位插销 5—左卡盘 6—砂轮架 7—中心架 8—右卡盘 10—尾座 11—横向进给手轮 12—砂轮架快速退刀手柄 13—工作台调速旋钮 14—工作台液压开停手柄 15—工作台纵向进给手轮 16—工作台

左、右卡盘安装在头架、尾座的花盘上（图 8-29），被磨曲轴装夹在三爪自定心卡盘

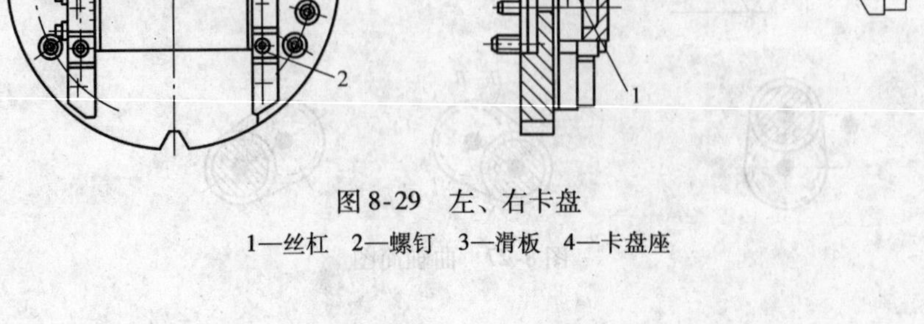

图 8-29 左、右卡盘

1—丝杠 2—螺钉 3—滑板 4—卡盘座

中。调整装夹半径时，先拧松四只螺钉2，然后转动丝杠1，使卡盘移动到所需位置。

磨削前，先将工件装夹在左、右卡盘之间，然后用样板找正轴颈上、下和前、后方向的位置。图8-30所示为垂直样板，用来找正轴颈的上、下位置偏差。使用时，把垂直样板放在测量桥板上。当V形面轴颈上、下部与工件全部接触，即说明位置已调整好。图8-31所示为水平样板，用来找正轴颈的前后偏差。使用前，先用一直径和轴颈相同的量棒与滚轮1接触，以将杠杆2与百分表3找正到零位。样板调整好后，即可找正轴颈前后方向的位置。

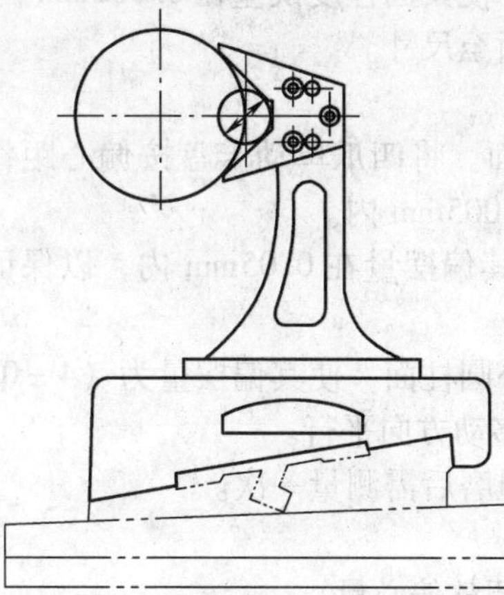

图8-30　垂直样板

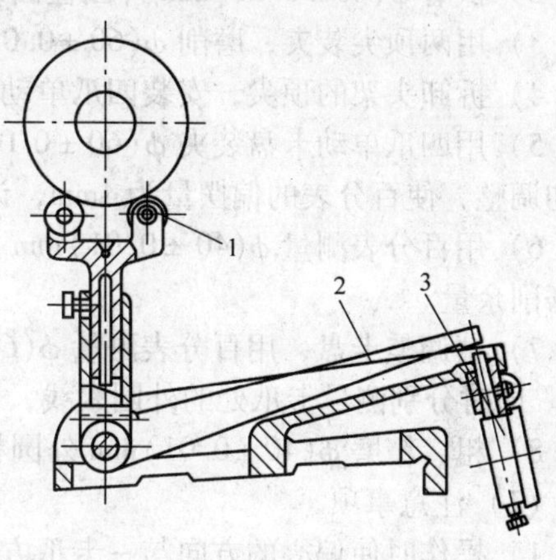

图8-31　水平样板
1—滚轮　2—杠杆　3—百分表

曲轴的磨削方法基本上与外圆柱面的切入磨削法相同。先用砂轮磨出外圆柱面，然后移动工作台分别磨出两端轴肩面和 R 圆弧面。在磨削时要注意曲轴的换挡，避免碰撞发生事故。应用切入磨削法时，产生的磨削力和磨削热比普通磨削时大十几倍。为了保证曲轴的加工精度，要将磨削余量分粗、精磨切除，并注意充分冷却。

曲轴轴颈与端面连接为的过渡圆弧的精度，由砂轮修整装置保证。

3. 偏心轴磨削实训

（1）图样和技术要求分析　图8-32所示为一偏心轴。$\phi(60\pm0.01)$mm外圆柱面的表面粗糙度值要求为 $Ra0.4\mu m$，$\phi(40\pm0.01)$mm外圆柱面的表面粗糙度值要求为 $Ra0.4\mu m$；偏心距为（2 ± 0.01）mm；$\phi(40\pm0.01)$mm偏心圆柱面的轴线对 $\phi(60\pm0.01)$mm外圆柱面轴线的平行度公差要求为 $\phi0.008$mm；工件材料为45钢。

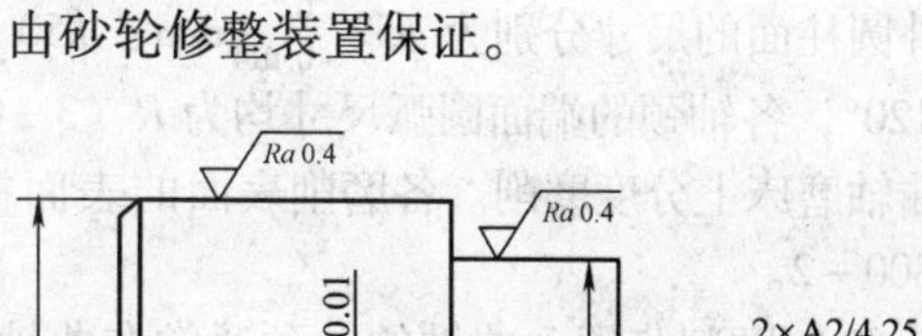

技术要求
工件材料为45钢。

图8-32　偏心轴

（2）磨削工艺　先用两顶尖装夹，将 $\phi(60\pm0.01)$mm外圆柱面磨削至尺寸，然后采用四爪单动卡盘装夹，磨削偏心圆柱面 $\phi(40\pm0.01)$mm至尺寸。磨削余量为0.40～0.45mm，分粗、精磨。圆柱度误差控制在0.002mm内。

（3）工件的定位夹紧　磨削偏心圆柱面时采用四爪单动卡盘装夹，并用百分表找正偏心圆柱面的位置，定位基准为 $\phi(60\pm0.01)$mm 外圆柱面。

（4）选择砂轮　选用 AF80M6V 砂轮。

（5）选择设备　选用 M1432B 型万能外圆磨床。

（6）工件磨削步骤

1）研磨中心孔。中心孔用量规涂色法检验，接触面应大于85%。

2）试磨 $\phi(60\pm0.01)$mm 外圆柱面，找正工作台，使其圆柱度误差在 0.002mm 内。

3）用两顶尖装夹，磨削 $\phi(60\pm0.01)$mm 外圆柱面至尺寸。

4）拆卸头架的顶尖，安装四爪单动卡盘。

5）用四爪单动卡盘装夹 $\phi(60\pm0.01)$mm 外圆柱面。将四爪单动卡盘按偏心距作相应的初调整，使百分表的偏摆量为 4mm，误差控制在 ±0.005mm 内。

6）用百分表测量 $\phi(40\pm0.01)$mm 外圆柱面，使其偏摆量在 0.05mm 内，以保证一定的磨削余量。

7）精调整卡盘，用百分表测量 $\phi(60\pm0.01)$mm 外圆柱面，使其偏摆量为（4 ±0.005）mm。同时分别测量卡爪处的外圆素线，使其与工作台移动方向平行。

8）粗、精磨 $\phi(40\pm0.01)$mm 外圆柱面至尺寸。粗磨后需测量一次。

（7）注意事项

1）操作时使偏心的方向与一卡爪方向对准，以便调整偏心量。

2）装夹工件时，在卡爪与工件表面间应垫以铜片，以免夹伤工件。

3）精磨时需精细修整砂轮，用切入磨削法磨削 $\phi(40\pm0.01)$mm 外圆柱面，以保证表面粗糙度要求。

4）磨削时要防止工件松动。

4. 曲轴磨削实训

（1）图样和技术要求分析　图 8-33 所示为三拐曲轴，主轴颈尺寸为 $\phi65^{+0.021}_{+0.008}$mm，右端两外圆柱面的尺寸分别为 $\phi52^{\ 0}_{-0.014}$mm、$\phi50^{\ 0}_{-0.021}$mm，连杆轴颈尺寸为 $\phi64^{-0.020}_{-0.053}$mm，曲柄互成120°，各轴颈的端面圆弧尺寸均为 R（3 ±0.5）mm。为了保证曲轴上轴颈的位置精度，必须在曲轴磨床上分度磨削。各磨削表面的表面粗糙度值要求为 $Ra0.8\mu m$。该三拐曲轴的材料为 QT800－2。

（2）磨削步骤　曲轴的轴颈通常在曲轴磨床上磨削。

1）磨削主轴颈。粗、精磨主轴颈至尺寸 $\phi65^{+0.021}_{+0.008}$mm，磨削右端两外圆柱面 $\phi52^{\ 0}_{-0.014}$mm、$\phi50^{\ 0}_{-0.021}$mm 至尺寸，圆柱度误差应不大于 0.01mm。

2）用左、右卡盘装夹、找正工件。以工件两端的主轴颈为基准，用左、右卡盘装夹并调整连杆轴颈位置，使其轴线与头架主轴轴线重合。

① 如图 8-34 所示，锁定尾座十字卡盘的定位销，使十字卡盘的移动导轨处于垂直位置。

② 锁定头架十字卡盘的定位销，用三爪自定心卡盘装夹工件，如图 8-35 所示。

③ 用样板调整被磨连杆轴颈的轴心位置。调整时，先放松卡盘滑板的紧固螺钉；用扳手转动螺杆，使卡盘滑板沿着导轨上下移动。再按图 8-36 所示，用垂直样板调整连杆轴颈的上下位置。调整时，把垂直样板放在桥板上，并使垂直样板的 V 形面与连杆轴颈接触，调整螺杆。当垂直样板的 V 形面与连杆轴颈上下全部接触时，说明垂直位置已调整好。

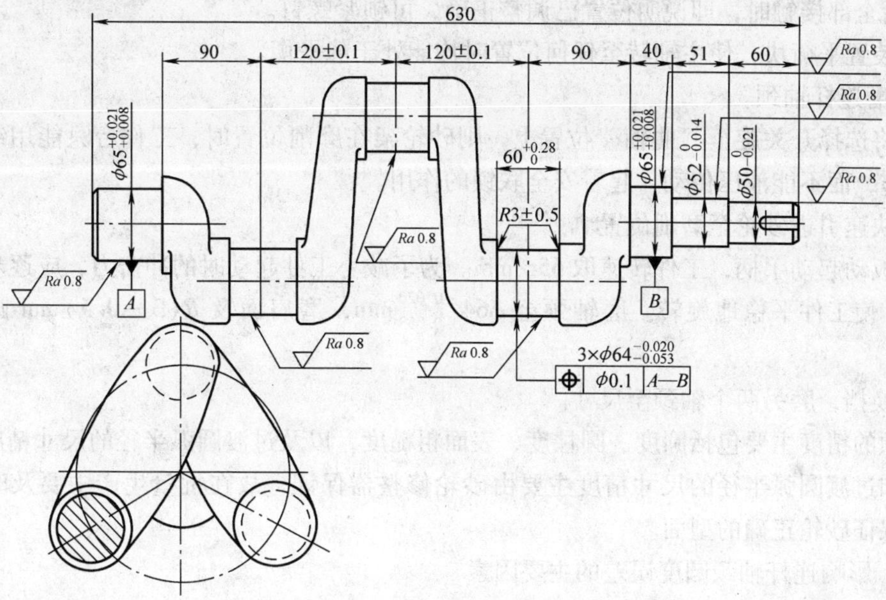

图 8-33　三拐曲轴

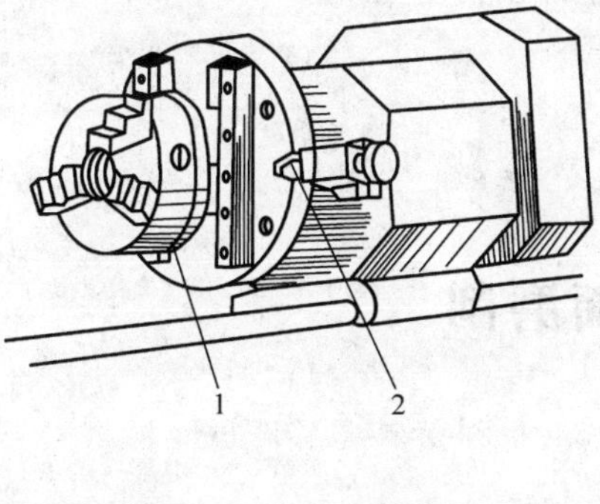

图 8-34　右卡盘的装夹

1—右卡盘　2—定位销

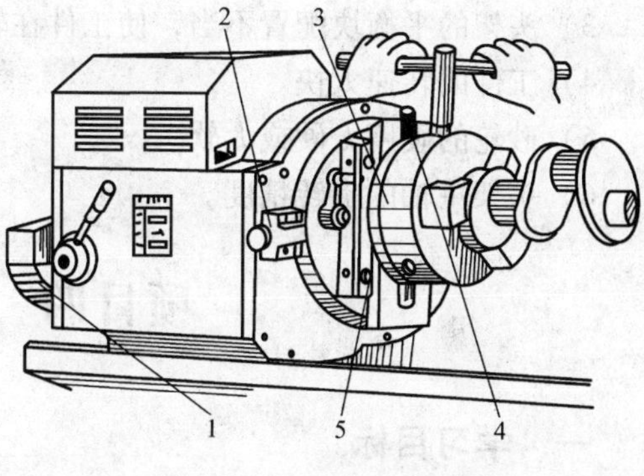

图 8-35　用左卡盘装夹工件

1—平衡块　2—定位销　3—左卡盘　4—螺杆　5—螺钉

图 8-37 所示为用水平样板调整连杆轴颈前后位置的方法。当水平样板的 V 形面与连杆

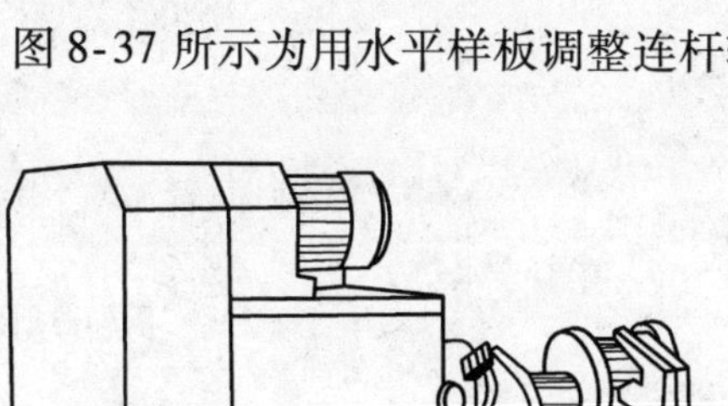

图 8-36　用垂直样板调整连杆轴颈的上下位置

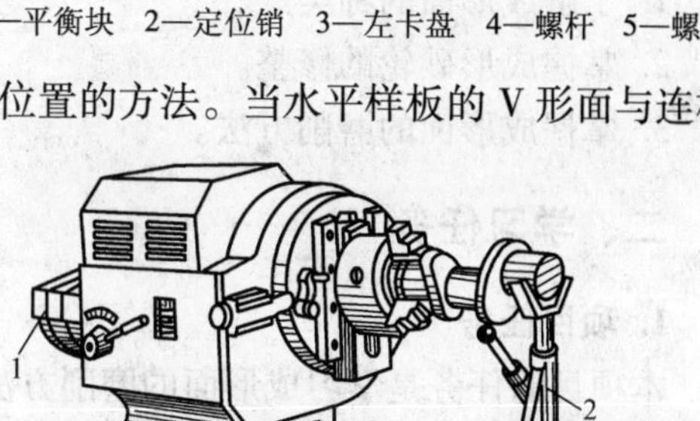

图 8-37　用水平样板调整连杆轴颈的前后位置

1—平衡块　2—水平样板

轴颈前后全部接触时，即说明位置已调整正确，可锁紧螺钉。

④ 装置平衡块，使主轴转至任何位置时均能处于静平衡。

3）磨连杆轴颈。

① 将选择开关旋至“曲轴”位置上，则砂轮架在磨削位置时，工作台只能用纵向进给手轮操作，而不能液压传动，起着安全联锁的作用。

② 快速引进砂轮至磨削位置。

③ 扳动起动手柄，工件转速取 65r/min。为了减小工件起动时的冲击力，应逐步扳动起动手柄，使工件平稳地旋转。磨轴颈至 $\phi64^{-0.020}_{-0.053}$mm，磨肩面及 $R(3\pm0.5)$mm 圆弧面至尺寸。

④ 换挡，磨另两个轴颈至尺寸。

轴颈的精度主要包括圆度、圆柱度、表面粗糙度，以及过渡圆弧半径的尺寸精度。其中圆柱度和过渡圆弧半径的尺寸精度主要由砂轮修整器保证，故在批量生产中要及时修整砂轮，以保证砂轮正确的型面。

（3）影响连杆轴颈圆度误差的主要因素

1）机床头架、尾座回转轴线的误差。

2）磨削热太大，冷却不充分。

3）头架的平衡块配置不当，使工件在转动时产生冲击力。

4）工件的转速太快。

5）砂轮的硬度太硬或太软。

6）头架主轴的旋转精度。

项目四　成形面磨削

一、学习目标

1. 了解成形面的种类。
2. 掌握成形砂轮的修整。
3. 掌握成形面的磨削方法。

二、学习任务

1. 项目任务

本项目的任务是学习成形面的磨削方法。

2. 任务流程图

成形面的分类→成形面的磨削方法→成形砂轮的修整→磨削实训Ⅰ：磨削圆弧形导轨→磨削实训Ⅱ：磨削带有球面的外圆零件

三、环境设备

学习所需设备、附件、装备及实训件清单见表 8-5。

表 8-5 学习所需设备、附件、装备及实训件

分类	名称	型号规格	数量
设备及附件	卧轴矩台平面磨床	M7120A 型	1
	电磁吸盘		1
装备	行程挡铁		1
	金刚石修整笔		1
	砂轮	PAF60K5B、WAF80L6B	各 1
	样板		各 1
	量棒	20mm	1
实训件	圆弧形导轨	45 钢	1
	球面轴	45 钢	1

四、学习过程

1. 成形面的分类

（1）旋转体成形面　旋转体成形面由一条平面曲线（直线和曲线）围绕某一轴线回转而成，其多由圆柱体（或圆锥体）和球体（或其他曲线回转体）组成（图 8-38a）。常见的旋转体成形面有手柄、阀杆等。

（2）直母线成形面　直母线成形面是由一条直线沿某一曲线运动形成的成形面，由多个圆柱面（或圆锥面）与平面相切、相交、相接而成（图 8-38b）。常见的直母线成形面有样板、凸模、凹模拼块等。

（3）立体成形面　立体成形面是由多个曲面体组成的空间曲面。常见的立体成形面有齿轮、凸轮等（图 8-38c）。

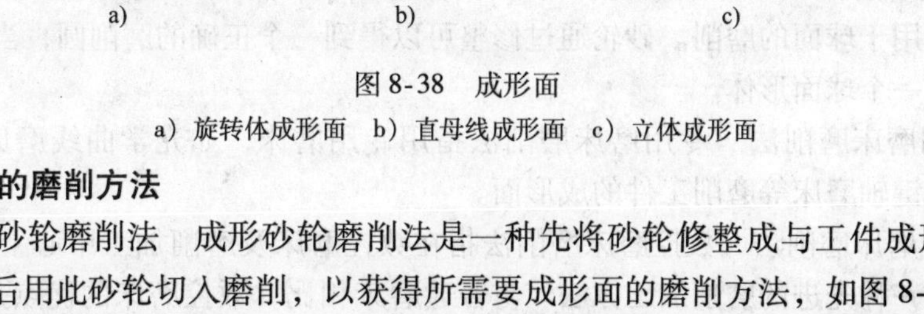

a)　b)　c)

图 8-38　成形面

a）旋转体成形面　b）直母线成形面　c）立体成形面

2. 成形面的磨削方法

（1）成形砂轮磨削法　成形砂轮磨削法是一种先将砂轮修整成与工件成形面完全吻合的反形面，然后用此砂轮切入磨削，以获得所需要成形面的磨削方法，如图 8-39a 所示。

（2）工件作轨迹运动磨削法　工件作轨迹运动磨削法是指将工件安装在专用夹具上，使工件作回转等轨迹运动，以获得所需成形面（图 8-39b）的磨削方法。它又分靠模法和万能夹具磨削法两种。

1）靠模法。靠模法是指先将工件安装在带有靠模装置的夹具上，然后使工件根据靠模

的工作成形面作轨迹运动得到所需成形面的磨削方法。

2）万能夹具磨削法。万能夹具是一种成形面磨削专用夹具（图8-40），主要由坐标部分3、回转部分1和分度部分2等组成。坐标部分由相互垂直的十字滑板组成，用来调整被磨削工件的回转中心，使其与夹具的主轴轴线重合；回转部分通过蜗杆传动使主轴及在主轴上固定的坐标部分绕夹具的轴线旋转；分度部分由正弦分度盘、正弦垫板、刻度游标组成，用来控制工件的回转角度。正弦分度盘上的刻度和角度游标控制精度为3′。在正弦圆柱下垫量块的方法，控制角度精度为10″~30″。

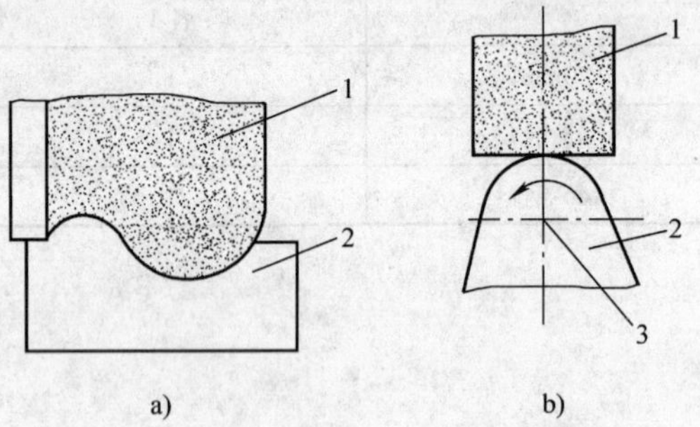

图8-39　成形面磨削法

a）成形砂轮磨削法　b）轨迹运动磨削法

1—砂轮　2—工件　3—夹具回转中心

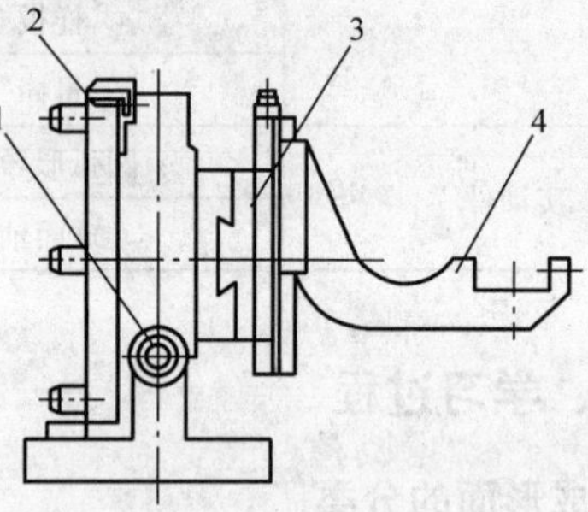

图8-40　万能夹具简图

1—回转部分　2—分度部分

3—坐标部分　4—装夹工件部分

装夹工件时，可用螺钉和垫柱（或心轴）将工件联接在滑板的孔槽上。工件必须有工艺螺孔，以便于联接，或者直接在装夹工件部分装夹。

工件装夹后，须调整十字滑板的坐标位置，以使工件回转中心与夹具主轴轴线重合。这时可辅以测量调整器，通过垫量块组用百分表比较测量的方法来找正。找正时，将测量调整器斜面上的滑块固定于某一适当位置。在滑块基准面上垫一组量块，使其至底面的距离恰好等于万能夹具的中心高，然后用百分表和量块组比较测量工件回转中心至某一面的距离，使工件的回转中心与夹具的回转中心一致。

磨削时，摇动回转部分手柄，使工件作回转运动，即可获得所需的成形面。在万能夹具上不仅可以磨削内、外圆弧面，还可以磨削平面、斜面。经精心找正，可获得极为精确的形状和尺寸。

（3）展成磨削法　展成磨削法是一种高精度的成形磨削方法。其使用的加工设备简单、操作简便，常用于球面的磨削。砂轮通过修整可以得到一个正确的磨削圆，当工件相对回转时，可以展成一个球面形体。

（4）专用磨床磨削法　专用磨床磨削法指用专用磨床，如光学曲线磨床、坐标磨床、齿轮磨床和花键轴磨床等磨削工件的成形面。

（5）数控磨床磨削法　数控磨床磨削法指在数控磨床及磨削加工中心上加工各种成形面的方法，是一种先进的磨削加工方法。与普通磨床相比，数控磨床的优点是十分突出的。尤其是计算机数控技术和砂轮自动平衡、自动检测技术等新技术的综合应用，使得数控磨床不仅在加工精度、工作效率方面取得了质的飞跃，而且稳定性、可靠性、灵活性、易维护等方面的性能也有了很大提高，特别适用于多品种、小批量、形状复杂、高精度要求零件的磨削。

数控磨床具有数控机床的一般结构，但它还具有一些特有的装置。数控磨床的种类很多，如外圆磨床、内圆磨床、平面磨床、螺纹磨床、凸轮轴磨床、无心外圆磨床、工具磨床等，其结构有很大的不同。但是由于它们采用了数控技术，即采用了相同的控制手段，从而决定了它们在结构上相同的基本特征。

数控磨床一般由床身、数控系统、主轴机构、进给机构、砂轮平衡装置、砂轮修整装置、在线测量系统、润滑及冷却系统等组成。其中，数控系统包括控制系统、伺服驱动系统、测量系统。

3. 成形砂轮的修整

在成形面的磨削中，成形砂轮磨削法应用得较为普遍。尤其是磨削多件相同成形面的工件时，这种方法可保证成形面几何形状的一致性。

若成形面要求不高，可用绿碳化硅砂轮碎块手工修整简单成形砂轮；有一定要求的成形砂轮，则用金刚石修整笔或专用修整工具进行修整；批量生产的成形砂轮，可用滚轮挤压修整成形砂轮。

（1）角度砂轮的修整　修整角度砂轮时，采用正弦原理控制砂轮角度，然后用此砂轮磨削工件的斜面。图 8-41 所示为一修整角度砂轮工具，主要由正弦规 2、装有金刚石修整笔的滑块 3 和底座 4 组成。

当所需修整砂轮斜角为 α 时：

$$\sin\alpha = \frac{P - H_1}{L}$$

$$H_1 = P - \sin\alpha$$

式中　H_1 ——所垫量块组高度（mm）；

P ——修整工具回转中心到垫量块面的距离（mm）；

L ——正弦规两圆柱的中心距（mm）。

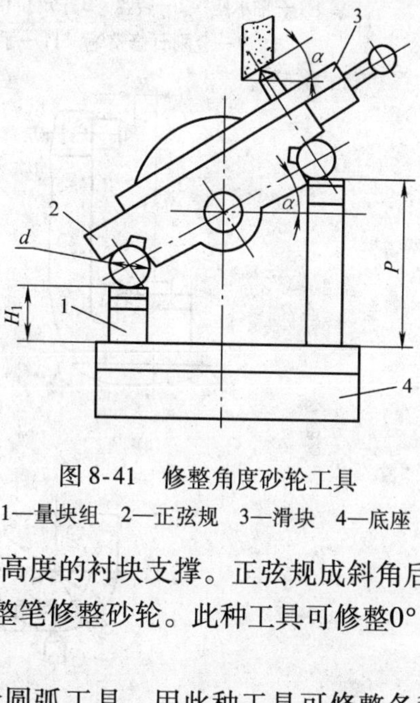

图 8-41　修整角度砂轮工具

1—量块组　2—正弦规　3—滑块　4—底座

根据计算出的 H_1 值垫入量块组 1，另一边垫入相应高度的衬块支撑。正弦规成斜角后，拧紧螺母锁紧，用手拉滑块 3 右端的把手移动金刚石修整笔修整砂轮。此种工具可修整0°～75°的各种角度砂轮。

（2）圆弧砂轮的修整　修整圆弧砂轮可用修整砂轮圆弧工具，用此种工具可修整各种圆弧的成形砂轮。

图 8-42 所示为一种修整砂轮圆弧工具，它主要由支架 6、转盘 2 和滑座 13 等组成。

当金刚石修整笔尖位于回转中心内侧时，可修整凸（外）圆弧面（图 8-43a）；当金刚石修整笔尖位于回转中心外侧时，可修整凹（内）圆弧面（图 8-43b）。

4. 磨削实训 I：磨削圆弧形导轨

（1）图样和技术要求分析　图 8-44 所示为一圆弧形导轨，材料为 45 钢，热处理淬硬 48～52HRC。高和宽四面均已磨削加工，现要求磨削 ϕ（20 ± 0.04）mm 半圆弧面，其表面粗糙度要求为 $Ra0.4\mu m$，圆弧轴线对底平面的平行度公差为 0.01mm，对侧面的平行度公差为 0.02mm。

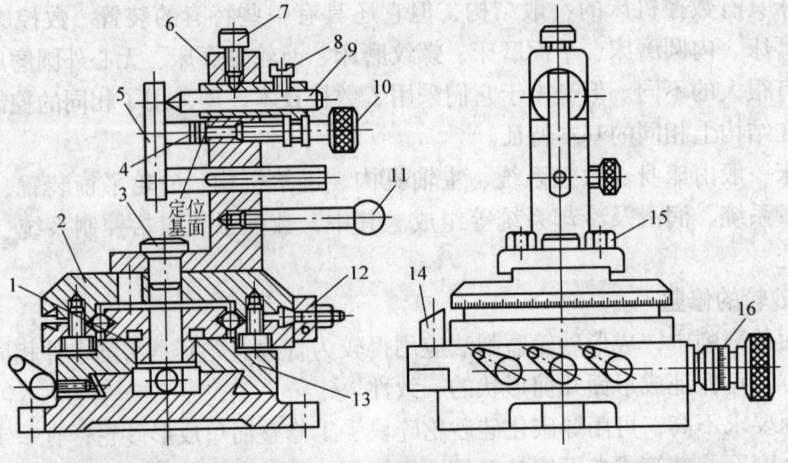

图 8-42 修整砂轮圆弧工具

1—轴承座 2—转盘 3—定位销 4—量块 5—定位棒 6—支架 7、8、10、15—螺钉 9—金刚石修整笔 11—手柄 12—撞块 13—滑座 14—固定块 16—手轮

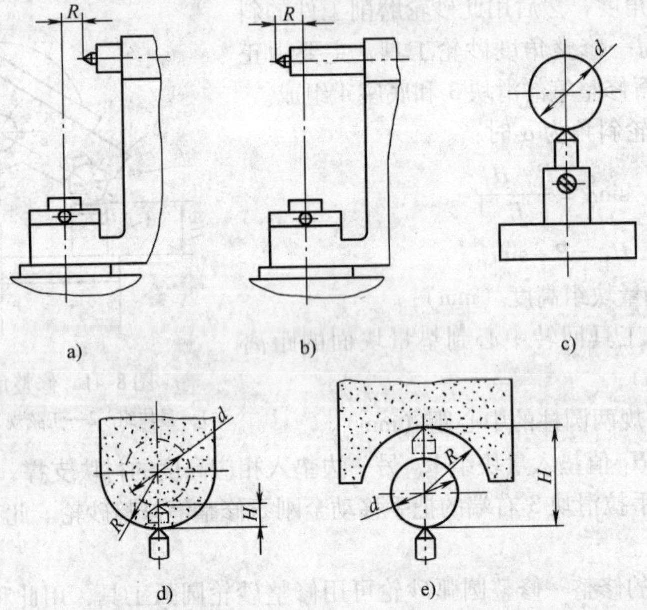

图 8-43 修整砂轮圆弧面时金刚石修整笔的位置

a）修整凸圆弧面时金刚石修整笔的位置 b）修整凹圆弧面时金刚石修整笔的位置 c）金刚石修整笔与量棒接触 d）、e）工作位置

根据工件材料和加工要求，进行如下选择和分析。

1）砂轮的选择。所选砂轮的特性为 PAF60K5B，修整砂轮用金刚石修整笔。

2）装夹方法。工件用电磁吸盘装夹，并用百分表找正工件侧面与工作台纵向进给方向的平行度，使其误差在 0.01mm 以内。装夹前应清理工件和工作台。

3）磨削方法。用修整砂轮圆弧工具将砂轮修成 $R10_{-0.03}^{-0.01}$mm 的凸圆弧，调整金刚石修整笔位置（垫量块组控制），以便获得精确的圆弧尺寸。用切入磨削法粗、精磨半圆弧，磨前注意对刀。粗磨后要精修整砂轮圆弧，以保证磨削精度和工件的表面粗糙度。

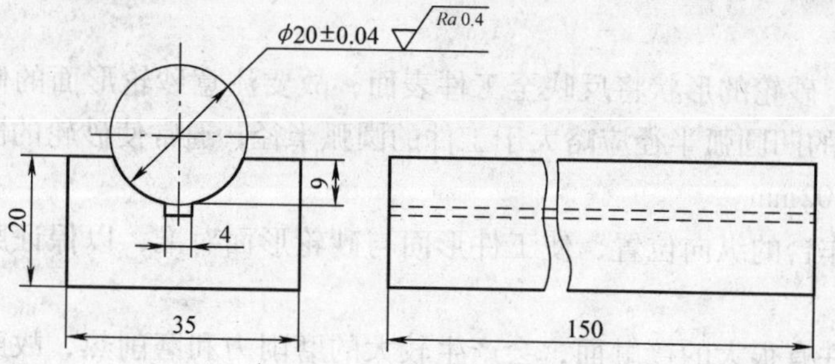

技术要求

1.材料45钢,热处理淬硬48～52HRC。

2.圆弧ϕ20±0.04轴线对底平面的平行度公差为0.01mm,对侧面的平行度公差为0.02mm。

图 8-44　圆弧形导轨

4）切削液的选择。选用乳化液切削液，并注意充分冷却。

（2）操作步骤　在 M7120A 型卧轴矩台平面磨床上进行磨削操作。

1）操作前的检查、准备。

① 清理电磁吸盘工作台面和工件表面，去除毛刺，将工件装夹在电磁吸盘上。

② 找正工件侧面与工作台进给方向的平行度，使其误差不大于 0.01mm。

③ 修整砂轮，用修整圆弧砂轮工具将砂轮修成 $R10_{-0.10}^{-0.05}$mm 凸圆弧。

④ 检查磨削余量。

⑤ 调整工作台，找正砂轮与工件圆弧的相对位置，并调整工作台行程挡铁的位置。

2）粗磨圆弧。用切入磨削法粗磨圆弧，注意接刀光滑，留 0.03～0.06mm 精磨余量。

3）精修整砂轮，修成 $R10_{-0.03}^{-0.01}$mm 的凸圆弧。

4）精磨圆弧。用切入磨削法精磨圆弧，保证 $\phi(20 \pm 0.04)$mm 尺寸，使圆弧轴线对底平面的平行度误差不大于 0.01mm，对侧面的平行度误差不大于 0.02mm，表面粗糙度值不大于 $Ra0.4\mu m$。

本实训的操作要领是要正确修整好砂轮的形状尺寸，找正工件与砂轮的相对位置。

5. 磨削实训Ⅱ：磨削带有球面的外圆零件

图 8-45 所示为球面轴，其磨削方法如下。

（1）磨削方法　磨削前先将砂轮修成半径 $R=25$mm 的凹圆弧。修整时需精确调整金刚石修整笔的位置，调整用的量块尺寸可按式 $H=R+d/2$ 计算。设量棒直径 $d=20$mm，则本实训中的量块尺寸为

$$H=R+\frac{d}{2}=25\text{mm}+10\text{mm}=35\text{mm}$$

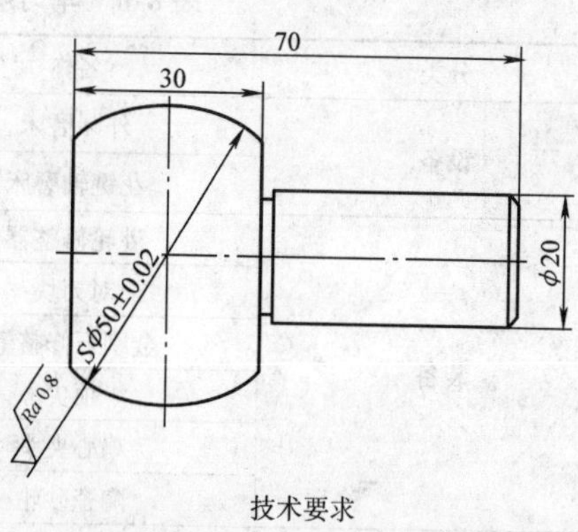

技术要求

材料为45钢,淬火至硬度48～52HRC。

图 8-45　球面轴

磨削时要合理选择砂轮。为了防止砂轮过快磨损和外形失真，成形磨削所选用的砂轮硬度应比一般磨削时硬 1 小级至 2 小级；砂轮的粒度应较细，以保证加工表面的表面粗糙度。本实训中的砂轮特性为：WAF80L6B。由于成形砂轮磨削只能采用切入磨削法，故砂轮的宽度应大于工件形面的宽度。磨削时工件用两顶尖装夹，横向进给量要小。

（2）注意事项

1）由于砂轮是切入磨削，砂轮的形状将反映至工件表面，故要注意砂轮形面的修整质量，应光滑细致。同时，砂轮的凹圆弧半径应略大于工件的圆弧半径，通常使砂轮的圆弧半径比工件半径尺寸大0.01～0.02mm。

2）要正确对刀，调整工作台的纵向位置，使工件形面与砂轮形面对准，以保证磨削余量均匀分布。

3）砂轮切入磨削时与工件有很大的接触面，会产生较大的磨削力和磨削热，故磨削时横向进给要缓慢，且应使切削液保持充分浇注。

4）注意操作安全，不能起动工作台纵向液压传动按钮。

项目五　花键轴磨削

一、学习目标

1. 了解花键轴的定心方式。
2. 掌握花键轴的磨削方法。

二、学习任务

1. 项目任务

本项目的任务是学习花键轴的磨削方法。

2. 任务流程图

花键轴的定心方式→花键轴的磨削方法→花键轴磨削实训。

三、环境设备

学习所需设备、装备、量具及实训件清单见表8-6。

表8-6　学习所需设备、装备、量具及实训件

分类	名称	型号规格	数量
设备	外圆磨床	M1432B型	1
	花键轴磨床	M8612A型	1
装备	砂轮修整器		1
	对刀块		1
	金刚石修整笔		各1
	顶尖		各1
	鸡心夹头		1
	陶瓷砂轮	WAF（46～80）（H～K）	1
量具	千分尺		1
	百分表		1
	极限卡规	测键宽及小径用	各1
实训件	花键轴	45钢	1

四、学习过程

1. 花键轴的定心方式

花键轴属于特种轴类，常用于定中心连接或传递转矩的场合，花键的齿形可分为矩形齿、三角形齿、梯形齿和渐开线齿四种。其中矩形齿齿形简单，加工工艺性较好，应用广泛。矩形齿有三种定心方式：大径定心、小径定心和键侧定心（图8-46）。以大径定心的花键轴，通常只磨削其外径，以小径定心的花键轴，其小径和键侧均需磨削。花键轴可在花键轴磨床或工具磨床上磨削。

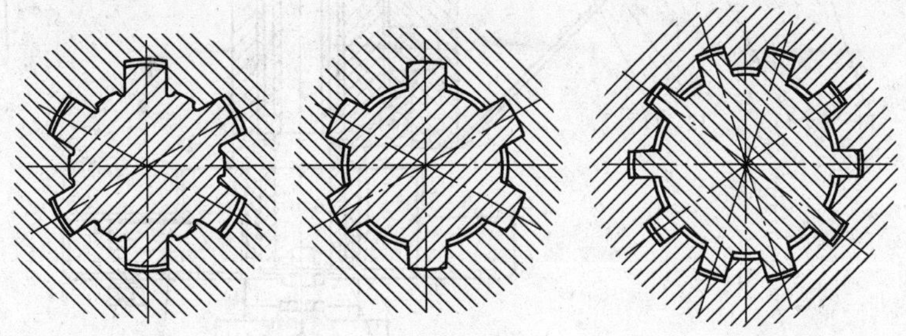

图8-46　矩形花键定心方式

a）小径定心　b）大径定心　c）键侧定心

2. 花键轴的磨削方法

（1）M8612A型花键轴磨床　图8-47所示为M8612A型花键轴磨床，主要由头架1、磨头4、工作台6、工作台移动手轮9、床身7等组成，由液压传动。调节该磨床的分度选择旋钮3和分度手轮2可实现自动周期分度。砂轮的垂向进给由垂向进给手轮8控制，砂轮修整器5用于修整砂轮。用M8612A型花键轴磨床可磨削大径小于ϕ120mm的矩形花键轴。

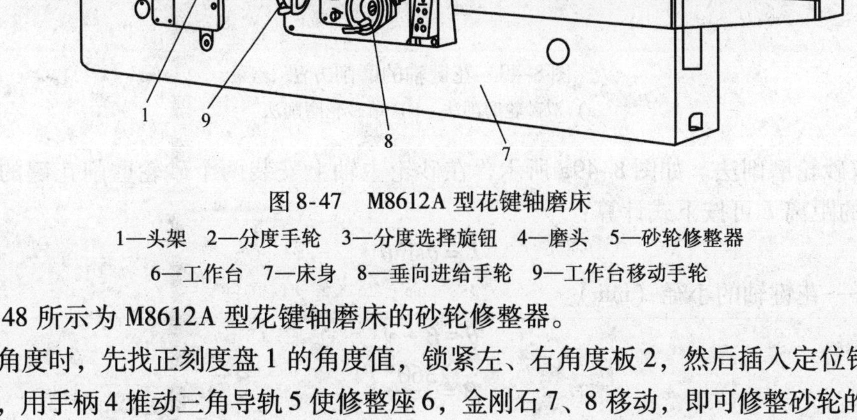

图8-47　M8612A型花键轴磨床

1—头架　2—分度手轮　3—分度选择旋钮　4—磨头　5—砂轮修整器

6—工作台　7—床身　8—垂向进给手轮　9—工作台移动手轮

图8-48所示为M8612A型花键轴磨床的砂轮修整器。

修整角度时，先找正刻度盘1的角度值，锁紧左、右角度板2，然后插入定位销3，拔起定中心销，用手柄4推动三角导轨5使修整座6，金刚石7、8移动，即可修整砂轮的角度面。

修整圆弧面时，推上定中心销，拔起定位销3，使回转架9、修整座6、金刚石绕主轴10回转，即可修整圆弧面。金刚石的位置可用对刀块调整。

为了保证花键对轴线的对称度，修整器的回转中心可前后调整。调整时，旋转刻度手柄12，经蜗轮11使螺杆13作相对移动，导向柱14保证回转中心在移动时左右位置不变。

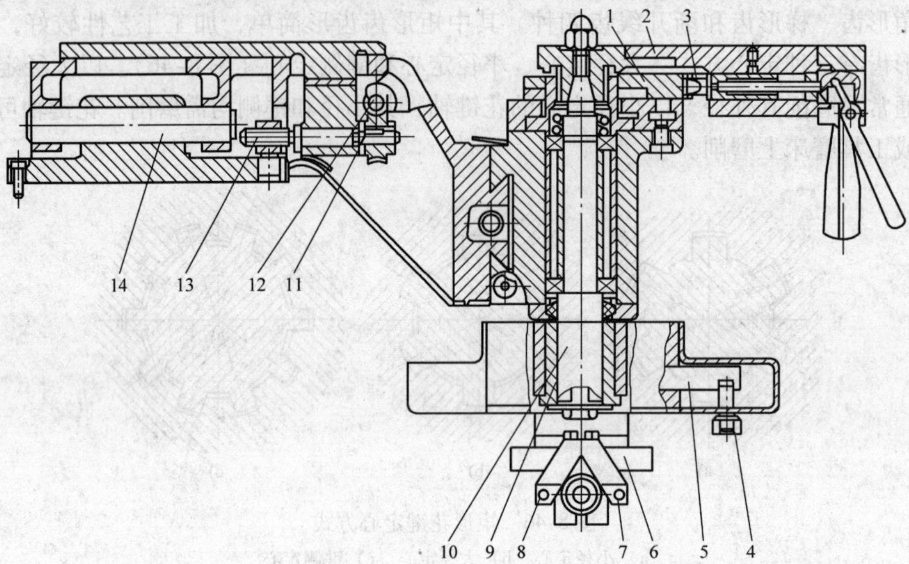

图8-48 M8612A型花键轴磨床的砂轮修整器

1—刻度盘 2—左、右角度板 3—定位销 4—手柄 5—三角导轨 6—修整座 7、8—金刚石 9—回转架 10—主轴 11—蜗轮 12—手柄 13—螺杆 14—导向柱

(2) 磨削方法 根据工件的外形尺寸，可选择两种磨削方法：双砂轮磨削法和单砂轮磨削法（图8-49)。

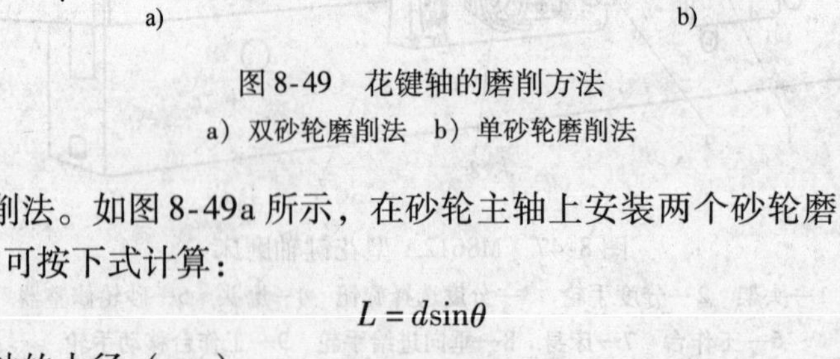

图8-49 花键轴的磨削方法

a) 双砂轮磨削法 b) 单砂轮磨削法

1) 双砂轮磨削法。如图8-49a所示，在砂轮主轴上安装两个砂轮磨削花键的键侧。两砂轮之间的距离 L 可按下式计算：

$$L = d\sin\theta$$

式中 d——花键轴的小径（mm）。

又

$$\theta = \beta - \gamma$$

$$\beta = \frac{360°}{n}$$

式中　β——齿形圆周角（°）；

n——花键数。

$$\sin\gamma = \frac{H}{d}$$

式中　H——齿宽度（mm）。

2）单砂轮磨削法。如图 8-49b 所示，将砂轮修整为齿槽形面，以磨削键侧和小径。砂轮用专用修整器修整。

修整砂轮两斜面时，C 值可根据花键轴的小径和键宽 B 求得。

$$C = \frac{d - B}{2}$$

式中　d——花键轴小径（mm）；

B——花键键宽（mm）。

修整圆弧时，按花键尺寸确定对刀块的尺寸

$$A = 40 - R$$

式中　A——对刀块尺寸（mm）；

R——修整圆弧半径（mm）。

（3）分度　图 8-50 所示为 M8612A 型花键轴磨床头架的分度机构，主要由主轴 2、分度板 1、齿条活塞 8 和超越离合器 10 等组成。

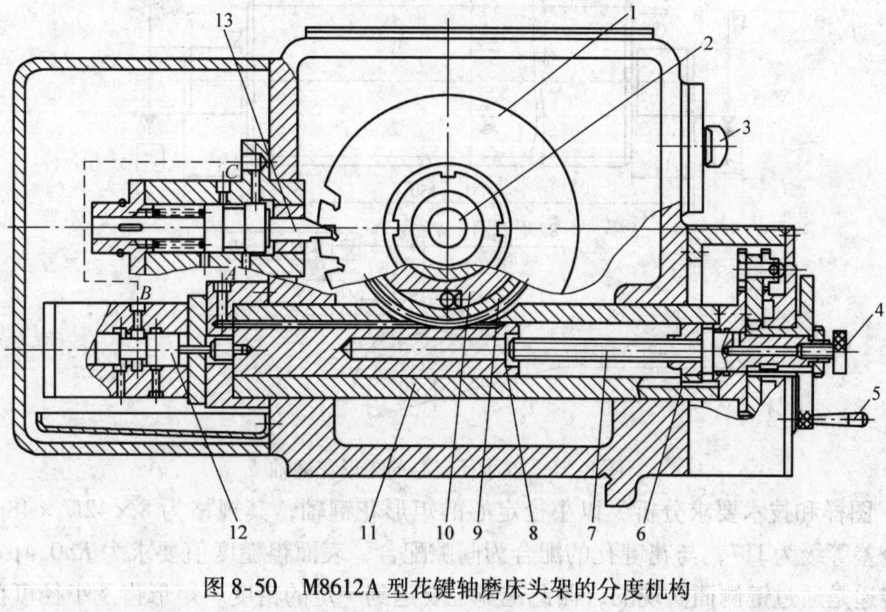

图 8-50　M8612A 型花键轴磨床头架的分度机构

1—分度板　2—主轴　3—分配阀开关　4—螺钉　5—手轮　6—螺母　7—螺杆
8—齿条活塞　9—齿轮　10—超越离合器　11—油缸　12—换向阀　13—插销

头架分度机构由液压传动。当工作台行程至左端时，压力油至油口 A，推动齿条活塞 8 向左移动，超越离合器 10 打滑。同时，分配阀开关 3 使油液至换向阀 12 的油口，经油口 B 至油口 C 将插销 13 拔出；另一路油推动齿条活塞 8 向右移动，超越离合器 10 使主轴 2 回转分度。其后，插销插入另一分度槽中，完成一次分度，工作台随即起动向右运动。

为了适应不同的分度，须调整齿条活塞的行程。调整时，转动手轮5，经螺杆7使螺母6移动即可。

花键轴磨削时应注意以下几点。

1）要修研好工件的中心孔，以保证花键大、小径的同轴度。

2）工件装在两顶尖间后，应找正工件的上、侧素线，使其偏差在0.005mm以内；用卡板找正键的侧面，使花键中心面对准砂轮中心面。

3）根据花键轴的键数，调整好分度机构。

4）检查头架顶尖的同轴度，使顶尖的径向圆跳动误差不大于0.005mm。

5）调整好工作台行程，避免工件在分度时与砂轮相碰。

6）粗磨时横向进给量为0.02～0.04mm，工作台运动速度为5～10m/min；精磨时横向进给量为0.005～0.01mm，工作台运动速度为1～5m/min。

7）为了保持砂轮边角锋利，砂轮硬度不能太软：磨花键侧面时砂轮硬度一般选K～L，磨花键内径时砂轮硬度一般选用H～J。

8）磨削细长花键轴时可使用中心架，以减少工件的弯曲变形。

3. 花键轴磨削实训

磨削图8-51所示的以小径定心的矩形花键轴。

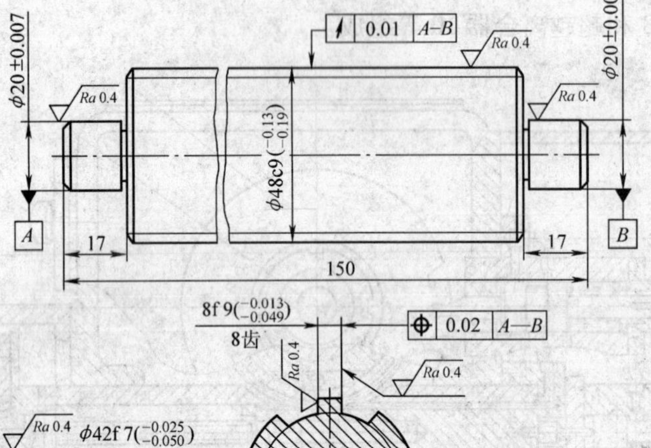

图8-51 以小径定心的矩形花键轴

（1）图样和技术要求分析 以小径定心的矩形花键轴，其规格为8×42f7×48c9×8f9。小径的公差等级为IT7，与花键孔的配合为间隙配合，表面粗糙度值要求为*Ra*0.4μm。由于转矩的传递是通过键侧面实现的，因此键宽也要达到一定的精度。矩形齿及小径可在花键轴磨床上磨削加工，小径的加工余量一般为0.3mm左右。

（2）磨削步骤

1）磨削外圆柱面。在外圆磨床上磨削外圆柱面至尺寸$\phi48^{-0.13}_{-0.19}$mm。

2）磨削花键。选用M8612A型花键轴磨床磨削。M8612A型花键轴磨床的操作方法如下。

① 分度调整。如图8-52所示，头架的分度机构由液压传动。当工作台行至左端时，即

自动分度。进行分度调整时，先打开分度选择阀捏手 4，然后转动手柄 2，其等分数可由刻度盘 1 上的刻度读出。当调整到所需位置后，将螺钉 3 锁紧。

为了防止误分度，要用遮盘遮挡不用的分度槽（图 8-53）。本实训磨削的花键为 8 齿，而花键轴磨床的分度板为 24 槽，故分度时对定销要跳过 3 槽，则遮盘要用挡销相应遮去两个分度槽。调整结束后，使用分度点动按钮，检查分度是否正确。

② 选择砂轮。为了保持砂轮的正确型面，磨削花键时砂轮的硬度不能太软。同时由于磨削花键时砂轮的接触面较大，容易烧伤工件，故常用特性为 WAF(46 ~ 80)(H ~ K) 的陶瓷砂轮。

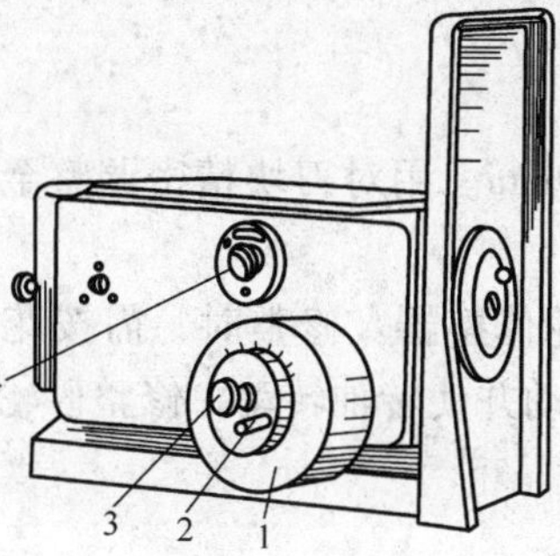

图 8-52　分度调整

1—刻度盘　2—手柄　3—螺钉　4—选择阀捏手

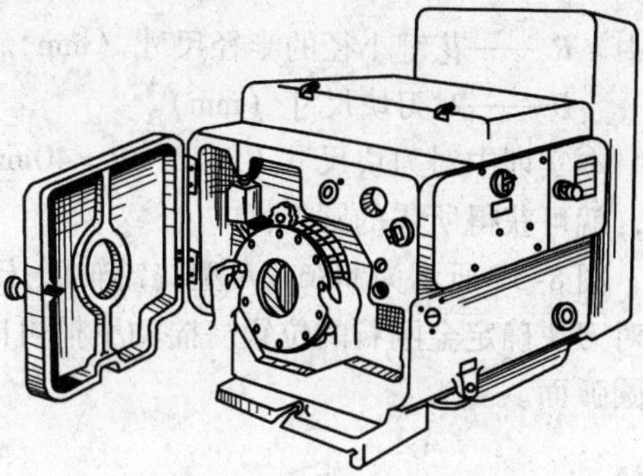

图 8-53　用遮盘遮挡不用的分度槽

③ 修整砂轮型面。用单砂轮磨削花键时，要用砂轮修整器把砂轮修整成带有两个角度面和一个圆弧面的形状。

图 8-54 所示为 M8612A 型花键轴磨床的砂轮修整器。修整时，首先修整砂轮的角度面，按花键键侧的角度，找正刻度盘的角度值 $\alpha = 360°/16 = 22.5°$，并锁紧角度板。然后操作定位销扳手 3 使定位销定位，再拔起中心插销捏手 4，用手柄推动砂轮修整器座移动，修整砂轮的角度面。进给手轮 2 的进给量为每格 0.01mm。

修整角度面时，金刚石位置按下式计算（图 8-55）：

$$c = \frac{d - b}{2}$$

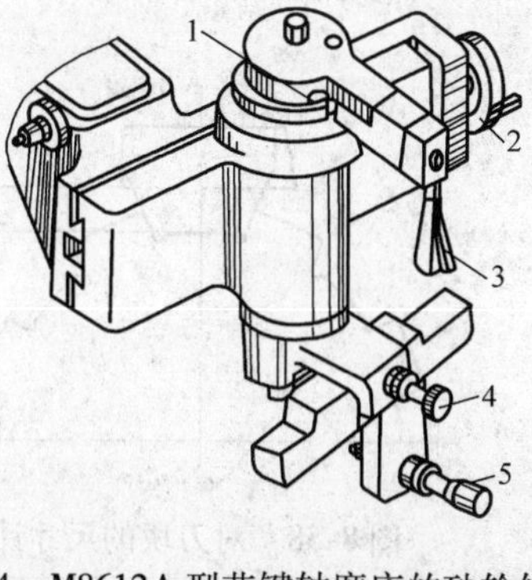

图 8-54　M8612A 型花键轴磨床的砂轮修整器

1—角度板　2—进给手轮　3—定位销扳手
4—中心插销捏手　5—调整捏手

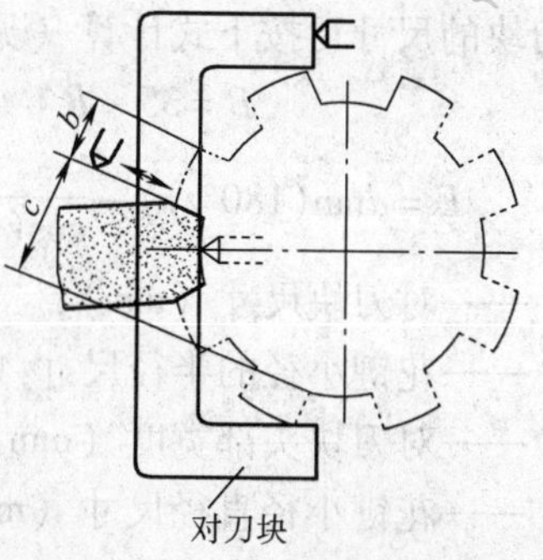

图 8-55　金刚石位置

式中 c——金刚石位置尺寸（mm）；

d——花键小径尺寸（mm）；

b——花键键宽（mm）。

本实训中 $c=(42\text{mm}-8\text{mm})/2=17\text{mm}$，调整时要锁紧定位圈。

修整圆弧时，推上中心插销捏手，捏紧扳手，拔起定位销，使修整座回转，由进给手轮进给，修出圆弧面。金刚石位置可由对刀块调整，如图 8-56 所示，对刀块尺寸可按下式计算：

$$B=40-R$$

式中 R——花键小径的半径尺寸（mm）；

B——对刀块尺寸（mm）。

本实训中对刀块尺寸 $B=40-R=40\text{mm}-21\text{mm}=19\text{mm}$。用对刀块精密调整金刚石位置后，就可获得所需的圆弧面。

图 8-57 所示为 M8612A 型花键轴磨床的另一种砂轮修整器。修整时，需按花键的规格用对刀块确定金刚石的位置。摇动手柄可同时使滑板移动并使转轴转动，修整砂轮的两侧面和圆弧面。

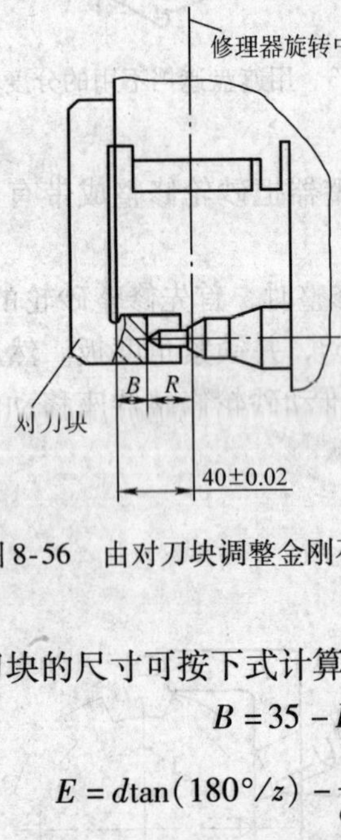

图 8-56 由对刀块调整金刚石位置

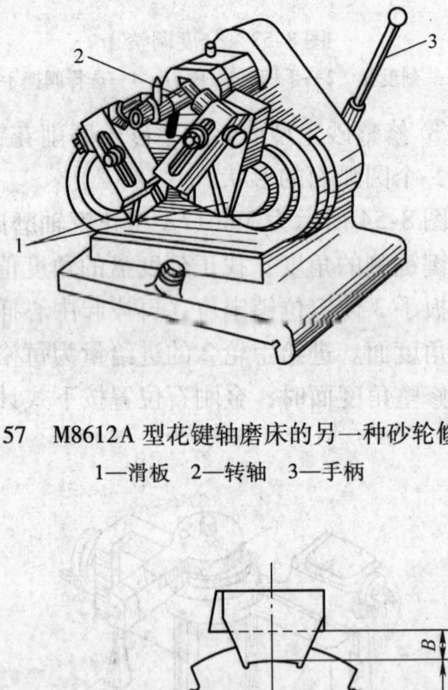

图 8-57 M8612A 型花键轴磨床的另一种砂轮修整器

1—滑板 2—转轴 3—手柄

对刀块的尺寸可按下式计算（见图 8-58）：

$$B=35-R$$

$$E=d\tan(180°/z)-\frac{b}{\cos(180°/z)}$$

式中 B——对刀块尺寸（mm）；

R——花键小径的半径尺寸（mm）；

E——对刀块头部宽度（mm）；

d——花键小径直径尺寸（mm）；

b——键宽（mm）；

z——键数。

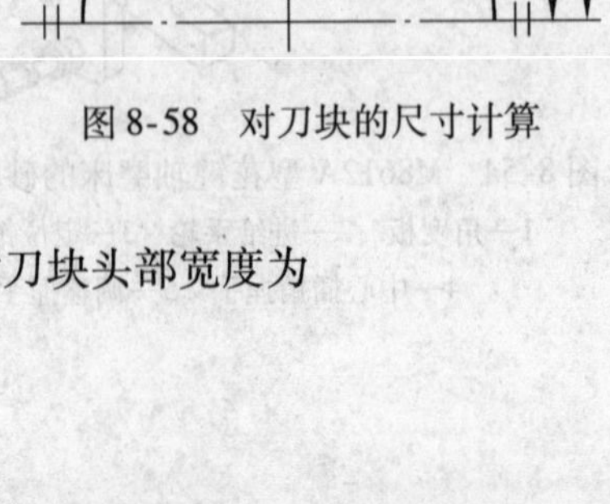

图 8-58 对刀块的尺寸计算

本实训中的对刀块尺寸 $B=35\text{mm}-21\text{mm}=14\text{mm}$。对刀块头部宽度为

$$E = d\tan(180°/z) - \frac{b}{\cos(180°/z)} = 42\text{mm} \times \tan(180°/8) - \frac{8\text{mm}}{\cos(180°/8)} = 8.736\text{mm}$$

修整砂轮时要进行正确调整，目的是保证花键的齿形精度，调整时要注意精确计算和对刀。

④ 检查头架顶尖的径向圆跳动误差。头架顶尖的径向圆跳动误差应在 0.005mm 内，以减小花键小径与大径的同轴度误差。如果径向圆跳动超差，需更换较好的顶尖，以使径向圆跳动误差在规定范围内。

⑤ 检查两顶尖的中心连线对导轨移动方向的平行度误差。如图 8-59 所示，将花键轴（样件）装夹在两顶尖之间，用百分表测量其在垂直方向和水平方向上的平行度误差，均应在 0.005mm 内。水平方向的平行度误差可通过调整工作台的角度加以消除；垂直方向的平行度误差则可通过调整尾座顶尖的高度加以消除，以防止产生圆柱度误差和齿向误差。

⑥ 装夹工件和对刀。如图 8-60 所示，工件用两顶尖装夹。对刀时，先移动砂轮，使砂轮对准工件齿槽，然后紧固鸡心夹头，以保证工件键槽两侧的加工余量均匀。

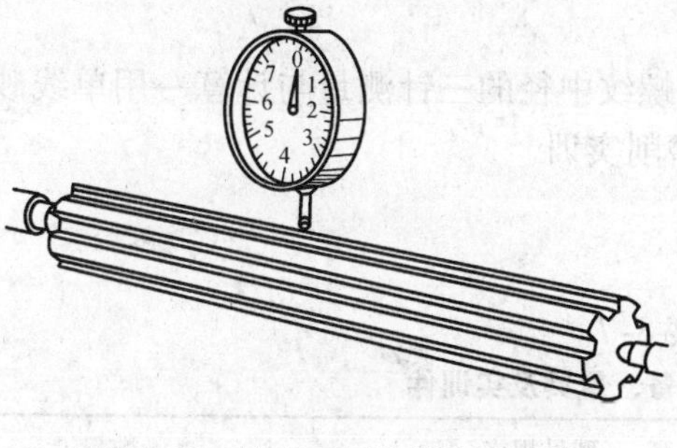

图 8-59　检查两顶尖的中心连线对导轨移动方向的平行度误差

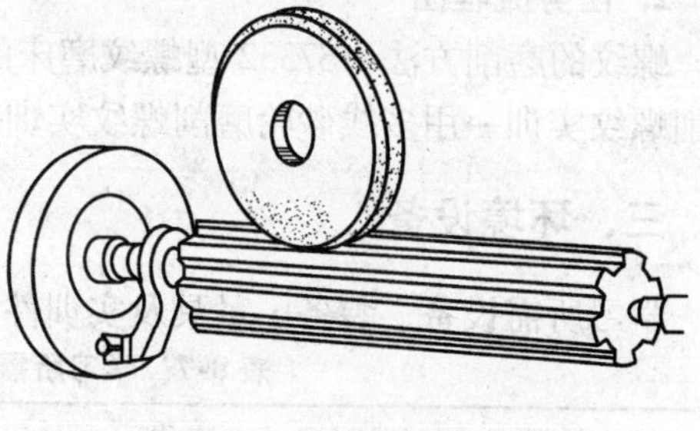

图 8-60　装夹工件和对刀

⑦ 调整工作台行程，选择磨削用量。操作中要调整好工作台行程，以防止工件在分度时与砂轮相碰撞。粗磨时，横向进给量取 0.015mm 左右，工作台速度取 5～10m/min；精磨时，横向进给量取 0.005mm 左右，工作台速度取 1～5m/min。

⑧ 花键的单项技术测量。如图 8-61、图 8-62 所示，分别用极限卡规测量键的宽度和花键的小径尺寸。由于花键的位置误差也直接影响花键的精度，故通常还要用花键环规作综合测量。影响位置误差的主要因素是：分度机构的误差、头架顶尖的径向圆跳动误差、尾座顶尖的偏移以及砂轮的磨损等。

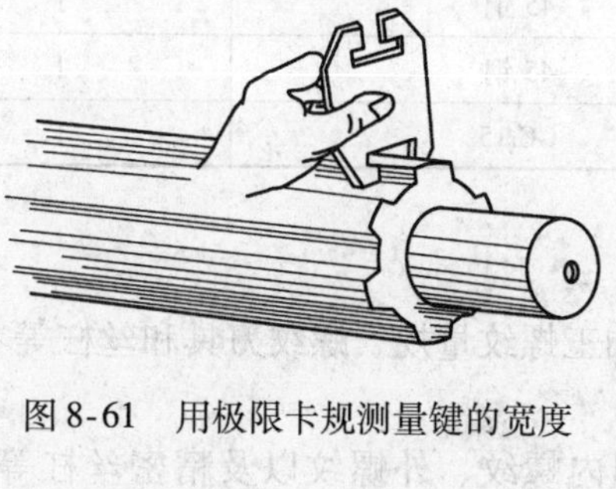

图 8-61　用极限卡规测量键的宽度

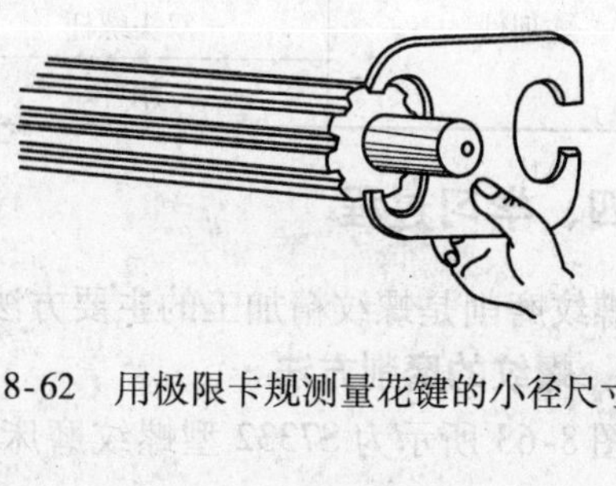

图 8-62　用极限卡规测量花键的小径尺寸

项目六 螺纹磨削

一、学习目标

1. 了解 S7332 型螺纹磨床的结构。
2. 掌握螺纹中径的三针测量与计算。
3. 掌握用单线砂轮磨削螺纹的方法。
4. 了解用多线砂轮磨削螺纹的方法。
5. 掌握蜗杆的磨削方法。

二、学习任务

1. 项目任务

本项目的任务是学习螺纹及蜗杆的磨削方法。

2. 任务流程图

螺纹的磨削方法→S7332 型螺纹磨床的结构→螺纹中径的三针测量与计算→用单线砂轮磨削螺纹实训→用多线砂轮磨削螺纹实训→蜗杆磨削实训

三、环境设备

学习所需设备、装备、量具及实训件清单见表 8-7。

表 8-7 学习所需设备、装备、量具及实训件

分类	名称	型号规格	数量
设备	螺纹磨床	S7332 型	1
装备	专用自动砂轮修整器		1
	滚压轮		1
	金刚钻		1
	陶瓷砂轮	WAF80K	1
	陶瓷砂轮	1 - 500 × 50 × 203 - WAF120K	1
	交换齿轮	40、45、60、80、90、94、95、127	各 1
量具	千分尺		1
	量针	4.144mm、1.731mm	各 1
实训件	丝杠	45 钢	1
	双头螺杆	45 钢	1
	蜗杆	GCr15	1

四、学习过程

螺纹磨削是螺纹精加工的主要方法之一，用于加工螺纹量规、螺纹刀具和丝杠等零件。

1. 螺纹的磨削方法

图 8-63 所示为 S7332 型螺纹磨床，可用于磨削内螺纹、外螺纹以及精密丝杠等零件，

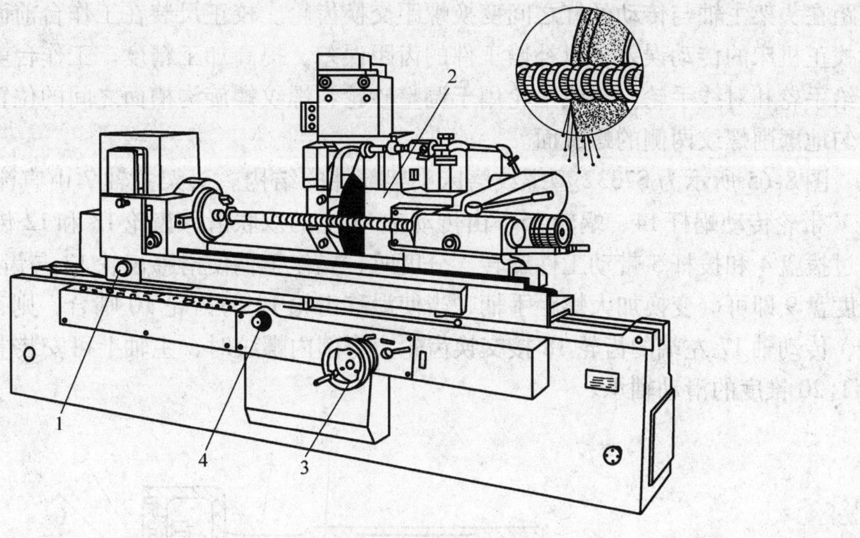

图 8-63　S7332 型螺纹磨床

1—消除间隙捏手　2—砂轮架　3—砂轮横向进给手轮　4—对线手轮

磨削外螺纹的最大长度为 1000mm、1500mm、1850mm 等。

螺纹磨削的方法有单线磨削法（图 8-64a）和多线磨削法（图 8-64b）两种。

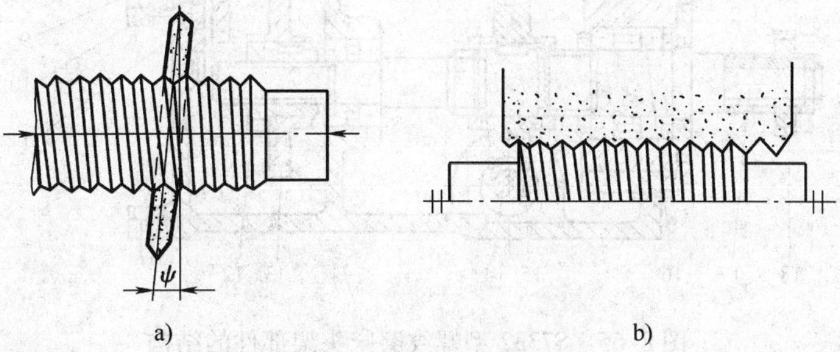

图 8-64　螺纹磨削方法

a）单线磨削法　b）多线磨削法

（1）单线磨削法　磨削前，将砂轮修成与牙型相符的形状，并使砂轮轴线相对工件轴线倾斜一个螺纹升角 ψ。

磨削时，使工件的旋转运动和工作台的移动保持一定的展成关系，即工件每转一周，工作台相应移动一个导程，从而磨出具有一定螺距的螺纹来。用这种方法磨削的螺纹精度较高。

（2）多线磨削法　磨削前，用滚轮将圆柱形砂轮修整成和工件牙型相同的梳齿形，一般用切入磨削法磨削。当砂轮完全切入齿深后，工件回转一周半左右即可磨削出全部齿形。这种方法适合加工螺距小、螺纹长度小于砂轮宽度的工件。

2. S7332 型螺纹磨床的结构

S7332 型螺纹磨床的主要部件有砂轮架、头架、对线和螺距找正装置、砂轮修整器等。砂轮架位于床身后端，上部装有液压自动砂轮修整器。头架内有交换齿轮架，可根据螺纹的螺距在头架主轴与传动丝杠之间变换螺距交换齿轮。校正尺装在工作台前面的罩壳内，可用来找正机床的传动误差，以补偿工件的齿距误差、提高加工精度。工作台前主要有砂轮横向进给手轮和对线手轮。对线手轮用于调整砂轮与螺纹螺旋沟槽面之间的位置，以保证砂轮能均匀地磨削螺纹两侧的螺旋面。

图 8-65 所示为 S7332 型螺纹磨床头架部件的结构。头架主轴 7 由直流无级变速电动机经 V 带轮传动蜗杆 14、蜗轮 15，由传动轴 17 上的双联滑移齿轮 13 和 12 传动齿轮 11 和 10，通过拨盘 4 和拨杆 5 带动工件旋转。分度时，操作手柄使滑移齿轮 13 与齿轮 11 脱开，转动分度盘 9 即可。变换加大螺距手柄，当使滑移齿轮 12 与齿轮 10 啮合，则工件螺距增大至 4 倍。传动轴 17 左端的齿轮 18 接交换齿轮。磨削内螺纹时，主轴上可安装卡盘，主轴的轴承为 1∶20 锥度的滑动轴承。

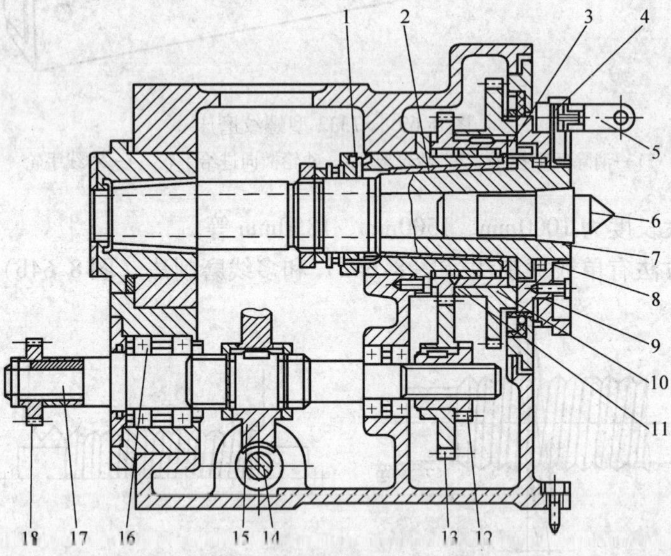

图 8-65　S7332 型螺纹磨床头架部件的结构

1—弹簧　2、3—轴承　4—拨盘　5—拨杆　6—顶尖　7—主轴　8—圆盘　9—分度盘
10、11、18—齿轮　12、13—滑移齿轮　14—蜗杆　15—蜗轮　16—轴承　17—传动轴

图 8-66 所示为 S7332 型螺纹磨床砂轮架主轴部件的结构。砂轮架主轴采用静压轴承，从而可使主轴获得较高的旋转精度。主轴 1 与轴承 6 之间的间隙为 0.02～0.04mm。静压轴承在圆周上有四个油腔，输入的液压油可使主轴悬浮在轴承的中心处。主轴的回转是通过带轮 4 传动的，带轮由一对滚动轴承安装在后端盖 5 上。带轮这样安装可使主轴卸荷，使主轴不会因受 V 带拉力而产生弯曲力矩，从而保持较高的旋转精度。

图 8-67 所示为 S7332 型螺纹磨床对线和螺距找正装置。对线时，蜗杆 2 带动齿轮套 3 旋转，使工件螺纹与砂轮对准。找正机构的螺母 4 在拉簧作用下，通过杠杆 7 使触点 6 紧压在校正尺 5 的下面，在工作台移动时即可找正螺距误差。

3. 螺纹中径的三针测量与计算

螺纹中径是影响螺纹配合的关键尺寸，必须对其进行严格控制和正确测量。测量螺纹中径的方法很多，一般精度的螺纹可用螺纹量规进行综合测量；精度要求不高的外螺纹，可用

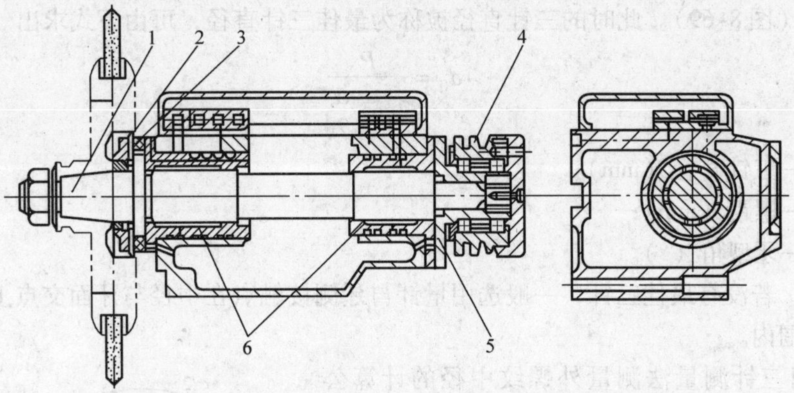

图 8-66　S7332 型螺纹磨床砂轮架主轴部件的结构

1—主轴　2—轴承盖　3—调整环　4—带轮　5—后端盖　6—轴承

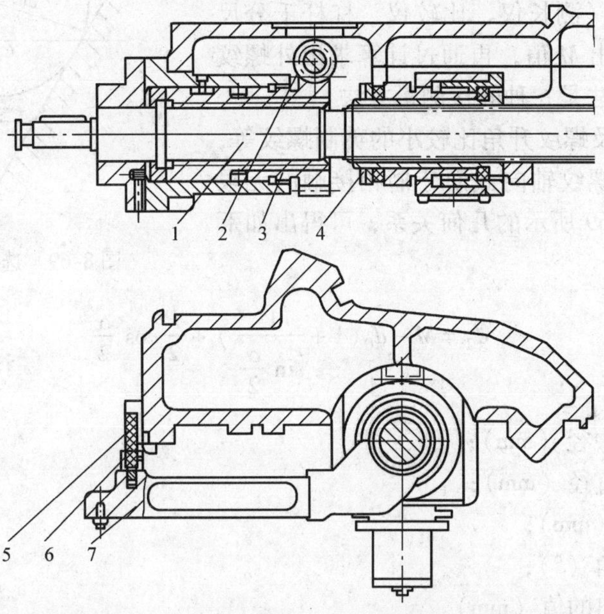

图 8-67　S7332 型螺纹磨床对线和螺距找正装置

1—丝杠　2—蜗杆　3—齿轮套　4—螺母　5—校正尺　6—触点　7—杠杆

外螺纹千分尺测量，也可用三针测量法和精密测量仪器（如万能工具显微镜或大型工具显微镜、三坐标测量仪等）对螺纹中径作普通测量和精密测量。

在生产实践中，应用最广泛的是用三针测量法测量外螺纹中径（图 8-68），应用此方法可获得较高的测量精度。本项目主要介绍用三针测量法测量外螺纹中径的方法。

(1) 三针的选择　在测量中，为了避免牙型角误差影响测量结果，所选用的三针放置在螺纹牙型的沟槽中时，与螺纹牙型侧面的接触点应恰好在中径线的

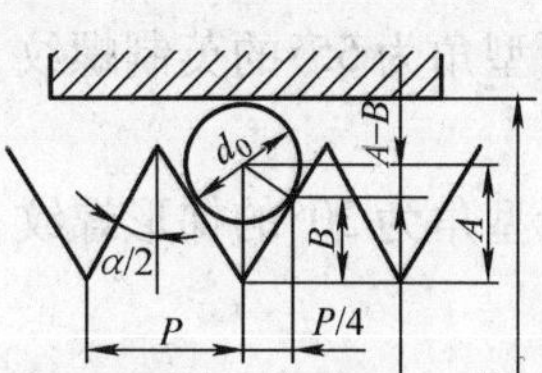

图 8-68　用三针测量法测量外螺纹中径

牙侧位置上（图8-69）。此时的三针直径被称为最佳三针直径，可由下式求出。

$$d_0=\frac{P}{2\cos\frac{\alpha}{2}}$$

式中　d_0——三针直径（mm）；

P——螺距（mm）；

α——牙型角（°）。

测量时，若没有最佳三针，一般选用量针与牙侧接触点在中径与牙面交点上、下1/8的牙面长度范围内。

（2）用三针测量法测量外螺纹中径的计算公式　用三针测量法测量外螺纹中径时，先将三根直径相等的量针分别放入螺纹的牙槽内（图8-69），然后用接触式仪器（测长仪、比较仪、杠杆千分尺等）或千分尺测量出 M 值，再通过计算求出外螺纹中径 d_2。三针测量法是一种间接测量方法。

对于普通螺纹及螺纹升角比较小的英制螺纹等，可以把量针看成与螺纹轴向截面牙槽相接触的无限薄圆片。根据图8-69所示的几何关系，可得出如下公式。

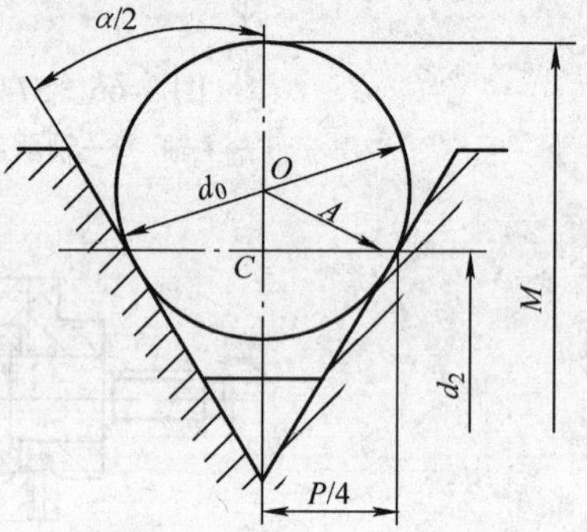

图8-69　选择最佳三针直径

$$d_2=M-d_0\left(1+\frac{1}{\sin\frac{\alpha}{2}}\right)+\frac{P}{2}\cos\frac{\alpha}{2}$$

式中　d_2——螺纹中径（mm）；

d_0——三针直径（mm）；

P——螺距（mm）；

α——牙型角（°）；

M——测量出的值（mm）。

根据不同的螺纹参数，牙型角为60°的普通螺纹，d_2 的简化式如下。

$$d_2=M-3d_0+0.866P$$

牙型角为55°的英制螺纹，d_2 的简化式如下。

$$d_2=M-3.1657d_0+0.9605P$$

牙型角为30°的梯形螺纹，d_2 的简化式如下。

$$d_2=M-4.864d_0+1.866P$$

（3）三针测量中采用的计量器具　用三针和外径千分尺测量螺纹中径，简便、准确、适合生产现场的需要。测量的具体步骤如下。

1）根据被测螺纹的中径、螺距、牙型角，选择最佳三针直径和外径千分尺。

2）把选好的三针分别放在被测螺纹的牙槽间。将其中两根放在外径千分尺测砧端；一根放在外径千分尺微分筒的测微螺杆端，并注意使其处于两根量针对应的牙槽中（图8-70）。

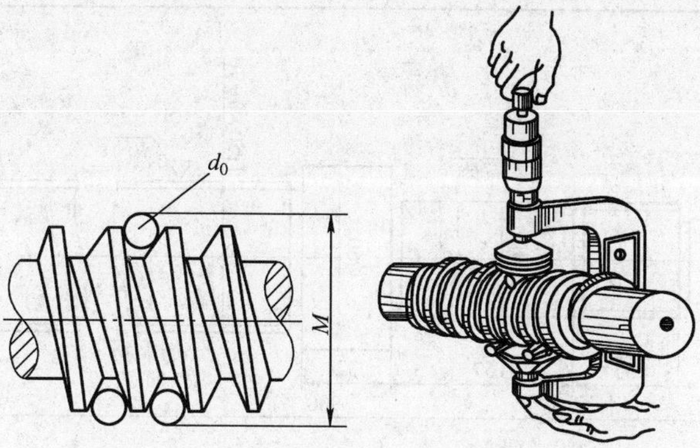

图 8-70　用三针测量法测量外螺纹中径的方法

3）转动微分筒，使三针与测量面、螺纹牙侧紧密接触。轻轻摆动外径千分尺，找出螺纹径向尺寸的最大值。当确认三针在螺纹牙槽中与外径千分尺之间无松动时，即可读取千分尺的数值，即 M 值。

测量时应注意：三针的位置必须放正确；要在螺纹的两端、中间及转动 90°后的外圆表面上分别进行测量；测量螺距较大的螺纹、外径千分尺测砧端不能与两根量针都正确接触时，可在两根量针处放置 2mm 或 3mm 的量块作为过渡接触面，然后用测出的值减去量块的厚度即为 M 值；应使外径千分尺与被测螺纹的温度尽量一致，以避免因温度不同而造成的测量误差。

例　用三针测量法测量 M30－6h 螺纹，已知中径 $d_2=27.727\text{mm}$、螺距 $P=3.5\text{mm}$，求三针直径和 M 值。

解　（1）计算量针直径

$$d_0=\frac{P}{2\cos\dfrac{\alpha}{2}}=\frac{3.5\text{mm}}{2\times0.866}=2.021\text{mm}$$

（2）计算 M 值

$$\begin{aligned}M&=d_2+3d_0-0.866P\\&=27.727\text{mm}+3\times2.021\text{mm}-0.866\times3.5\text{mm}\\&=30.759\text{mm}\end{aligned}$$

4. 用单线砂轮磨削螺纹实训

磨削图 8-71 所示的梯形螺纹丝杠。

（1）图样和技术要求分析　图 8-71 所示为梯形螺纹丝杠，公称直径为 50mm，中径尺寸为 $\phi46_{-0.532}^{-0.132}$mm；螺距为 8mm；螺纹的牙型角 $\alpha=30°$；公差带代号为 7e；单个螺距误差要求为 ±0.002mm，每 100mm 长度内的螺距误差要求为 ±0.003 mm，全长螺距误差要求为 0.008mm。

（2）螺距交换齿轮的选择与安装　磨削时，工件的旋转运动和工作台的移动必须保持一定的展成关系，即工件每转一周，工作台由丝杠传动一个导程（单线螺纹为一个螺距），从而磨削出一定螺距的螺纹来。

1）交换齿轮的选择。图 8-72 所示为 S7332 型螺纹磨床的交换齿轮系统。工作台由丝杠

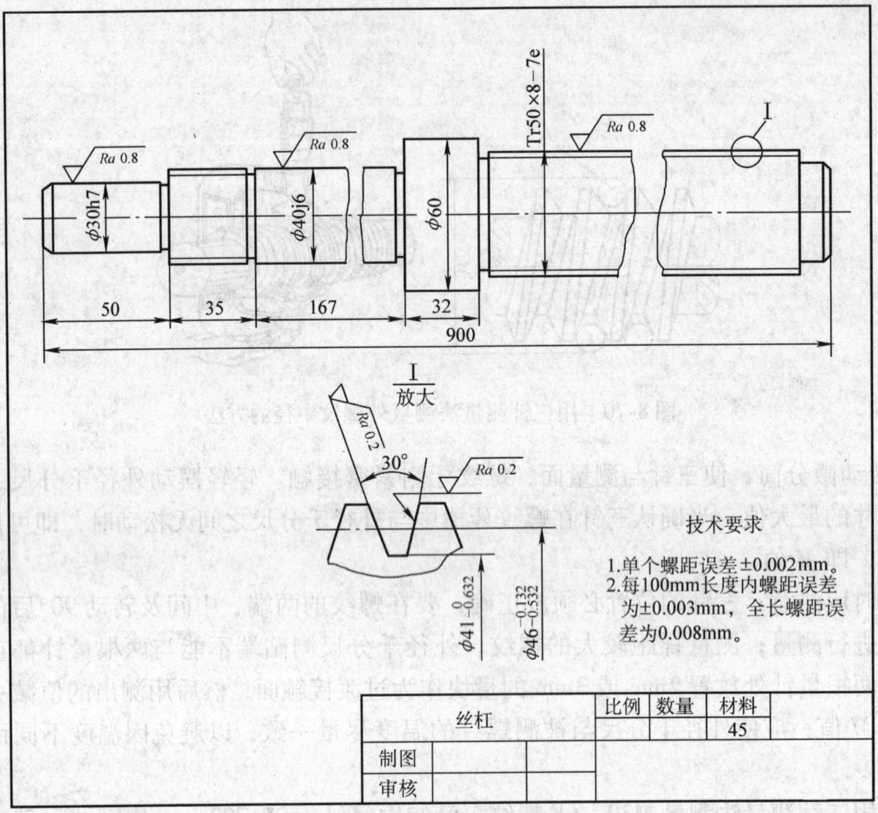

图 8-71　梯形螺纹丝杠

副传动，丝杠副传动与头架主轴传动连接。其交换齿轮传动比 i 的计算公式如下。

$i=\frac{a}{b}\times\frac{c}{d}=\frac{4P_{工}}{25.4}$（螺距扩大机构传动比为$\frac{60}{60}$，磨削较小螺距螺纹时使用）

或 $i=\frac{a}{b}\times\frac{c}{d}=\frac{P_{工}}{25.4}$（螺距扩大机构传动比为$\frac{96}{24}$，磨削较大螺距螺纹时使用）

式中　a、b、c、d——交换齿轮的齿数；

$P_{工}$——工件螺距（mm）。

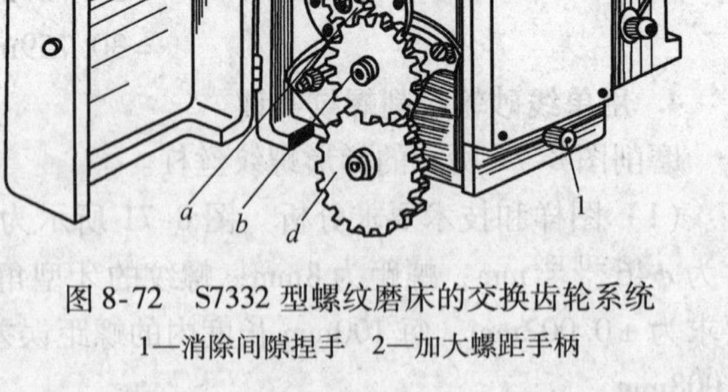

图 8-72　S7332 型螺纹磨床的交换齿轮系统

1—消除间隙捏手　2—加大螺距手柄

图 8-71 所示梯形螺纹的螺距为 8mm，将加大螺距手柄置于 60/60 位置，然后计算交换齿轮传动比 i，得

$$i=\frac{a}{b}\times\frac{c}{d}=\frac{4\times8\text{mm}}{25.4}=\frac{4\times8\text{mm}\times5}{127}=\frac{80\times80}{40\times127}$$

即 $a=80$，$b=40$，$c=80$，$d=127$。磨削米制螺纹时也可直接按机床交换齿轮齿数表选择交

换齿轮齿数（表8-8）。磨削英制螺纹时，则可按表8-9选择交换齿轮齿数。

表8-8　磨削米制螺纹时交换齿轮齿数表

$i=4P_{工}/25.4$				
$P_{工}$	a	b	c	d
1	40	120	60	127
1.5	45	90	60	127
1.75	40	96	84	127
2	40	90	90	127
2.25	90	70	35	127
2.5	60	72	60	127
3	60	80	80	127
3.5	70	72	72	127
4	80	60	60	127
4.5	90	60	60	127
5	80	48	60	127
6	80	48	72	127
8	80	40	80	127
10	100	40	80	127
12	60	80	80	127
16	80	60	60	127
20	80	48	60	127
24	80	48	72	127
32	80	40	80	127
40	100	40	80	127

表8-9　磨削英制螺纹时交换齿轮齿数表

$t=\dfrac{4}{n/1in}$				
$P_{\perp}$ (n/1in)	a	b	c	d
14	75	105	48	120
12	40	80	80	120
11.5	40	92	96	120
11	40	92	92	110
10	40	92	92	100
9	40	100	100	90
8	60	80	80	120
7	40	110	110	70

（续）

$P_{工}$（n/1in）	a	b	c	d
6	80	70	70	120
5	80	70	70	100
4.5	80	76	76	90
4	80	84	84	80
3.5	80	90	90	70
3.25	96	80	80	78

2）安装交换齿轮时的注意事项。选取交换齿轮后，首先检查各齿轮的齿面有无毛刺，然后将齿轮清洗干净，用心轴将其安装在交换齿轮架上。齿轮的啮合间隙应控制在 0.1mm 左右。应注意主动轮和从动轮不要装反，齿轮啮合时的间隙也不要过大，以免增加传动链的展成误差。必须将齿轮心轴紧固在交换齿轮板上，不能有松动现象，并注意心轴和套筒之间的润滑，以免发生传动故障。

（3）砂轮架倾斜角的调整　磨削时，可按工件螺纹的螺纹升角将砂轮架倾斜相应的角度，以防止砂轮与工件齿面发生干涉。通常应以螺纹中径处的螺纹升角（ψ）为依据来调整砂轮架。调整时松开砂轮架下体壳的偏心压紧轴，转动手轮，使砂轮架倾斜一个螺纹升角。

螺纹升角按下列公式计算。

$$\tan\psi = \frac{P_{工}}{\pi d_2}$$

式中　$P_{工}$——螺距（mm）；

d_2——螺纹中径（mm）；

ψ——螺纹升角（°）。

图 8-71 所示梯形螺纹的螺纹升角为

$$\tan\psi = \frac{8\text{mm}}{3.1416 \times 46\text{mm}} = 0.05536$$

$$\psi = 3°10'$$

砂轮架的倾斜方向必须与工件的螺纹升角方向相同。磨削时应紧固偏心压紧轴，以防止砂轮架振动。

（4）砂轮的选择及其修整

1）砂轮的选择。为了保证砂轮的截面形状准确，选择特性为 WAF80K 的陶瓷砂轮。

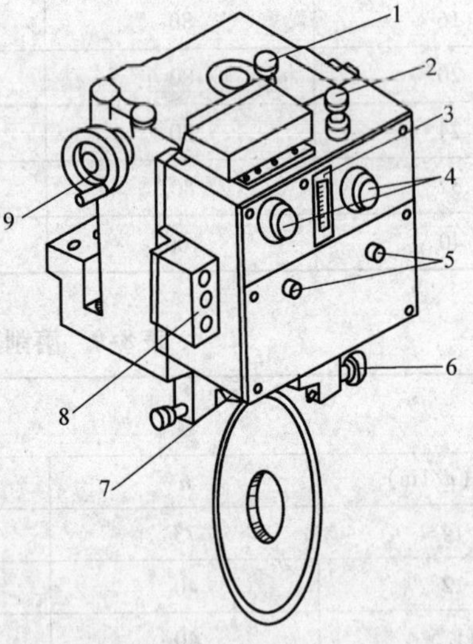

图 8-73　用专用自动修整器修整砂轮

1—进给量调节捏手　2—修整行程捏手　3—修整行程刻线　4—调整角度捏手　5—紧固捏手　6—调整砂轮宽度捏手　7—转轴　8—调整修整速度捏手　9—手动进给手轮

2）砂轮的修整。S7332 型螺纹磨床采用专用自动修整器修整砂轮。如图 8-73 所示，专用自动修整器固定在砂轮架的上方。修整时，先操作调整角度捏手 4，使专用自动修整器内的样板倾斜一牙型半角（15°），然后将紧固捏手 5 紧固。调整砂轮宽度捏手 6 可控制两侧金刚石的位置，从而使砂轮的宽度小于螺纹牙底的宽度，其计算公式如下。

$$B < \frac{P_{工}}{2} - (d_2 - d_1)\tan\frac{\alpha}{2}$$

式中　B——砂轮宽度（mm）；

$P_{工}$——螺纹螺距（mm）；

d_2——螺纹中径（mm）；

d_1——螺纹小径（mm）；

α——螺纹牙型角（°）。

图 8-71 中梯形螺纹丝杠磨削所用砂轮的宽度为

$$B < 8\text{mm}/2 - (46\text{mm} - 41\text{mm})\tan\frac{30°}{2}$$

$$B < 2.66\text{mm}$$

砂轮左右两侧面的修整量较小，调整修整行程捏手 2，可控制金刚石的修整行程。

调整进给量调节捏手 1，可控制砂轮外圆的修整进给量。砂轮的外圆由转轴 7 上的金刚石修整，通常砂轮外圆的修整量较大，为此，可用继电器控制修整次数。

为了保证砂轮的修整质量，砂轮在自动修整前需先作粗修整。自动修整前，应先转动手动进给手轮 9，找正金刚石相对砂轮的位置，以使砂轮两侧的修整量均匀。操作时要注意金刚石应有良好的尖角，且安装要牢固、不能松动。

（5）磨削螺纹操作步骤　完成上述有关调整以后，即可装夹工件，按工件的加工余量，将螺纹粗、精磨至尺寸要求。

1）工件的装夹。用两顶尖装夹工件，并调整尾座，使头架、尾座中心在同一轴线上。尾座的顶紧力要调整适当。为了提高工件的刚度，可用中心架支承在工件的中部。中心架的支承面与工件外圆的接触要均匀，要防止点接触，以免使中心架支承处磨损或产生走动。用中心架支承的外圆处应有较好的圆度，一般应控制其误差不大于 0.003mm。

2）磨削螺纹时的对刀。磨削螺纹时，进行对刀是为了使砂轮正确、均匀地磨削螺纹两侧面，以防止砂轮单边磨削余量过大。通常可选择工件螺纹的中部进行对刀。对刀时，转动砂轮横向进给手轮，使砂轮逐渐进入工件螺旋槽。如砂轮偏离螺旋槽，则可旋转对线手轮（图 8-63），使砂轮与螺旋槽对正，再退出砂轮，工作台回程时使螺旋槽切入砂轮，复查砂轮的位置是否正确。由于机床丝杠传动存在间隙，因此回程对刀时需调整消除间隙捏手。

3）磨削螺纹。按工件加工余量划分粗、精磨或粗磨、半精磨、精磨工步，将螺纹磨削至要求。粗磨时可双向吃刀，工件转速取 14 ~ 16r/min；精磨时单向吃刀，工件转速取 8 ~ 10r/min。

5. 用多线砂轮磨削螺纹实训

用多线砂轮磨削如图 8-74 所示的螺杆。

（1）图样和技术要求分析　图 8-74 所示螺杆两端螺纹的公称尺寸及公差均为M36 ×3 - 6h，表面粗糙度值均要求为 Ra0.4μm，用多线砂轮磨削此螺杆。

（2）砂轮的选择及其滚压　用多线砂轮磨削时，需先用滚压工具将砂轮修整为梳形齿形状，以使螺纹在一次或数次行程后被磨削成形。

1）砂轮的选择。选择特性为 1 - 500 ×50 ×203 - WAF120K 的陶瓷砂轮。

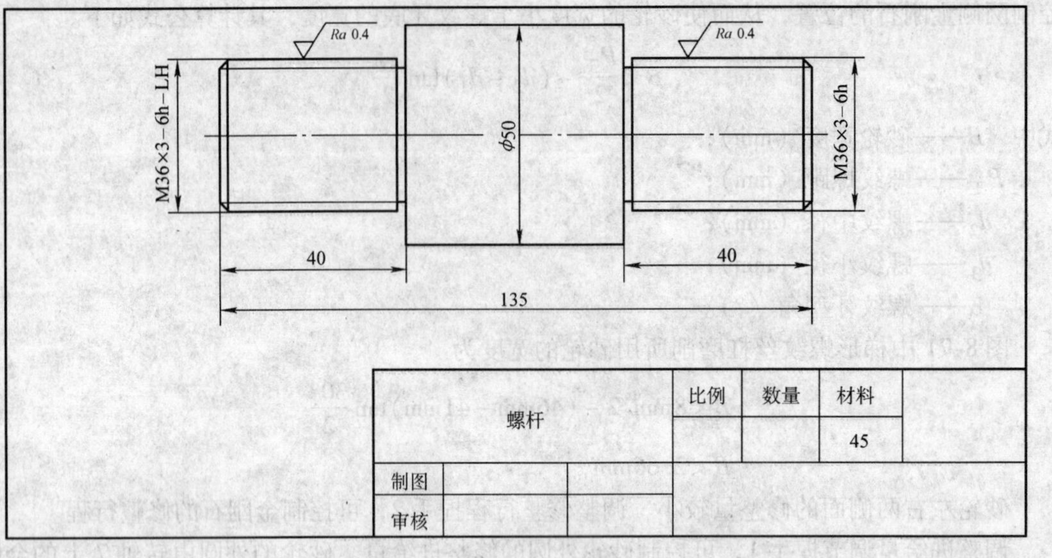

图 8-74 螺杆

2）多线砂轮的滚压。拆卸专用自动修整器体壳，安装滚压器。如图 8-75 所示，滚压时砂轮以 93r/min 低速旋转，带动滚压轮旋转，从而实现砂轮的滚压成形。

为了保证砂轮滚压的精度，通常需备置粗、精两种滚压器。滚压时，必须进行充分冷却润滑，且切削液需经过净化处理。

滚压轮是修整多线砂轮的专用工具，常用 9Mn2V 钢制成，并热处理淬火至 62HRC。一般情况下，其螺距应与工件螺纹的螺距相同。砂轮经滚压后，会破坏原有的平衡。为了提高多线砂轮磨削的精度，砂轮必须再作一次静平衡。

滚压时，滚压轮的进给量不宜过大。滚压好全齿深后，可停止进给，让砂轮精滚压数圈后再退出滚压轮。

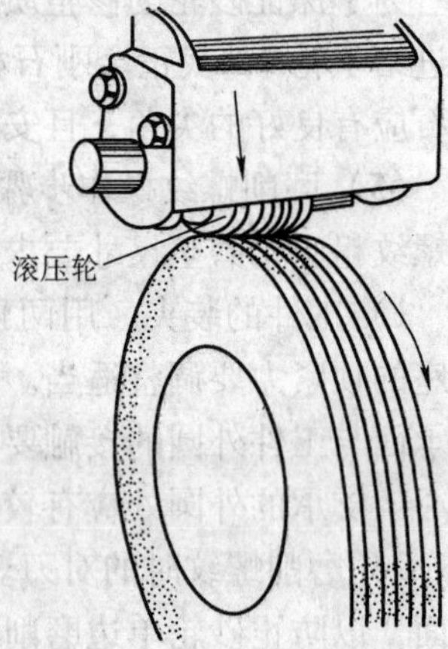

图 8-75 多线砂轮的滚压

（3）多线砂轮磨削的操作步骤 由于多线砂轮的宽度大于螺纹长度，故可采用切入磨削法，在工件旋转一周的范围内完成螺纹的磨削。

1）用切入磨削法磨削 M36×3－6h 螺纹。按表 8-8 选择交换齿轮的齿数，分别为 $a=60$，$b=80$，$c=80$，$d=127$。调整工件转速为 0.2～0.5r/min，磨削 M36×3－6h 至尺寸。

2）用切入磨削法磨削 M36×3－6h－LH 螺纹。反向磨削 M36×3－6h－LH 螺纹至尺寸。

6. 蜗杆磨削实训

磨削如图 8-76 所示的蜗杆。

（1）图样和技术要求分析 图 8-76 所示为法向直廓蜗杆。蜗杆的模数 $m=4$，头数为 2，旋向为右旋；齿形误差为 ±0.003mm，单圈螺旋线误差为 0.006mm，全长螺旋线误差为 0.012mm；齿面表面粗糙度值要求为 $Ra0.4\mu m$；齿形角 $\alpha=20°$。

（2）蜗杆有关参数的计算

1）轴向齿距。在螺纹磨床上，螺距交换齿轮的选取是以蜗杆的轴向齿距为依据的，轴向齿距的计算公式如下。

$$p_x = \pi \frac{m}{\cos\gamma} \quad （单头）$$

$$p_z = z\pi \frac{m}{\cos\gamma} \quad （多头）$$

式中　p_x——轴向齿距（mm）；

m——法向模数；

p_z——导程（mm）；

z——头数；

γ——导程角（°）。

图 8-76 所示蜗杆的导程角 $\gamma = 10°18'27''$，则轴向齿距

$$p_x = 3.1416 \times 4\text{mm}/\cos10°18'27'' = 12.772\text{mm}$$

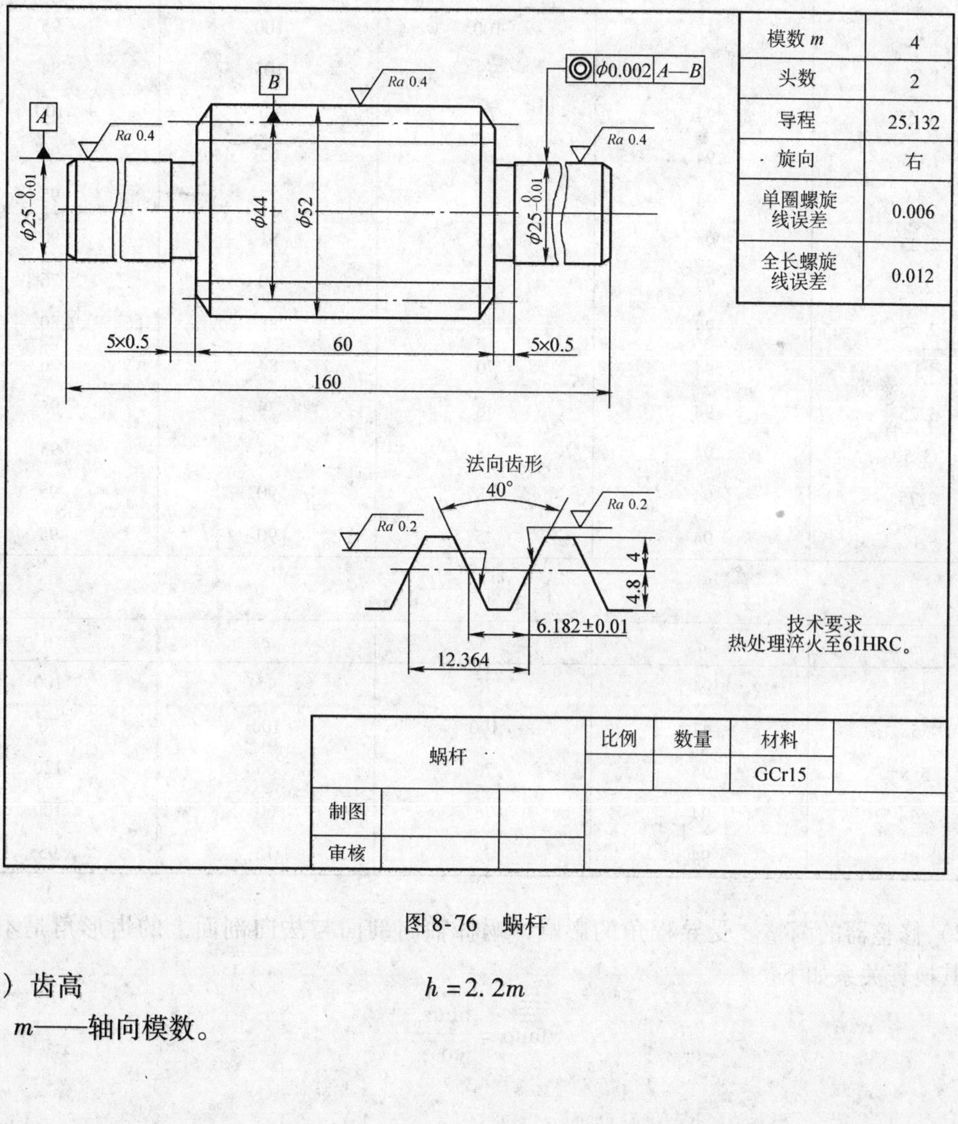

图 8-76　蜗杆

2）齿高　　$h = 2.2m$

式中　m——轴向模数。

(3) 蜗杆磨削的操作步骤

1) 选取交换齿轮。机床的螺距交换齿轮齿数，可按蜗杆的轴向齿距（导程）进行计算后选取。S7332 型螺纹磨床的单头蜗杆交换齿轮公式为

$$i=\frac{a}{b}\times\frac{c}{d}=\frac{47m}{95}\text{（螺距扩大机构传动比为}\frac{60}{60}\text{）}$$

或

$$i=\frac{a}{b}\times\frac{c}{d}=\frac{47m}{95\times4}\text{（螺距扩大机构传动比为}\frac{96}{24}\text{）}$$

也可直接按表 8-10 所示的交换齿轮齿数表选择。

图 8-76 所示为模数 $m=4$ 的双头蜗杆，按表 8-10 选取交换齿轮的齿数分别为 $a=94$，$b=45$，$c=90$，$d=95$。

表 8-10 磨削蜗杆时交换齿轮齿数表

$i=\frac{4\pi m}{25.4}=\frac{47m}{95}$（螺距扩大机构传动比为$\frac{60}{60}$）				
m	a	b	c	d
1	47	100	100	95
1.25	47	95	105	84
1.5	94	76	60	100
1.75	94	76	63	90
2	94	72	72	95
2.25	94	76	81	90
2.5	94	80	80	76
2.75	94	76	88	80
3	94	70	84	76
3.25	94	48	78	95
3.5	94	48	84	95
3.75	94	48	90	95
4	94	45	90	95
$i=\frac{\pi m}{25.4}=\frac{47m}{95\times4}$				
m	a	b	c	d
4.5	94	76	45	100
5	47	100	100	76
5.5	94	76	66	120
6	94	76	60	100
8	94	72	72	95

2) 修整器的调整。受导程角的影响，蜗杆轴向剖面与法向剖面上的齿形角是不相等的，其换算关系如下。

$$\tan\alpha=\frac{\tan\alpha_n}{\cos\gamma}$$

式中　α——蜗杆轴向齿形角（°）；

α_n——蜗杆法向齿形角（°）；

γ——蜗杆的导程角（°）。

对于图 8-76 所示的蜗杆

$$\tan\alpha = \frac{\tan 20°}{\cos 10°18'27''} = 0.3699$$

故

$$\alpha = 20°18'$$

在调整时，应将修整器刻度在原有的 20°上加大 18′，以保证法向齿形角为 20°。

3）砂轮架的调整。将砂轮架倾斜蜗杆导程角 10°18′27″的角度。由于蜗杆的导程大且齿高较大，故磨削时砂轮的干涉比较严重。砂轮的干涉发生在小径和大径处，会使蜗杆的齿形中间呈凸形。通常，我们是以分度圆处的导程角来调整砂轮架的，而实际上在大径和小径处，其导程角相差很多。为此，在操作中可选用专用修整器来修整砂轮的型面，以减少干涉现象。

4）分度调整。周围分度时，将加工螺距手柄扳至中间位置，使传动齿轮脱开，转动拨盘，分度数由刻度盘读出。分度后，将加工螺距手柄转至啮合位置即可。

5）磨削蜗杆。磨削蜗杆至要求。

复习思考题

1. 细长轴有何特点？磨削细长轴的关键是什么？
2. 磨削细长轴时应对操作和安装方法作哪些改进？
3. 细长轴有哪些磨削方法？各有何特点？
4. 试述用中心架支承磨削细长轴的装夹调整步骤。
5. 简述磨削台阶深孔的操作步骤。
6. 试述薄壁零件的磨削特点。
7. 减少薄壁零件磨削变形有哪些方法？
8. 试述薄片零件的磨削特点。
9. 减少薄片零件的磨削变形有哪些方法？
10. 试述磨削薄壁套的操作步骤。
11. 试述磨削尺寸较大的薄片工件的操作步骤。
12. 矩形齿花键有哪几种定心方式？以各种定心方式定心的花键轴，各磨削哪些部位？
13. 在花键轴磨床上磨削花键轴有哪几种磨削方法？各有何特点？
14. 在花键轴磨床上磨削花键轴时应注意哪些事项？
15. 试述 S7332 型螺纹磨床的交换齿轮选择方法。
16. 试述螺纹中径三针测量与计算的方法。
17. 试述磨削蜗杆的磨削方法及操作步骤。

第九单元　典型零件工艺分析及磨削

项目一　典型零件工艺分析

一、学习目标

1. 了解主轴外圆柱面磨削工艺分析方法。
2. 了解主轴内、外圆柱面磨削工艺分析方法。
3. 了解套类零件磨削工艺分析方法。

二、学习任务

1. 项目任务

本项目的任务是学习轴类和套类零件的磨削工艺分析。

2. 任务流程图

主轴外圆柱面磨削工艺分析→主轴内、外圆柱面磨削工艺分析→套类零件磨削工艺分析

三、环境设备

学习所需设备及附件、装备、量具和实训件清单见表9-1。

表9-1　学习所需设备及附件、装备、量具和实训件

分类	名称	型号规格	数量
设备及附件	万能外圆磨床	M1432A	1
	高精度万能外圆磨床	MG1432A	1
	内圆磨床	M2110	1
	四爪单动卡盘		1
	中心架		1
	顶尖		2
装备	砂轮	AF60K、PAF100L、PAF36K、PAF40K、WAF100L、WAF63K、WAF80L、WAF100K、PAF60K	各1
	金刚石修整笔		1
	顶尖式心轴		1
	V形夹具		1

（续）

分类	名称	型号规格	数量
量具	千分尺		1
	圆锥环规	锥度为 1∶5	1
	圆锥塞规	Morse No. 5	1
	内径量表		1
	百分表		1
实训件	磨床主轴	材料为 9Mn2V	1
	磨床主轴	材料为 GCr15	1
	钻床主轴套筒	材料为 45 钢	1

四、学习过程

1. 主轴外圆柱面磨削工艺分析

（1）图样和技术要求分析　图 9-1 所示为磨床主轴。这类零件的特点是支承轴颈处有较高的尺寸精度及圆度、圆柱度和径向圆跳动等几何公差要求。本零件支承轴颈处的圆度公差要求为 0.002mm，圆柱度公差要求为 0.002mm，以保证 ϕ65h7 支承轴颈有较高的回转精度。主轴两端锥度为 1∶5 的圆锥面分别用于安装砂轮和带轮，前者的径向圆跳动公差要求为 0.003mm，以减少磨削时砂轮的振动。ϕ65h7 支承轴颈的表面粗糙度值要求为 *Ra*0.025μm，此表面粗糙度值需用超精密磨削才能获得，用以保证主轴工作时在轴承处能形成良好的润滑。

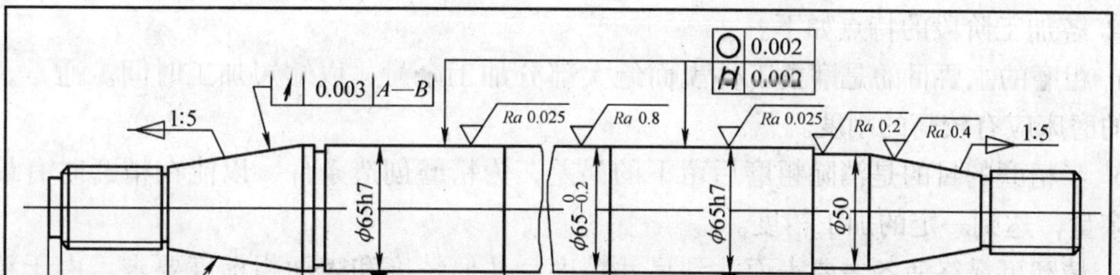

图 9-1　磨床主轴

（2）主轴类零件的工艺分析　在分析图样和技术要求后，可按下列步骤对主轴类零件进行工艺分析。选择定位基准→安排磨削顺序→协调好磨削与其他加工工种的关系，安排热处理位置→选择磨床、砂轮、夹具、量具→确定磨削余量和工序尺寸。

1）选择定位基准。主轴类零件与其他轴类零件相同，均采用中心孔作为定位基准。这可使定位基准与设计基准重合，并可使加工时定位基准始终统一，以保证圆度、同轴度等几何公差要求。

图 9-2 所示为两端中心孔有同轴度误差时，中心孔与顶尖的接触情况。在 *n*—*n* 截面内，顶尖呈圆锥曲线的形式与中心孔接触于 *E*、*F* 点附近，从而使工件轴线发生偏移。引起中心孔与顶尖接触不良的原因除了中心孔的同轴度误差外，还有中心孔的形状误差和顶尖的精度误差。中心孔的形状误差通常可用研磨的方法加以消除，修磨顶尖则能提高顶尖的精度。目前，中心孔的同轴度误差一般较难消除。对于精度要求较高的主轴，需通过使用中心孔磨床磨削中心孔的方法来达到极高的加工精度。

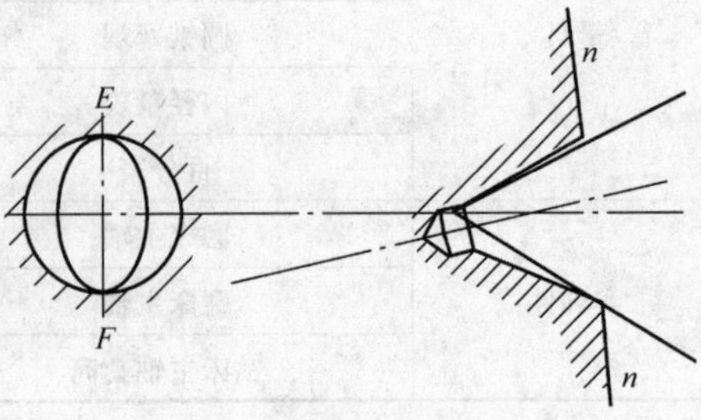

图 9-2 两端中心孔有同轴度误差时中心孔与顶尖的接触情况

2）安排磨削顺序。较精密主轴的外圆磨削，可划分成粗磨、半精磨、精磨、精密磨四个加工阶段。当主轴的加工精度要求特别高时，还要增加超精密磨削工序。

① 划分加工阶段有以下好处。

a. 可以合理选择机床。

b. 可以合理选择砂轮。

c. 可以合理选择磨削用量。

d. 可以逐步消除工件的加工误差，提高加工精度。

② 各加工阶段的特点如下。

a. 粗磨的主要目的是磨去工件表面绝大部分加工余量，以缩短加工时间。通常，用于粗磨的磨床应有较高的刚度。

b. 半精磨的目的是消除粗磨后留下的误差，为精磨创造条件，以能在精磨时有最小的加工余量，达到一定的加工精度。

c. 精磨可最终使各主要表面达到尺寸精度、几何精度和表面粗糙度要求。由于精磨时各表面的加工余量较小，故精磨时产生的磨削热较少、磨削力以及变形较小。工件精磨后表面粗糙度值可达到 $Ra0.2 \sim Ra0.4\mu m$。

d. 精密磨后工件的表面粗糙度值可达到 $Ra0.05 \sim Ra0.1\mu m$。

e. 超精密磨削加工后工件的表面粗糙度值很小，可达到 $Ra0.012 \sim Ra0.025\mu m$。

③ 本主轴的 $\phi65h7$ 轴颈需作超精密磨削。超精密磨削需采用高精度磨床，如 MG1432A 型高精度万能外圆磨床等。这类机床应满足以下要求。

a. 较高的几何精度，如主轴的旋转精度、横向进给机构的精度等均应较高。

b. 较高的机床刚度。

c. 应具有工作台低速液压传动系统，以满足低速（如 10mm/min）修整砂轮的要求。

d. 备有切削液过滤器、磨削指示仪等附加装置。

超精密磨削对砂轮的特性和修整有严格的要求，以使砂轮具有极为精细的微刃。

超精密磨削的特点是：砂轮微刃有良好的等高性；砂轮微刃具有强烈的摩擦抛光作用；

砂轮微刃具有微量的切削作用，以消除工件表面很微小的误差。

3）协调好磨削与其他加工工种的关系，安排热处理位置。主轴类零件加工的典型工艺为：毛坯及其热处理→预加工→车削加工→铣削加工→热处理→磨削加工等。

主轴类零件主要热处理工序的安排有以下特点。

① 退火和正火常安排在毛坯制造之后、粗加工之前，以改善毛坯的切削加工性能、消除毛坯的内应力。碳的质量分数大于 0.7% 的碳素钢和合金钢采用退火；碳的质量分数低于 0.3% 的低碳钢和低合金钢可用正火。退火和正火也可为以后的热处理作好组织准备。退火、正火一般用于锻件、铸件和焊接件。

② 调质常安排在粗加工之后、半精加工之前。经调质的零件，其综合力学性能较好。调质一般用于各种中碳结构钢和中碳合金钢。

③ 时效处理常安排在粗加工、半精加工和精加工之间，以消除工件的内应力。

④ 淬火常安排在车削和磨削之间，以提高零件的硬度。淬火一般用于碳的质量分数中等或偏高的结构钢和工具钢。

⑤ 渗氮处理常安排在粗磨和精磨之间，以增加工件的耐磨性、耐蚀性和疲劳强度。

4）选择磨床、砂轮、夹具、量具。选择磨床时，要使磨床的主要参数与零件的尺寸相适应，磨床的精度则应与工序的加工精度相适应。目前，外圆磨床分普通级、精密级、高精度级三种精度等级，供操作时选用。机床精度对加工精度有直接的影响。

图 9-3 所示为机床部件之间的位置误差对加工的影响。图中头架和尾座的中心连线对工作台移动方向在垂直方向上的平行度误差，使装在顶尖上的工件倾斜一个角度 α，从而会使工件被磨成细腰形。

图 9-4 所示为机床刚度对加工的影响。图中尾座顶尖因刚度不足而使工件尾座端产生偏移，从而使工件表面产生螺旋痕迹。

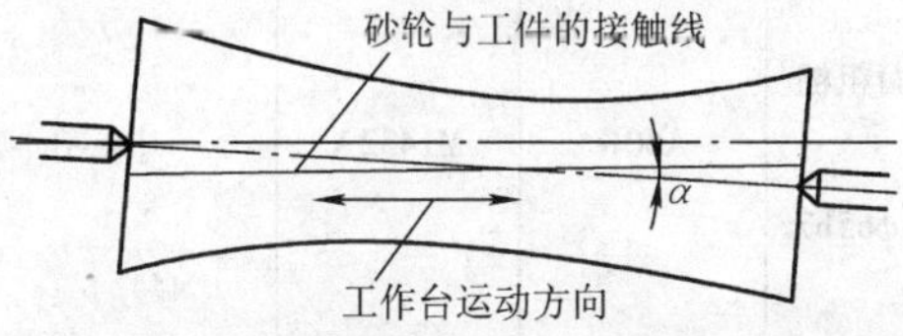

图 9-3　机床部件之间的位置误差对加工的影响

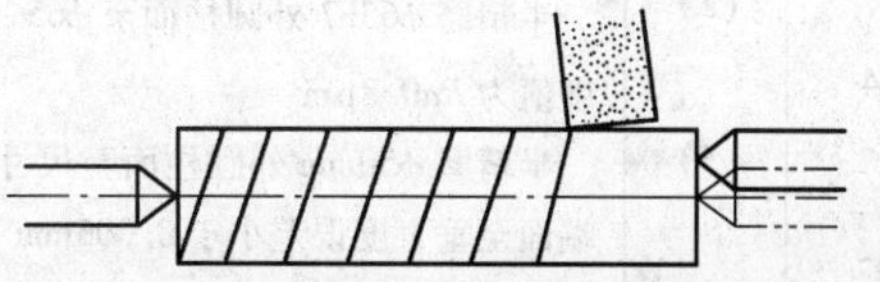

图 9-4　机床刚度对加工的影响

机床几何精度的影响包括很多项，操作时应按加工缺陷加以分析。

选择砂轮时，除应考虑砂轮的形状、尺寸，还应主要考虑磨料、粒度和硬度三个砂轮特性，以保证粗磨时砂轮有较强的磨削性能，精磨时工件能获得较小的表面粗糙度值。

磨削中使用的夹具、量具分通用和专用两大类。在批量生产中，常使用各种专用夹具和专用量具。通常，使用专用夹具能较可靠地保证工件的加工精度。

5）确定磨削余量和工序尺寸。在磨削加工中，磨削总余量很有限，在磨削工序中，超精密磨削的余量最少，一般只有 0.005mm。决定磨削余量的因素除了磨削精度外，还有加工的尺寸和热处理条件等。

下面以 ϕ65h7 外圆柱面的尺寸为例，介绍磨削余量和工序尺寸的确定。

① ϕ65h7 外圆柱面的磨削总余量为 0.45～0.65mm，各磨削工序的余量分配情况如下。

a. 超精密磨削：0.005 ~0.01mm。

b. 精密磨削：0.02 ~0.03mm。

c. 精磨：0.02 ~0.04mm。

d. 半精磨：0.07 ~0.09mm。

e. 粗磨：0.34 ~0.48mm。

② 各工序尺寸情况如下。

a. 超精密磨削：$\phi65_{-0.03}^{\ 0}$mm。

b. 精密磨削：$\phi65_{\ 0}^{+0.005}$mm。

c. 精磨：$\phi65_{+0.025}^{+0.035}$mm。

d. 半精磨：$\phi65_{+0.055}^{+0.075}$mm。

e. 粗磨：$\phi65_{+0.145}^{+0.165}$mm。

（3）磨削工艺的编制　在工艺分析的基础上，可编制磨削工艺。磨削工艺的主要内容包括：磨削工序、工步、磨削内容、砂轮特性、机床和基准等项目。

图 9-1 所示磨床主轴的磨削工艺见表 9-2。磨削工艺的内容是完成了车削和热处理淬火后进行的加工，其中还包括了人工时效和研磨中心孔工序。

表 9-2　图 9-1 所示磨床主轴的磨削工艺

工序	工步	磨削内容	砂轮特性	机床	基准
1		粗磨 ϕ65h7 和 $\phi65_{-0.2}^{\ 0}$ 外圆柱面至尺寸 $\phi65_{+0.145}^{+0.165}$mm，使其表面粗糙度 Ra 值为 0.8μm	A60K	M1432A	中心孔
2		热处理：人工时效			
3		研磨中心孔，用顶尖检验，接触面应大于 85%			
4	（1） （2） （3）	半精磨 $\phi65_{-0.2}^{\ 0}$ 外圆柱面至尺寸 半精磨 ϕ65h7 外圆柱面至 $\phi65_{+0.055}^{+0.075}$mm、表面粗糙度值为 Ra0.8μm 半精磨 ϕ50mm 外圆柱面至尺寸，磨削右端 ϕ65h7 端面至垂直度误差小于 0.005mm	A60K	M1432A	中心孔
5		粗磨两端圆锥面，留余量 0.03 ~0.05mm	WA100L	M1432A	中心孔
6		精磨两端圆锥面至尺寸	WA100L	M1432A	中心孔
7	（1） （2）	精磨 ϕ65h7 外圆柱面至 $\phi65_{+0.025}^{+0.035}$mm 精密磨 ϕ65h7 外圆柱面至 $\phi65_{\ 0}^{+0.005}$mm、表面粗糙度值为 Ra0.05μm	WA100L	M1432A	中心孔
8		超精密磨削 ϕ65h7 外圆柱面至尺寸 $\phi65_{-0.03}^{\ 0}$mm	WAW63K	MG1432A	中心孔

2. 主轴内、外圆磨削工艺分析

（1）图样和技术要求分析　图 9-5 所示为磨床主轴。主轴的莫氏 5 号锥孔是用来安装顶尖的，其轴线要与两个支承轴颈（$\phi48_{-0.011}^{\ \ 0}$mm，$\phi60_{-0.013}^{-0.005}$mm）的轴线重合，径向圆跳动公差要求为 0.005mm。主轴的 45°外圆锥面用以控制主轴的轴向位置，其径向圆跳动公差也要求为 0.005mm。

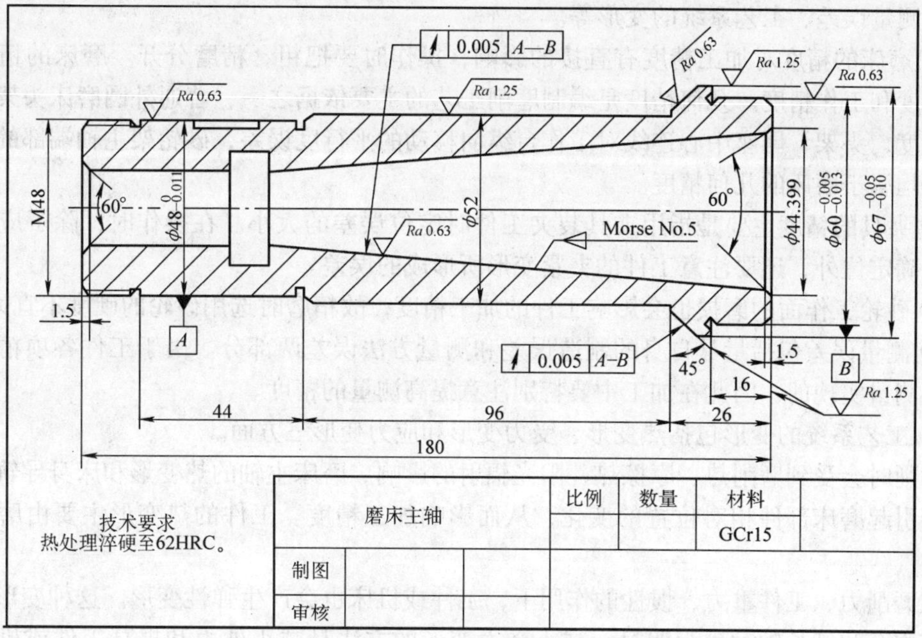

图 9-5　磨床主轴

这类零件的特点是内、外圆表面间有较高的位置精度要求。

（2）工艺分析　各磨削加工表面中，主轴内锥孔的磨削是工艺的关键；45°外圆锥面则由于其角度较大，磨削时也应注意加工精度。

1）选择定位基准。选择 $\phi48\ _{-0.011}^{\ 0}$ mm、$\phi60\ _{-0.013}^{-0.005}$ mm 外圆柱面作为内孔磨削的基准，其特点是定位较稳定，定位误差也较小。上述两外圆柱面的精度主要由 60°孔口倒角决定。在操作时，应注意外圆柱面的圆度误差，以保证内锥孔径向圆跳动误差在 0.005mm 以内。

2）安排磨削顺序。各主要表面的磨削分粗磨、半精磨、精磨三个阶段完成。在安排工序时，需首先磨出 $\phi48\ _{-0.011}^{\ 0}$ mm、$\phi60\ _{-0.013}^{-0.005}$ mm 两外圆柱面。

3）选择磨床、砂轮和夹具。工件的内、外圆磨削可采用万能外圆磨床。由于工件以外圆柱面为基准磨削内孔，因此夹具的选择对磨削精度的影响很大。除了轴类工件磨削的装夹方法以外，通常还可用以下两种装夹方法。

① 用双中心架装夹。如图 9-6 所示，由于工件不使用卡盘定位，因此完全避免了磨床头架主轴回转误差的影响。若两个中心架的位置调整得当，则可获得很高的加工精度。

② 用专用夹具装夹。通常，在大批量生产中用专用夹具装夹工件，可获得很高的定位精度。

（3）磨削工艺的编制　合理的磨削工艺应满足工件的加工精度要求、时间定额要求和生产成本要求。

1）磨削加工精度分析。影响内、外圆加工精度的因素，主要包括磨床的精度、夹具的精度、砂轮工作面

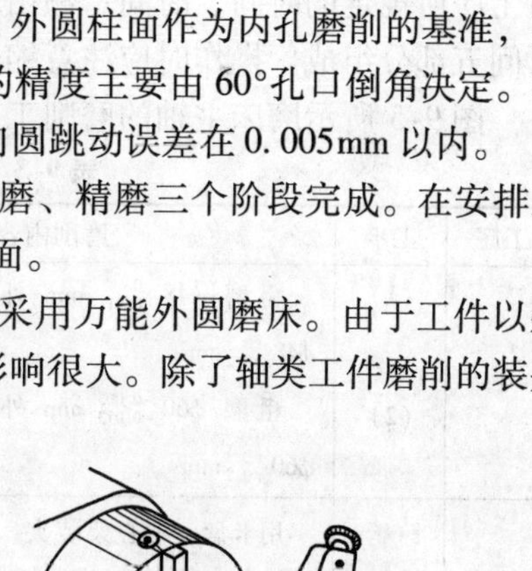

图 9-6　用双中心架装夹

磨损、测量误差、工艺系统的变形等。

① 磨床的精度对加工精度有直接的影响，操作时要把粗、精磨分开。磨床的精度包括几何精度和工作精度。几何精度是编制磨削工艺的主要依据之一，普通外圆磨床头架主轴的回转精度，头架、尾座中心连线对工作台纵向移动的平行度误差，砂轮架主轴端部的圆跳动误差等均属于磨床的几何精度。

② 夹具的精度主要是指用夹具装夹工件时定位误差的大小。在操作时，除了应注意使工件精确定位外，还要注意工件的夹紧变形所形成的误差。

③ 砂轮工作面的磨损也会影响工件的加工精度，故精磨时选用砂轮的硬度不宜太低。

④ 测量误差包括量具自身的制造误差和测量方法误差两部分。由于工件各项精度的检验是用测量实现的，因此在加工中要特别注意提高测量的精度。

⑤ 工艺系统的变形包括热变形、受力变形和应力变形三方面。

磨削时会受到磨削热、摩擦热、阳光辐射的影响。磨床主轴的热变形和床身导轨的热变形都会引起磨床部件相对位置的变化，从而影响加工精度。工件的热变形主要由磨削热引起。

在磨削力、工件重力、惯性的作用下，工件或机床也会产生弹性变形。这种变形在磨削薄壁套内孔和细长轴时最为明显。减小受力变形的方法是减小外力和提高工件或机床的刚度。

工件的应力变形较复杂，主要是在加工和热处理过程中，由于塑性变形不均匀或金属组织的变化等原因所致。

2）时间定额分析。工件的时间定额是指在一定的生产条件下，生产一件产品或完成一道工序所规定的时间。时间定额由基本时间、辅助时间、布置工作地时间、休息与生理需要时间五部分组成。操作时应注意缩短基本时间和辅助时间。

图 9-5 所示磨床主轴的磨削工艺见表 9-3。

表 9-3 图 9-5 所示磨床主轴的磨削工艺

工序	工步	磨削内容	砂轮特性	机床	基准
1	(1)	粗磨 $\phi48_{-0.011}^{0}$ mm 外圆柱面至尺寸 $\phi48_{+0.2}^{+0.3}$mm	A60K	M1432A	工艺堵头的中心孔
	(2)	粗磨 $\phi60_{-0.013}^{-0.005}$ mm 外圆柱面至尺寸 $\phi60_{+0.2}^{+0.3}$mm			
2		用卡盘、中心架装夹，粗磨莫氏 5 号锥度锥孔，留余量 0.20 ~ 0.25mm	PA36K	M1432A	$\phi48_{-0.011}^{0}$ mm 外圆柱面 $\phi60_{-0.013}^{-0.005}$ mm 外圆柱面
3		热处理：时效处理			
4		研磨 60°孔口			
5	(1)	半精磨 $\phi48_{-0.011}^{0}$ mm 外圆柱面至尺寸 $\phi48_{+0.05}^{+0.06}$mm	A60K	M1432A	工艺堵头的中心孔
	(2)	半精磨 $\phi60_{-0.013}^{-0.005}$ mm 外圆柱面至尺寸 $\phi60_{+0.05}^{+0.06}$mm			
	(3)	磨端面			

（续）

工序	工步	磨削内容	砂轮特性	机床	基准
6		磨45°外圆锥面至尺寸	A60K	M1432A	工艺堵头的中心孔
7		精磨 $\phi48_{-0.011}^{0}$ mm、$\phi60_{-0.013}^{-0.005}$ mm 外圆柱面至尺寸	PA100L	M1432A	工艺堵头的中心孔
8		工件用V形夹具装夹，精磨莫氏5号锥度锥孔至尺寸。用涂色法检验，接触面应大于85%	PA40K	M1432A	$\phi48_{-0.011}^{0}$ mm 外圆柱面 $\phi60_{-0.013}^{-0.005}$ mm 外圆柱面

3. 套类零件磨削工艺分析

（1）图样和技术要求分析　图9-7所示为钻床主轴套筒零件图。$\phi50j7$ 外圆柱面的圆柱度公差要求为0.003mm，表面粗糙度值要求为 $Ra0.2\mu m$；两处 $\phi40J7$ 孔的同轴度公差要求为 $\phi0.01mm$。该零件的加工精度要求较高、形状结构复杂，为获得良好的力学性能，在磨削前需进行调质热处理和时效处理。

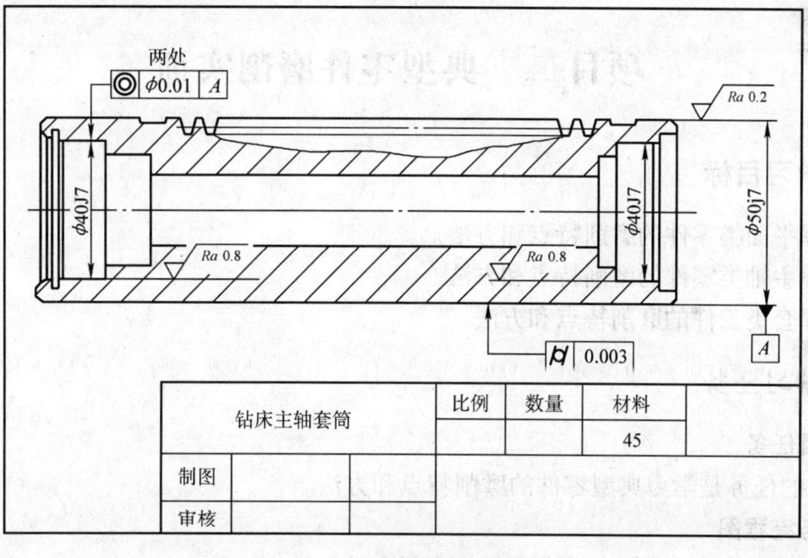

图9-7　钻床主轴套筒

（2）工艺分析　套类零件的磨削包含了内、外圆柱面磨削。在确定了装夹方式后，应按基准先行的原则进行加工。这类零件通常是以外圆柱面为定位基准来磨削内孔的，故应先磨削外圆柱面；同理应先研磨60°中心孔。

通常情况下，用经细修整后的粗粒度砂轮磨削出的工件，可获得较小的表面粗糙度值。在普通外圆磨床上，若选用特性为WAF80L的砂轮，并用带80°尖角的金刚石修整笔修整砂轮，可以磨削出表面粗糙度值为 $Ra0.2\mu m$ 的工件表面，且不会产生多角形振动痕迹；反之，若砂轮的粒度很细且修整不当，则常会产生多角形振动痕迹。当然，影响工件表面粗糙度的因素还有机床精度、切削液、磨削用量等方面。

（3）磨削工艺的编制　套类零件的磨削工艺主要可分成先磨内孔和先磨外圆柱面两种。钻床主轴套筒的磨削工艺是先磨外圆柱面，然后以外圆柱面为定位基准磨削内孔。这种磨削工艺较简便，但对内孔磨削操作的要求较高。

图 9-7 所示套筒的磨削工艺见表 9-4。

表 9-4 钻床主轴套筒磨削工艺

工序	工步	磨削内容	砂轮特性	机床	基准
1		热处理：调质			
2		热处理：时效			
3		研磨 60°中心孔			
4		工件用顶尖式心轴装夹，粗磨外圆柱面 ϕ50j7mm，留余量 0.10 ~ 0.15mm	WA80L	M1432A	研 60°中心孔
5		精磨 ϕ50j7 外圆柱面至尺寸	WA100K	M1432A	研 60°中心孔
6	(1)	磨削 ϕ40J7 孔至尺寸，工件用四爪单动卡盘和中心架装夹，找正外圆柱面的圆柱度在 0.005mm 内	PA60K	PA60K	ϕ50j7 外圆柱面
	(2)	调头磨削另一端 ϕ40J7mm 孔至尺寸			

项目二　典型零件磨削实训

一、学习目标

1. 掌握平面类零件的磨削特点和方法。
2. 掌握主轴类零件的磨削特点和方法。
3. 掌握套类工件的磨削特点和方法。

二、学习任务

1. 项目任务

本项目的任务是学习典型零件的磨削特点和方法。

2. 任务流程图

磨削平面类零件→磨削主轴类零件→磨削套类工件

三、环境设备

学习所需设备、装备、量具及实训件清单见表 9-5。

表 9-5 学习所需设备、装备、量具及实训件

分类	名称	型号规格	数量
设备	万能外圆磨床	M1432A 型	1
	平面磨床	M7120	1
装备	锥度心轴		1
	金刚石修整笔		1
	精密平口钳		1

（续）

分　类	名　称	型号规格	数　量
装备	中心架		1
	顶尖		2
量具	千分尺		1
	圆锥环规	Morse No. 5	1
	圆锥塞规	Morse No. 4	1
	标准塞规		1
	百分表		1
实训件	磨床主轴	材料：40Cr	1
	顶尖套	材料：45 钢	1
	卡板	材料：40Cr	1

四、学习过程

1. 磨削平面类零件

图 9-8 所示为卡板的零件图（材料：40Cr）。

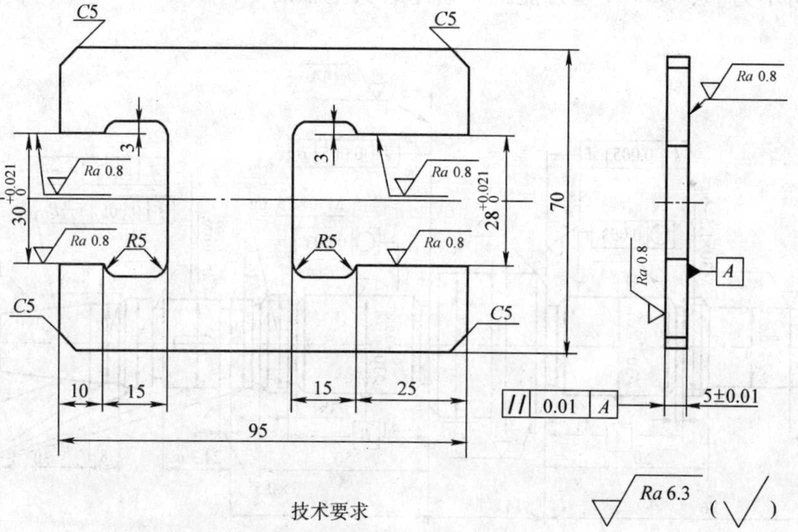

技术要求

1.热处理退火至硬度520HRC。

2.槽宽尺寸$30^{+0.021}_{0}$mm、$28^{+0.021}_{0}$mm用标准塞规检验。

图 9-8　卡板

（1）平面类零件的加工特点

1）有较高的平面度、平行度、垂直度要求，因此对工件的装夹，工序、工步的确定都有一定要求。

2）磨削薄片工件（如卡板）时容易产生弯曲变形，因此选择的加工方法要正确、装夹要合理。

（2）零件的加工步骤

1）磨削（5 ±0.01）mm 两平面至尺寸，并保证平行度符合图样要求。

2）用精密平口钳装夹，夹持 70mm 两侧面，找正 $28^{+0.021}_{0}$ mm 槽的两侧面，使误差在 0.05mm 之内；磨削 $28^{+0.021}_{0}$ mm 槽的两侧面至图样要求。

3）工件反身装夹，夹持 70mm 两侧面，找正宽为 $30^{+0.021}_{0}$ mm 槽的两侧面，使误差在 0.05mm 之内；磨削 $30^{+0.021}_{0}$ mm 槽的两侧面至图样要求。

（3）磨削注意事项

1）在磨削（5 ±0.01）mm 两平面时，要注意防止工件产生弯曲变形。在磨削过程中，工件要多次翻身，背吃刀量要小，冷却要充分，砂轮要保持锋利，以保证工件平行度符合图样要求。

2）宽为 $28^{+0.021}_{0}$ mm 和 $30^{+0.021}_{0}$ mm 的两槽可在平面磨床上进行加工，也可在工具磨床上进行加工。在平面磨床上磨削时，砂轮主轴轴向要锁紧，以防止砂轮轴向窜动，影响磨削精度；在工具磨床上磨削时，要找正砂轮架的位置，使砂轮端面与槽平面平行。

3）磨削槽时，要注意使两侧面磨削余量相同，进给量不宜太大，以防止槽口塌角。

4）在检验槽的尺寸时，塞规不宜用力过大，以免损伤工件、产生测量误差。

2. 磨削主轴类零件

图 9-9 所示为 MQ6025 A 型万能工具磨床磨头主轴的零件图。

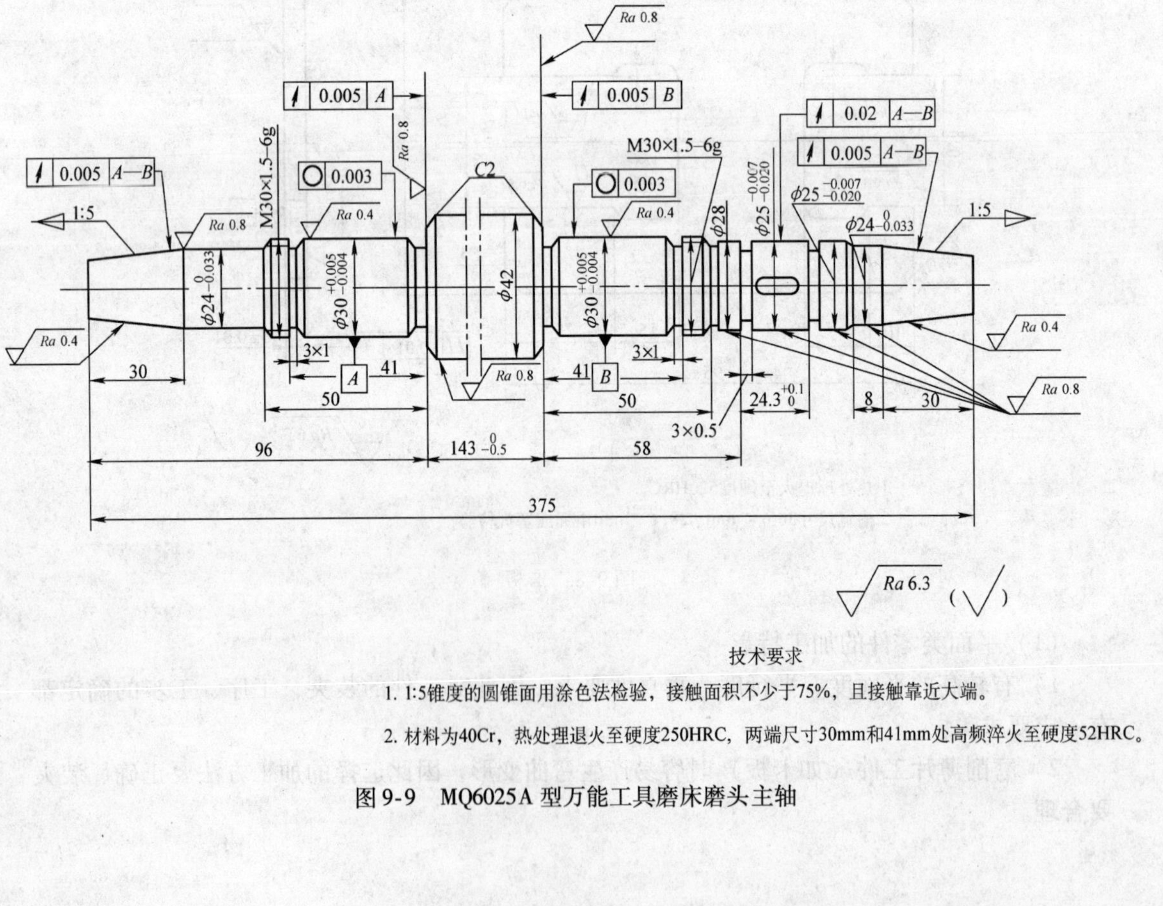

图 9-9　MQ6025A 型万能工具磨床磨头主轴

（1）主轴类零件加工的特点

1）外圆轴颈数量多，尺寸精度一般要求较高，特别是与轴承配合的轴颈的尺寸精度要求更高。

2）几何公差要求较高。磨削时要尽可能减少装夹次数，以提高加工精度。

3）表面粗糙度值比一般零件要求更小，特别是与轴承配合的轴颈处，表面粗糙度值一般要求低于 $Ra0.4\mu m$，甚至为 $Ra0.1 \sim Ra0.025\mu m$。因此，加工时对机床精度、砂轮特性、工件中心孔精度等都有比较高的要求。

（2）零件的加工步骤

1）粗磨。粗磨各个外圆，留精磨余量 0.2～0.25mm。

2）精磨。

① 磨外圆柱面 $\phi42$mm 至尺寸。

② 半精磨外圆柱面 $\phi30^{+0.005}_{-0.004}$mm 至 $\phi30^{+0.06}_{+0.05}$mm。

③ 磨 $\phi42$mm 两端面至尺寸 $143^{\ 0}_{-0.5}$mm。

④ 磨外圆柱面 $\phi28$mm 至尺寸。

⑤ 磨外圆柱面 $\phi25^{-0.007}_{-0.020}$mm 至尺寸。

⑥ 磨外圆柱面 $\phi24^{\ 0}_{-0.033}$mm 至尺寸。

⑦ 磨两端 1∶5 锥度的外圆锥面至尺寸。

⑧ 精磨外圆柱面 $\phi30^{+0.005}_{-0.004}$mm 至尺寸。

（3）磨削注意事项

1）主轴在磨削加工时必须分粗、精磨两道工序，以保证零件的精度符合图样要求。

2）粗磨时，砂轮可以修得粗一些，以提高磨削效率；精磨余量不宜过大，以提高砂轮精磨时的使用寿命。

3）粗磨工序结束后，要进行热处理时效，消除内应力。

4）精磨前，要精细地研磨主轴两端的中心孔，保证中心孔的圆度、角度符合要求。

5）轴颈 $\phi30^{+0.005}_{-0.004}$mm 必须分半精磨、精磨两道工步进行加工，以保证其圆度和径向圆跳动符合图样要求。尺寸宜磨至上极限偏差，不宜磨至下极限偏差，以保证零件的装配精度。

6）精磨轴颈 $\phi30^{+0.005}_{-0.004}$mm 前，要用千分表复校两处 1∶5 锥度外圆锥面的径向圆跳动量，要使径向圆跳动量不能超过 0.005mm（工艺要求）；精磨后，轴颈 $\phi30^{+0.005}_{-0.004}$mm 自身的径向圆跳动也不能超过 0.005mm（工艺要求）。

3. 磨削套类工件

图 9-10 所示为顶尖套零件图。

（1）套类零件的加工特点

1）套类零件一般既要求加工外圆，又要求加工内孔，因此适宜在万能外圆磨床上进行加工（如工艺要求内外圆一次装夹完成加工的零件）。

2）工件的装夹方法一般有两种：一种是先磨内孔，然后以内孔定位磨外圆，这是比较常用的方法；另一种是先磨外圆，然后以外圆定位磨内孔。

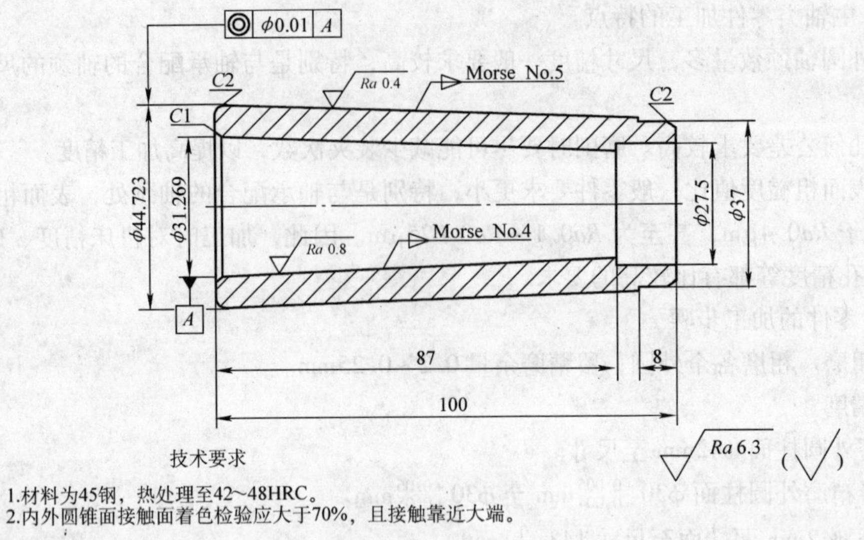

图 9-10 顶尖套

3）套类零件内外圆的同轴度要求较高，一般在 $\phi0.005\sim\phi0.015$mm 之间。因此，加工工件时，装夹要合理；制订加工工序、工步时，应保证零件几何公差符合图样要求。

（2）零件的加工步骤

1）夹外圆柱面 $\phi37$ mm，找正锥体大端，使其径向跳动量不大于 0.1mm，然后夹紧工件。

2）粗磨莫氏 4 号锥度内锥孔，留精磨余量 0.05～0.10mm。

3）修整内圆砂轮。

4）精磨莫氏 4 号锥度内锥孔至图样要求。

5）用锥度心轴装夹工件，粗磨莫氏 5 号锥度外圆锥面，留精磨余量 0.05～0.10mm。

6）修整外圆砂轮。

7）精磨莫氏 5 号锥度外圆锥面至图样要求。

（3）磨削注意事项

1）为保证工件内外圆锥面的同轴度符合图样要求，在用心轴装夹磨外圆柱面之前，要检验心轴精度（一般，心轴的径向圆跳动量应小于 0.002mm）。如发现心轴的径向圆跳动量超出 0.002mm，应予修正，符合要求后才能使用。

2）在检验接触面时，所用的显示剂要清洁，不能混有杂质，最好选用瓶装的红印油。

3）在检验接触面之前，工件与量具（圆锥环规及圆锥塞规）要擦干净，不能混有铁屑等杂物，以免检验时拉毛工件或量具，造成测量误差。

4）检验接触面时，显示剂要涂得薄而均匀；量具转动角度要小，用力方向要准确（母线方向），不要左右摇晃，以保证检验的准确性。

5）在用心轴装夹磨外圆锥面时，除了要做好清洁工作，还要注意装夹时的用力大小。用力太小，会造成装夹不稳固，在磨削过程中工件容易脱出；用力太大，工件则容易自锁，造成拆卸困难。

复习思考题

1. 什么是基准、工艺基准？
2. 一般选择什么作为轴类工件的定位基准？
3. 工艺系统的变形包括哪三大方面？
4. 主轴类零件主要的热处理工序如何安排？
5. 磨削工艺的编制主要包括哪些内容？
6. 什么是工序、工步？
7. 时间定额由哪五部分组成？
8. 平面类零件的加工有哪些特点？
9. 轴类零件的加工有哪些特点？
10. 套类零件的加工有哪些特点？

参 考 文 献

[1] 薛源顺. 磨工工艺学［M］. 北京：中国劳动出版社，1995.

[2] 薛源顺. 磨工技能实战训练（入门版）［M］. 北京：机械工业出版社，2004.

[3] 殷作禄. 高级磨工技术［M］. 北京：机械工业出版社，1999.

[4] 薛源顺. 磨工技能实战训练（提高版）［M］. 北京：机械工业出版社，2004.

[5] 殷作禄. 初级磨工技术［M］. 北京：机械工业出版社，1999.

[6] 李文渊. 磨工工艺与技能训练［M］. 北京：中国劳动社会保障出版社，2007.

复习思考题

1. 什么是基准、工艺基准？
2. 一般选择什么作为轴类工件的定位基准？
3. 工艺系统的变形包括哪三大方面？
4. 主轴类零件主要的热处理工序如何安排？
5. 磨削工艺的编制主要包括哪些内容？
6. 什么是工序、工步？
7. 时间定额由哪五部分组成？
8. 平面类零件的加工有哪些特点？
9. 轴类零件的加工有哪些特点？
10. 套类零件的加工有哪些特点？

参考文献

[1] 薛源顺．磨工工艺学［M］．北京：中国劳动出版社，1995.

[2] 薛源顺．磨工技能实战训练（入门版）［M］．北京：机械工业出版社，2004.

[3] 殷作禄．高级磨工技术［M］．北京：机械工业出版社，1999.

[4] 薛源顺．磨工技能实战训练（提高版）［M］．北京：机械工业出版社，2004.

[5] 殷作禄．初级磨工技术［M］．北京：机械工业出版社，1999.

[6] 李文渊．磨工工艺与技能训练［M］．北京：中国劳动社会保障出版社，2007.